地图学原理
（第二版）

主 编 马耀峰 白建军 刘宪锋

科学出版社

北 京

内 容 简 介

在《地图学原理》的基础上，按照提升前沿性、理论性、技术性和实用性的思路，修改完善了地图学理论、地图制作、地图使用的技术和方法。本书主要内容涵盖：引论、地图的数学基础、地图符号系统和制图综合，普通地图与专题地图，地图设计与制作，现代地图制图技术以及地图分析与应用等。

本书可作为高校地理、地理信息、测绘、城乡规划、资源环境保护、园林设计、考古、生态学等专业的教材，也可供上述行业、产业的管理人员参考。

审图号：GS 京（2024）0031 号

图书在版编目（CIP）数据

地图学原理/马耀峰，白建军，刘宪锋主编. —2 版. —北京：科学出版社，2023.11
ISBN 978-7-03-076941-1

Ⅰ.地… Ⅱ.①马… ②白… ③刘… Ⅲ.地图学 Ⅳ.P28

中国国家版本馆 CIP 数据核字（2023）第 217259 号

责任编辑：文 杨 郑欣虹/责任校对：杨 赛
责任印制：赵 博/封面设计：迷底书装

科学出版社 出版
北京东黄城根北街 16 号
邮政编码：100717
http://www.sciencep.com

保定市中画美凯印刷有限公司印刷
科学出版社发行 各地新华书店经销
*
2004 年 6 月第 一 版 开本：787×1092 1/16
2023 年 11 月第 二 版 印张：19 1/2
2024 年 12 月第二十一次印刷 字数：499 000

定价：**69.00 元**
（如有印装质量问题，我社负责调换）

第二版前言

世界正经历百年未有之大变局，我国倡导的"构建人类命运共同体"理念将成为大趋势，全球一体化进程虽受阻但不可逆转。随着大数据、信息化、互联网、人工智能、5G 等现代科技的快速发展，地图、地图学的升级与转型成为学科发展之必然。地图的智能化、虚拟化、电子化、快捷信息传输、客主交互，地图与遥感（remote sensing，RS）/地理信息系统（geographic information system，GIS）/全球导航卫星系统（global navigation satellite system，GNSS）一体化发展迅猛。地图上可宣示国家主权，下可为大众导航、辨识拥挤度等应用提供方便，在科学研究、经济发展、社会服务、文化建设、行政管理、生态环境等领域，地图发挥的作用越来越大，地图学的贡献越来越突出。

2018 年 11 月，首届联合国世界地理信息大会在浙江德清举行，会议发表《莫干山宣言》，支持包括德清在内的地方建立联合国全球地理信息知识与创新中心，促进全球地理信息能力建设，支持和帮助发展中国家实现 2030 年可持续发展目标。2020 年 9 月，我国在第七十五届联合国大会一般性辩论上正式宣布，将支持联合国在华设立联合国全球地理信息知识与创新中心。2020 年 10 月 1 日，央视新闻联播披露，联合国全球地理信息与知识创新中心将落户中国。

地图学是地理信息知识与创新的重要组成内容，其学科发展的责任和使命逐渐凸显。地图是地球/地理信息的图形符号化表达，是培养人的地理抽象思维、时空思维、信息传输与认知思维、图形表达与应用思维、结构化思维的重要载体。电子地图是现代信息技术在地图学领域的重要进展之一。与传统地图相比，电子地图有以下特点：一是以计算机屏幕、投影屏幕、手机屏幕为媒介；二是制作、管理、阅读和使用可实现交互一体化；三是显示内容的详尽程度可实施应用导向性调控；四是可将图形、图像、声音和文字集成为一体；五是使用时必须依赖专门设备；六是通过屏幕尺寸、分辨率的有效控制，可实现地图实用化的分块、分层显示。

2004 年，21 世纪高等院校教材《地图学原理》由科学出版社出版。该书自发行以来，广受社会好评，已被国内百余所高等院校使用。应广大读者的诉求和出版社的建议，同时考虑到日新月异的科学技术发展所带来的地图展示手段革命，需要修订出版《地图学原理（第二版）》。

《地图学原理（第二版）》继续保持了《地图学原理》"突出原理，强调应用""重视理论，强调技能""突出层次性、系统性和完整性""精炼语句，重视难点重点""强化理论与实践的结合""重视基础，便于自学"等撰写特色，并按照以下思路进行修订：

1. 坚持"强化原理，厚新薄旧，突出技能，重视应用"的总体修编思路，使第二版教材成为第一版教材的升级换代版。

2. 原书的基本框架结构没有做大的调整，补充完善了有关地图学的基础理论和新知识。

3. 以"讲清原理和突出新技术"为导向，重视数学基础、符号系统、地图概括、普通地图、专题地图的补充和完善；突出地图设计制作、现代地图制图技术的更新和升级。

4. 以第八章"现代地图制图技术"作为重点章节，进行了大幅度的修改完善和提升，特别是遥感影像制图、地理信息系统制图和电子地图系统，以保持与现代地图制图技术的同步甚至超前。

5. 第九章"地图分析与应用"强化了地图的现代应用，加强了数字地图的分析与应用内容的补充修订。

6. 书中的插图和附图，根据需要作了必要的替换和更新。

本书的第一、第二、第四、第五、第六章由白建军教授负责修订，第三、第七、第八、第九章由刘宪锋副教授负责修订，全书由马耀峰教授定稿。本书的修订得到了科学出版社领导的大力支持和帮助，文杨编辑为本书的修订出版付出了大量辛劳，在此表示最衷心的感谢。

作　者

2022 年 11 月 23 日

第一版前言

　　21 世纪是一个信息科学的社会，地图则是信息可视化表达的有效形式之一，其正在我们的日常生活、生产建设、管理决策、工作学习、交流沟通、展示表达等环境中，越来越"随处可见"。出租车中的车载 GPS 电子地图，带电子地图的手机，旅游城市繁华街区中的触摸式导游图，饭店里的电子查询图，机场、车站中的导向图以及城市琳琅满目、种类繁多的城市交通图、媒体地图、网络地图等，无不揭示着一个地图大众化的时代正悄然走来。地图大众化一方面反映的是地图使用的大众化，信息世界出现了大量大众化地图；另一方面则表达的是地图制作的大众化。随着计算机软硬件技术和信息传输技术、计算数学技术、多媒体技术、网络技术、制版印刷技术、对地观测等技术的飞速发展，过去只能由专业技术人员完成的复杂、繁重的地图设计制作任务，现在则可借助越来越多的地理信息系统软件、数字制图软件，在并不要求高档的计算机、扫描仪和输出设备等简单硬件的支持下，可由非专业人员设计完成。一个"傻瓜型"的地图制作时代距我们并不遥远。但我们还必须清醒地看到，地图的学科应用领域和产品应用范畴的大力扩展，地图大众化和大众化地图的迅猛发展，却带来了，缺少地图常识和制作规范的"垃圾地图"和"错误地图"（亦包括地图上的错误）也越来越随处可见。这一现象和大量的非专业人员来制作地图的事实密切相关，说明地图学科的高速发展和扩展，必然会带来一些不足和缺憾。从学科的专业性和科学性来审视，从地图的市场需求来考虑，则急切呼唤和需要一本通识性的地图学原理教材或原理性的读物。本书正是出于以上目的而撰写编著的。

　　撰写一本公用性的教材是极其困难的，单从教育部公布的本科专业目录中就可发现，会涉猎到地理科学、地理信息系统、资源环境与城乡规划管理、测绘工程、环境科学、环境工程、城市规划、生态学、农业资源与环境、地质学、土地资源管理、水利水电工程、旅游管理、园林、森林资源保护与游憩、资源勘查工程等 16 个本科专业，涉及理科、工科和文科，其撰写难度不言而喻。尽管如此，作者还是站在地图的源学科——地球科学的位置，力图从理论和实践的结合方面，完成这一艰巨任务。

　　地图学是一门古老而年轻的学科。说其古老，是因为地图的出现比文字还要早，发展历史悠久；说其年轻，是因为它是一门技术性的基础学科，随着科技的进步而发展，且具有"横断学科"的属性，在国际上已成为一门独立的学科，成立有不从属于其他学会的国际地图制图学会（International Cartographical Association，ICA）。从学科性质分析，它既是一门理论性极强的基础学科，理论体系已相对成熟；又是一门技术性很强的技术学科，随着现代科技如地理信息系统（GIS）、遥感（RS）、全球定位系统（GPS）等地球信息科学的发展而与时俱进、充满活力。地图制作已从古典的野外传统测量法制图发展为现代的航空、航天遥感制图，数字制图、GIS 制图等。地图制作技术越来越科学、现代、方便。

　　随着 GIS、RS、GPS、数字地球、地球信息科学以及计算机技术、网络传输技术、数据库技术等的飞速发展，地图似乎显得"落伍了"，似乎有可能被其他新技术所代替，其实正好相反，陈述彭院士认为"地图是永生的"。视觉是人体从外界获取信息的主要途径。科学研究表明，至少有 70%以上的外界信息是由视觉系统接收、处理和感知的。地图作为视觉化产品，作为传输信息的工具，从来没有像目前这样受到各行各业人们的关注和重视，地图不会消亡，将永远在人们的工作、学习、生活、交流以及经济社会发展中起到不可或缺的重要作用。

本书较完整、系统地分析论述了地图的实质，地图制作和使用的理论、技术和方法。主要内容包括：地图学引论，地图学发展简史，现代地图学理论，数学基础、符号系统和地图概括三大基本特征，普通地图、专题地图两大基本图种，现代制图新技术以及地图应用等 9 章内容。地图作为 GIS、RS、GPS 和数字地球的基础和可视化展示平台，本书强化了其原理性和技术性，为培养读者的地理空间思维和图形思维能力服务。学习本书，要求掌握地图学基础理论和基本知识，基本学会利用现代手段设计制作地图，并提高地图使用、地图应用的能力。

本书的特点和试图努力的方向是：

1. 撰写按照"突出原理，厚新薄旧，重视基础，强调应用"的原则，贯穿于全书始终；并竭力为推动地图学的现代化和我国国民经济建设各行业部门的地图化、数字化服务；

2. 从地图学的学科特性出发，在基础性方面突出了地图学的基础理论、基本知识；在技术性方面强化了现代制图新技术，并力图凸显低起点高立意，易自学重实用，厚现代薄旧规，重启发善引导的特色；

3. 框架体系从地图制作的先后时序切入，先阐述地图学的数学基础、符号系统和地图概括的基本特征，再到普通地理要素、专题要素的表示方法，最后到现代制图手段以及地图应用，使内容具有层次性、系统性和完整性；

4. 在处理理论和实践的关系方面，既重视基本理论，又强调基本技能的培养，使理论和实践能有机结合；

5. 在处理新与旧的关系方面，突出了现代制图新技术，简化了制图的旧技术，体现当代新技术水平和一些最新的科研成果；

6. 在处理难和易、重点和一般的关系方面，从便于自学入手，精选内容，精炼语句，重视难点，突出重点；

7. 本书的作者群由在国内高校第一线从事地图学教学和科研的有数十年历史的教授组成，既有教学经验的沉淀，又有科研成果的积累，使教学经验、科研成果和学生的学习需求能紧密地结合起来。

本书的第一、三、五、六章由马耀峰教授撰写；第四、七章由胡文亮教授撰写；第二、八章由张安定教授撰写；第九章由陈逢珍教授撰写；全书由马耀峰教授统稿。本书从选题到完成得到了廖克研究员，祝国瑞教授，杨凯元教授，齐清文研究员和科学出版社领导的支持和帮助，杨红编辑为本书的出版付出了大量辛劳，在此表示最衷心的感谢！

本书的瑕疵和不足敬请不吝赐教。

作 者

2004 年 3 月 27 日

目　录

第一章　引　　论

本 章 要 点

1. 掌握地图的定义、地图的基本特征、地图的分类和地图学的概念。
2. 掌握地图的构成要素，了解地图的用途和地图学的研究内容。
3. 一般了解地图学发展简史及现代地图学进展。

第一节　地　　图

一、地图的定义和基本特性

地图是人们认知客观世界的工具，是地理学的第二语言。在科技进步，地理信息系统（geographic information system，GIS）、全球导航卫星系统（global navigation satellite system，GNSS）、遥感（remote sensing，RS）和数字地球（digital earth）迅猛发展的今天，地图的重要性及其不可替代性日益凸显。著名学者陈述彭院士认为：地图是永生的。

地图的定义随着时代的前进而不断发展变化。开始人们把地图说成是"地球表面在平面上的缩写"。该定义简单明了但不确切、全面。后来有些学者提出："地图是周围环境的图形表达"，"地图是空间信息的图形表达"。该定义强调了地图的符号图形抽象功能，但没有重视地图的传输信息等功能。有学者认为，"地图是反映自然和社会现象的形象符号模型"。该定义重视地图符号模拟客观世界的功能，却忽略了地图的传输信息等功能。还有人提出，"地图是传输信息的通道"。该定义强调了地图传播信息的功能，但未重视地图模拟客观世界等功能。国际制图协会（International Cartographic Association，ICA）提出"地图是地理现实世界的表现或抽象，以视觉的、数字的或触觉的方式表现地理信息的工具"。该定义重视了地图的符号模拟、抽象功能和地图的多元表达形式，但从地图的基本特性和功能方面来审视，仍显不够全面、系统。

要给地图下一个科学定义，首先需要研究地图具有哪些基本特性。

1. 地图的基本特性

地图与素描画、写景图、航空像片和卫星像片比较，有四大基本特性。

1）特殊的数学法则

地表（地球表面，下同）的素描画和写景图是透视投影，即随着观测者的位置不同，地物的形状和大小也不相同，近大远小。航空像片和卫星像片则是中心投影。物体的形状和大小随着在像片上位置的变化而变化。等大的同一物体在像片中心和边缘的形状、大小是不同的。这些投影和地图的投影相比有很多缺点。

地球椭球体表面是一个不可展平的曲面，而地图是一个平面，解决曲面和平面这一对矛盾的常用方法就是地图投影。首先，将地球自然表面上的点沿铅垂线方向垂直投影到地球椭球体面上；其次，将地球椭球体面上的点按地图投影的数学方法表达到平面上；最后，按比例缩小到可见程度。它是地图制图的基础。

地图投影方法、比例尺和控制定向构成了地图的数学法则。地图投影的实质是建立了地球椭球体表面上点的经纬度和其在平面上的直角坐标之间的对应数学关系，投影的结果使曲面上的点变成了平面上的点，虽不能做到制图区内的点无任何误差和处处比例尺严格一致，但可精确计算并控制投影后的误差大小，和其他表现形式相比，大大提高了地图的科学性。地图比例尺是表示图上一条微小线段的长度与地面相应线段的水平长度之比，是进行距离量测的直接依据。地图定向是确定地图图形的地理方向。没有确定的地理方向，就无法确定地理事物的方位。地图的数学法则使地图具有足够的数学精度，以及可量测性和可比性。

地图作为一种具有数学基础的实体缩小模型，不仅有几何概念，而且有拓扑比例的性质；既可用具体的图形形式表达，又可以数字形式显示。

2）特定的符号系统

地表的事物现象复杂多样，如何在地图上再现客观世界？地图符号系统就是以缩小的标识来解决地表实际和表现形式这一对矛盾的，即采用线划符号、颜色、注记来反映地表。

符号系统是地图的语言。运用符号系统表示地表内容，不仅可以表示地面上的可见事物，而且还可以表示没有外形的自然现象和人文现象；不仅能表示地理事物的外部轮廓，而且能表示事物的位置、范围、质量特征和数量差异；运用符号还能把地表的主要内容和次要内容区别开，达到主次分明的效果。同时，读地图只要读懂图例，就可以直观地读出事物的名称、数量、性质等，而无须像读航空像片或遥感影像那样去判读。总之，符号系统这一特殊语言使地图具有直观性和易读性。

地图由于采用特定的符号系统，和航空像片、卫星像片相比具有许多优越性（图1-1）：

（1）地面上形体较小但较重要的物体，如三角点、水准点、泉水等，在像片上不易辨认或者完全没有影像，地图上则可以根据需要用点状符号来清楚表示。

（2）许多事物虽有形，但其性质和数量特征在像片上不易识别，如湖水的咸淡、温度和深度，土壤类型，河流的流速，路面性质，坡度陡缓等，在地图上则可以通过符号和注记清晰地表达出来。

（3）地面上一些受遮挡的地物，在像片上无法显示，但在地图上则可一览无余，如植被覆盖下的地形、道路隧道、地下建筑物等。

（4）许多自然和人文现象，如行政区划界线、磁力线、居民地人口数、工厂性质、劳动生产率等，都是无形的现象，像片上根本不可能显示，但在地图上则可清楚表达。

3）特异的制图综合

地表的事物现象繁多，而地图的图面却极为有限，制图综合（也称为地图概括）就是解决繁多的事物现象和有限的图面这一对矛盾的手段。它是科学地综合选取和舍弃概括问题，反映地表重要的、基本的、本质性的事物，舍去次要的、个别的、非本质性的事物，表示制图区域的基本特征。所以地图是地表实际的缩小和概括。经过制图综合，地图的内容和载负量达到统一，具有清晰性和一览性。而经过太大程度的缩小或放大后的航空像片一般已不能清楚显示地表的影像，但地图采用简化、抽象手段，仍可具有清晰的图像。

图 1-1 航空像片和地形图比较

制图综合的过程，是制图者进行科学的图形思维、加工，抽象事物内在本质及其联系的过程。随着制图区比例尺缩小，图面面积随之缩小，有效表达在地图上的内容也要相应减少，故应舍次保主、减缩数量、删繁就简、概括内容。航空像片随比例尺缩小不会自动去掉一些碎部细小的物体，和制图者有目的地制图综合不同，制图综合能够使用图者清楚地感知事物的空间分布、相互联系和其本质特征。

4）独特的传输信息的通道

地图是传输信息的通道或载体，地图所包容的来自客观世界的信息是地理信息，地理信息是空间信息，其和一般意义上的信息的本质区别是，它不但具有属性概念，而且还具有空间概念。

航空像片、卫星像片和地图一样，都是传输信息的载体。但地图却有其独特性，即地图是经制图者进行符号化、地图概括，建立在严密数学基础之上的载体，是利用图形语言来传输信息的工具，而航空像片、卫星像片是利用空间实体的影像来传输信息的载体。地图上渗透着制图者的图形思维能力，而像片上却没有。

地图作为传输信息的通道或载体，其类型有传统意义上的地图、实体模型、新技术地图

（有各种电子地图，如屏幕地图或数字地图等）、多媒体地图、声像地图、触觉地图、微缩地图等。

2. 地图的定义

地图是按照一定的数学法则，将地球（或星体）表面上的各种自然现象和社会经济现象，经概括综合，以可视化、数字或触摸的符号形式，缩小表达在一定载体上的图形模型，用以传输、模拟和感知客观世界的时空信息及地学信息。

当前，随着科学技术的发展，特别是信息技术、计算机技术、多媒体技术、航空航天技术等的进步及其在地图中的应用，地图的制作过程、承载介质、表达手段、显示方式等都发生了显著变化，地图的定义也在与时俱进，不断得到发展。数字地图、电子地图、网络地图、导航地图和三维地图的出现，引起地图学家对地图定义的持续讨论和深化。

二、地图的分类

随着社会的发展及地图应用领域的扩展，地图的选题越来越广，地图的类型和品种也日益增多，为了使编图更具针对性，以及便于使用和管理，需要对地图进行分类。

地图的科学分类，利于研究各类地图的性质和特点，发展地图新品种；利于有针对性地组织和合理安排地图的生产；利于地图的编目及其存储，便于地图的管理和使用；地图分类对于处理和检索地图资料具有重要的现实意义。

地图的分类标识很多，主要有地图的内容、比例尺、制图区、用途、承载介质、维数、其他标识等。

1. 按地图内容分类

按地图的内容可分为普通地图和专题地图。

普通地图是相对均等地表示地表的自然和社会经济要素一般特征的地图。按比例尺大小、内容概括程度和制图区大小又可分为地形图和普通地理图。

专题地图是突出地反映一种或几种主题要素的地图。不同专业或行业都可能制作出本专业的专题地图，故专题地图的种类繁多。地理学的专题地图按内容可分为自然地理图、人文社会经济图和其他地图（航海图、航空图等）。

2. 按地图比例尺分类

地图比例尺的大小决定了地图内容表示的详细程度、包括的制图范围及地图量测的精度。在普通地图中，我国地图按比例尺分类可分为以下种类。

大比例尺地图：1∶10 万及更大比例尺的地图。

中比例尺地图：1∶100 万和 1∶10 万比例尺之间的地图。

小比例尺地图：1∶100 万及更小比例尺的地图。

但这种划分也是相对的，不同的国家、国内不同的地图生产部门的分法都不统一。例如，国内城市规划及其他工程部门将地图按比例尺分为以下种类。

大比例尺地图：1∶2000 及更大比例尺的地图。

中比例尺地图：1∶5000 和 1∶10000 比例尺之间的地图。

小比例尺地图：1∶25000 及更小比例尺的地图。

此外，我国把 1∶5000、1∶1 万、1∶2.5 万、1∶5 万、1∶10 万、1∶25 万、1∶50 万、1∶100 万这八种比例尺的地形图规定为国家基本比例尺地形图，它们是按照国家统一测（编）图规范和图式符号系统进行测制或编制的地形图。

3. 按制图区分类

制图区可按多种标识区分：按自然区可分为全球图（世界图）、半球图、大洲图、大洋图；按行政区划可分为国家图、省（自治区、直辖市）图、县（市）图、乡图；按宇宙空间可分为地球图、月球图、火星图等。

4. 按用途分类

按用途可分为通用图（供一般读者使用的参考图，如世界挂图、中国挂图等）和专用图（供某专业或行业专门使用，如航空图、航海图、旅游图、规划图、交通图等）。

5. 按承载介质分类

按承载介质可分为纸质图、磁介质图（如光盘、磁盘）、纺织物图、聚酯薄膜图、塑料压膜图、屏幕图、化纤模型图、石膏模型图、荧光图等。

6. 按维数分类

地图按维数可分为以下种类。

（1）2 维地图，一般的平面地图。

（2）2.5 维地图，一般的立体地图。如立体模型地图、光栅立体地图、互补色立体地图等。

（3）3 维地图，是真正的 3 维立体显示，能在任意方向和角度显示 3 维图像。在 3 维地图的基础上利用虚拟现实技术，形成"可进入"地图，使用者有身临其境的感觉。

（4）4 维地图，除 3 维立体外，再增加一维属性值（一般是时间维）。利用 4 维地图可分析并预报水灾、暴风雨、地震等。

7. 按其他标识分类

按使用方式可分为桌面用图、挂图、易携图、广告牌图、车载电子图、手持 GPS 图（手持式全球定位系统接收机上的地图）等。

按制作方式可分为常规地图（按传统方法制作，非计算机设计制作出的地图）和数字地图［用计算机辅助设计（computer aided design，CAD）制作出的电子地图］。

按动静变化可分为静态地图（常见多用）和动态地图（如电视天气预报地图）。

按感受方式可分为视觉地图（如油墨色彩图、电子光色彩图）、视听地图（多媒体图）和触觉地图（盲人图）。

三、地图的构成要素

凡空间信息都可用地图形式表示，故地图种类繁多、形式多样。普通地图和专题地图是地图最主要的图种，尽管它们内容各异，形式也不尽相同，但其构成要素却基本相似。地图由数学要素、地理要素和图边要素三个层面构成。

1. 数学要素

数学要素是指数学基础在地图上的表现，包括地图投影、比例尺、控制点和地图定向等，是保证地图数学精确性的基础。

利用地图投影能够把地表曲面上的点一一对应地表示到地图平面上来。地图投影在地图图面上表现为坐标网。坐标网有两种：一种是经线、纬线组成的地理坐标系（坐标值以经度λ和纬度ϕ表示）；另一种是平面直角坐标系（纵轴为x轴，横轴为y轴）。根据地图的不同要求，有些图两种坐标网都有，另一些图仅有一种坐标网。

比例尺表示地图比实地缩小的比率，是图上微小线段与该线段在实地长度之比。

控制点是利用精密的仪器和精确测量的方法，测得的对其他点的平面位置和高程位置有控制作用的坐标点，是直接测量地图的依据，在地面上有标识物。控制点起着把控地图数学精度与补充坐标网的作用，一般只在1∶10万及更大比例尺地图上选注。

地图定向是确定地图图形的方向，一般地图图形均以北方向定向，在地图上通过坐标网的方向来体现。

2. 地理要素

地理要素是地图最主要的内容。普通地图的地理要素主要包括自然要素和社会要素。自然要素包括海洋要素、陆地水系、地貌、土质、植被、居民地、交通线、境界线等自然和社会经济内容。

专题地图的地理要素包括两部分：一为专题要素，依据主题内容的不同而不尽相同；二为底图要素，常选择普通地图上和主题相关的一部分地理要素，是衬托和反映主题内容的基础。

自然要素包括陆地水系、地貌、土质、植被、地质、气候、水文、土壤和海洋要素等。陆地水系要素包括河流、湖泊、水库、沟渠及池塘。地貌要素包括陆地地貌和海底地貌，反映地表形态的外部特征、类型、形成发展及其地理分布。陆地地貌是指陆地部分地面高低起伏变化和形态变化的特点。海底地貌是指海洋部分海底高低起伏的变化、形态特点和海底地质。土质要素主要是指沼泽地、沙砾地、戈壁滩、石块地、小草丘地、残丘地、盐碱地、龟裂地等。植被要素是地表植被覆盖层的简称，地图上表示的植被要素可以分为天然和人工两大类，显示地表植被的类型及其地理分布。地质要素显示地表各种岩层的分布，并反映它们的内部结构及其形成和发展。地球物理要素显示磁差、磁力异常、火山、地震等各种地球物理现象的分布及其规律。气象气候要素反映地表气象、气候情况，包括太阳辐射、地面热力平衡、气团、气旋、锋面、气温、降水、气压、风、云雾、日照、霜、雪、湿度、蒸发及气候区划等。水文要素显示海洋水文和陆地水文现象，包括潮汐、洋流、海水温度、海水密度、海水盐分、湖泊水文、水文网的分布及密度、径流深度、径流系数等。土壤要素反映地表土壤的外部特征、类型及其地理分布。动物地理要素显示各种动物的分布，如兽类、鸟类、鱼类、昆虫类等的分布。海洋要素包括海岸线、沿海地带、后滨、潮浸地带、干出滩、沿海地带、前滨。

社会经济要素包括居民地、交通网、境界线、行政中心、人口、经济、社会事业、历史等。居民地是人类居住和进行各种活动的中心场所；地图上应表示居民地的类型、形状、行政意义和人口数、交通状况和居民地内部建筑物的性质等，以反映出居民地所处的政治经济地位、军事价值和历史文化意义。交通运输是来往通达的各种运输事业的总称；地图上表示的交通运输网包括陆上交通、水路交通、空中交通和管线运输。陆上交通包括铁路、公路和其他道路；水路交通分为内河航线和海洋航线；管线运输包括高压输电线、石油及天然气管道等。地图上表示的境界线分为政区境界线和其他境界线两类；其他境界线主要是指一些专门的界线，如停火线、禁区界、旅游和园林界线等；政区境界线用以反映国与国之间的政治关系和国内行政区划。行政中心与政治区划和行政区划相对应。例如，我国的行政中心有首都、省（自治区、直辖市）府、直辖市（自治州、盟）府、县（自治县、旗、市）府等。人口要素包括人口分布、人口密度、民族分布、居民的自然变动、居民迁移及居民的其他组成等内容。经济要素包括自然资源（动力资源、矿产资源）、工业、农业、林业、交通运输（铁路、公路、航运、货物运输等）、通信联系（电信、邮政等）、商业、财政联系、综合经济等内容。社会事业以文化教育、科学技术、卫生体育、文化娱乐、广播电视、新闻及出版等方面的分布和机构设施为主要内容。历史要素表示人类社会的历史现象，如古代各个国家或民族的分布，各国的文化、经济、民族运动、商贸路线、政治斗争和军事事件等。

3. 图边要素

图边要素即辅助要素，是指为阅读和使用地图提供的具有一定参考意义的说明性内容或工具性内容。包括图名、图号、图例、比例尺、接图表、图廓、分度带、附图、坡度尺、三北方向图、测图时间与单位、测制单位、等高距必要的说明等。图边要素有助于读图和用图，是地图不可缺少的一部分。

图 1-2 表示地形图的构成要素。图 1-3 为局部 1∶25000 比例尺地形图。

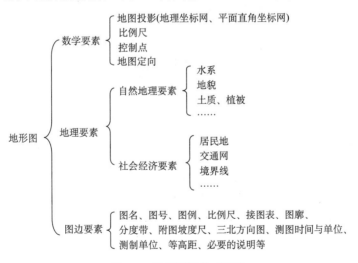

图 1-2　地形图的构成要素

四、地图的功能和用途

1. 地图的功能

1）获取认知信息功能

制图的目的在于使用，所以，地图可以作为认识客观世界从而改造客观世界的重要手段

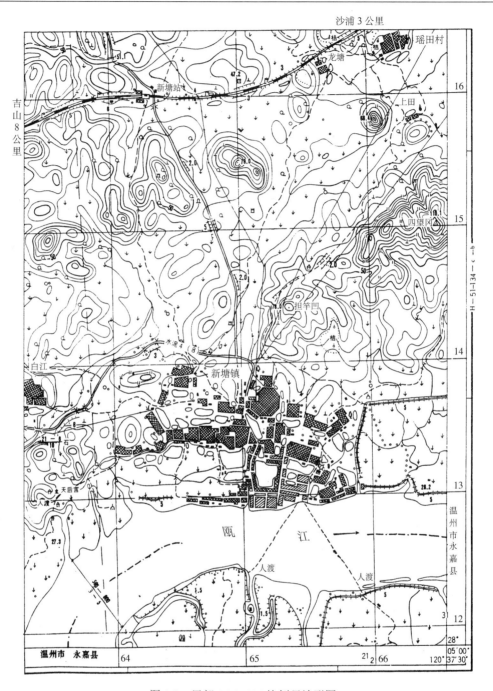

图 1-3　局部 1∶25000 比例尺地形图

和有力工具。地图可以表示地表事物的空间分布规律、相互联系、质量特征、数量差异及发展变化，它不仅是地球科学调查研究成果很好的表达形式，而且是进行科学研究的重要手段。人们可以通过地图分析、地图量测，获取制图区事物现象的空间位置、长度、坡度、面积、体积、深度、密度、曲率、分率等具体的数量指标。运用数学方法、比较方法、归纳演绎方法对地图进行分析，能够获得各种制图对象的参数数据、历史变迁、区域规律性及发展趋势。

利用地图建立各种纵、横断面图，曲线图，直方图，金字塔图等图表，获得制图区事物现象的直观分布及随时间的变化情况。利用地图可纠正不正确的空间概念。例如，在人们头脑中的"意境地图"上，大连和北京相比，北京靠南一些，实际上大连更靠南；又如，人们印象中武汉长江大桥是一座南北向大桥，实际上它近似于东西向大桥。所以，通过地图可以获得各种不同的信息，地图具有获取认知信息功能。

2) 模拟客观功能

地图是客观世界的缩小和概括。它具有严密的数学基础、直观的符号系统和科学的地图概括，可以说地图是客观世界的公式化、符号化和抽象化，是对客观世界的模拟模型。它表示客观世界的自然、社会经济现象的空间分布、结构组合、相互联系及发展变化。它是用符号系统反映制图对象的形象符号模型，是用数学图形方法表示制图物体数量、质量特征的图形数学模型，是用抽象和概括的方法再现客观世界制图对象的分布和结构组合的概念空间模型。和其他表示客观世界的方法比较，地图方法有很多优越性，它具有精确性、直观性、一览性、概括性、抽象性、合成性、可量测性和相似性等。地表的事物是复杂多样的，有自然的和人为的、历史的和现实的、具体的和抽象的、看得见的和看不见的、连续的和间断的、宏观的和微观的、现实的和潜在的等，人们可以根据需要建立各种地图模型。地图再现和模拟了客观世界，所以地图具有模拟客观功能。

3) 传输信息功能

地图是传输信息的通道和工具。信息传输的过程是：信息源的信息经过信息发送者的编码（如电报编码），通过一定的通道发送（如电波传递），信息接收者接收到信号，经过译码（如电报翻译），把信息传输到目的地。地图生产使用也是一种信息传输，地图编制者（即信息发送者）把对客观世界（信息源）的认识经过选择、概括、简化、符号化（即编码），通过地图（即传输通道）传送给地图用图者（即信息接收者），用图者经过符号判断分析（即译码），形成再现的对客观世界的认识（图1-4）。显然，地图传输信息功能涉及地图编制者和地图用图者，以及制图和用图的整个过程。这就要求地图编制者要深刻认识客观世界，经过加工处理出现在地图上的信息要准确、易读，不出现伪信息，而地图用图者要懂得地图符号语言，正确分析判读，准确译码，没有信息错误。地图传输信息功能把地图生产和地图应用连成一个有机的整体。

(信息源)	(信息发送者)	(编码)	(通道)	(译码)	(信息接收者)
客观世界 →	地图编制者对现实的认识 →	选择、取舍、符号化 →	地图 →	符号分析、认知 →	地图用图者对现实的认识
6个过程构成地理信息认知的循环链，使人类不断加深对客观世界的认识					

图1-4 地图传输信息功能示意图

4) 载负信息功能

地图是容纳和存储地表环境信息的载体，或者说是存储信息的工具或手段。地图存储着大量的信息，它们是依据图形线划符号来存储、表达和传递的。地图信息包括直观信息和潜在信息，直观信息即地图上的线划符号图形；而潜在信息只有通过分析、解译、判读才能获得。地图的直观信息是有限的，而潜在信息却是不可计量的。人们根据需要，可以从地图上提取各种所需信息。地图是一个信息集合体，它载负着各种各样不同种类、不同范畴的环境信息。地图具有载负信息功能。

2. 地图的用途

由于地图具有信息传输功能和直观、总览、明显、可量等特性，地图在国家经济建设、国防建设、科学研究、文化教育各领域，都得到极其广泛和普遍的应用。

在经济建设方面，地图是各项建设事业的"尖兵"。从地质勘探、矿藏开采、铁路与公路勘测选线、工矿企业的规划与设计、农业资源调查与区划、森林的普查与更新、草场的合理利用，到工业布局、城乡规划、建设与管理、大型工程设计与施工，还有荒地垦殖、水土保持、农田水利基本建设等各个国民经济建设项目，可以说无一不需要使用地图。

在国防建设方面，一切军事行动，不论是司令部统观战局，各级指挥员研究战略、战役、战术、战斗问题，或从单一兵种的战斗到多军兵种的协同作战，都需要各种比例尺的地图提供地形保证。特别是在现代化战争中，飞行器的发射和运行，更需要高精度的地图提供地心坐标和轨道数据，以便迅速地自行选择和打击目标。所以地图被称为军队的"眼睛"。

在地学研究的各个领域，地图仍是重要和不可缺少的手段和工具。从科学发展史看，地图与地学的关系十分密切，并且源远流长。这是因为地图可以将广阔空间的事物现象一览无余地呈现在人们面前，使人们根据地图了解区域的自然面貌和社会经济特征，从而探讨它们的规律性。如自然资源和国土开发，区域和城市规划，水系的类型、结构和治理，环境质量评价，营造防护林带，防风固沙，水土保持，地貌和第四纪地质研究等，无一不需依据地图进行研究。此外，地学的研究成果往往又是以地图的形式表达出来，而这些成果又可以不断丰富和核实地图的内容，促进新图种的产生。

在国际交往方面，地图也是重要的依据。例如，在划定国界时，除了文字条约，还必须附有双方勘定境界的地图作为附件。国家的领土主权发生争议时，不仅要用精确的现代地图，还需要有详细的历史地图。

在文化教育方面，地图是进行文化教育的有效工具。广泛运用地图，既有利于青少年认识祖国的辽阔，激发热爱祖国的情感，又有利于增进和提高全民族的文化素质。同时，地图还能表达世界各国的政治、地理概况，以及我国与世界各国的联系，有利于进行国际主义教育。在地理教学上，地图是许多教学环节都需要使用的教具，运用地图是地理教学的突出特点，也是提高地理教学质量的有效措施。航空、航海一刻也离不开航空图与航海图。

日常生活中，地图是读书看报的"顾问"，外出旅游，地图是可靠的"向导"。它还可以充实人们的知识，提高热爱生活的情趣。

基于电子地图的卫星定位导航系统相关产品和服务市场，已经发展成为国际公认的高新技术产业之一。我国已经自行研制出汽车导航配套系统；移动通信网络的升级和移动通信增值服务的开放，也使得基于手机的个人移动导航及地图信息服务成为可能。国外电子地图在生产和服务中的网络化程度越来越高，专用网络或互联网络可快速地把信息以不同形式发布给电子地图导航用户。电子地图将成为未来市场新宠，市场需求和潜力巨大。

第二节 地 图 学

一、地图学的概念

地图学（cartography）又称为地图制图学，其研究对象是地图，任务是研究地图理论、地图制作和地图使用。

地图学是一门古老而年轻的学科。说它古老，是由于地图学的产生和发展历经了漫长的历史岁月，迄今最古老的地图可追溯到 4500 年前。古代原始地图的出现是地图学的萌芽。地图学和测量学、地理学相伴而生，经长时期的历史发展，17 世纪以后，欧洲开始了大规模的三角测量和地形图测绘，促进了地图学科的建立。20 世纪初，航空摄影测量出现，加上平版胶印技术的应用，大规模地图编制印刷成为可能，地图学体系逐步形成。20 世纪 50 年代，数学制图学渐为成熟，促进了地图学科的发展。

说地图学年轻，是由于从 20 世纪 70 年代开始，信息论、控制论、系统论、计算数学和计算机技术、遥感技术、通信技术等现代理论及技术的发展，使传统的地图学概念发生了深刻变化，也使现代地图学体系不断完善并向纵深发展。

20 世纪 50 年代以前，人们认为地图学是编制地图的技术，强调地图学是制图技术。20 世纪 60 年代，学者普遍认为地图学是研究地图及其制作理论、工艺技术和应用的科学，提出地图学包括地图、地图制作和地图应用。20 世纪 70 年代，地图学新理论的出现使地图学的概念发生变化。例如，苏联学者认为，地图学是用特殊的形象符号模型来表示和研究自然和社会现象的空间分布、组合和相互联系及其在时间中变化的科学，强调了地图模型论。美国学者认为，地图学是空间信息图形传递的科学，强化了地图传输空间信息的特点。《中国大百科全书》（测绘卷）中，对地图学的描述是："它研究用地图图形反映自然界和人类社会各种现象的空间分布、相互联系及其动态变化，具有区域性学科和技术性学科的两重性"。该描述强调地图学的技术性、区域性学科特点。

由于地图学涉及自然科学、人文科学、工艺科学、计算机科学、思维科学和人体科学等，可以认为，地图学是以空间信息图形表达、存储和传输为目的，综合研究地图实质、制作技术及其使用方法的一门技术性、区域性学科。

二、地图学的研究内容与分支学科

从地图学概念的讨论可以概括出地图学的研究内容：地图理论、地图制作与地图应用的技术和方法。

地图学由理论地图学、技术制图学和应用地图学三大分支学科构成。

1. 理论地图学

地图概论，又称为地图总论，包括地图一般知识、地图资料和地图学史等内容。

地图投影，又称为数学制图学，研究如何用数学模型将地球椭球面上的经纬线转绘在平面上的理论方法及变形问题。

地图概括，又称为制图综合，研究如何用概括、抽象的形式科学地表达制图对象基本特点、典型特征的理论和技术方法。

地图符号系统，研究怎样用图形思维方法表达地表要素的理论和方法。

地图新理论，主要包括地图信息论、地图模型论、地图传输论和地图感受论。

2. 技术制图学

地图编制，包括普通地图编制和专题地图编制，研究根据地图资料制作地图的理论、技术和方法。

地图整饰，关于地图内容的表现形式和手段的技术，是制图实践中的一种造型艺术和工序。

计算机地图制图，又称数字地图制图，研究利用计算机硬、软件和自动制图设备，进行制图信息的采集、识别、存储、处理、编辑、图形表示的技术和方法。

遥感制图，研究利用遥感图像数据，通过处理和分析来制作地图的技术和方法。

地图制印，研究复制地图的技术和方法。

3. 应用地图学

地图分析，研究利用地图进行各种科学分析的原理、技术和方法。

地图应用，研究地图应用于不同专业的途径、技术和方法。

地图量测，研究利用地图进行各种量测的技术和方法。

地图评价，主要研究地图制作的质量和水平的评价原理及方法。

地图信息自动分析与处理，主要研究利用计算机技术对地图信息进行自动分析与处理的原理、技术和方法。

三、地图学与相邻学科的关系

地图学和许多相邻学科都有着相互联系、相互促进与发展的密切关系。

测量学是地图制图的基础，没有精密的测量就没有精确的地图。而地图测量中又离不开地图理论及知识。地图学与测量学的关系主要表现在：用现代大地测量方法确定地球的形状和大小、坐标系统、高程系统和大地控制网等，是地图学（特别是地图制图学）所必需的地图（空间）数据基础框架；测量学研究测制大比例尺地形图的方法，为制作地图提供精确的制图资料，制图中的许多数据处理模型和方法都来自测量学；反过来，合理布设大地控制网也需要借助于地图，大比例尺测图过程中又要使用地图的符号系统、综合原则和地图数据库技术等。数字地图（电子地图）与全球导航卫星系统（如 GPS）集成，构成汽车、轮船、飞机等移动目标的导航定位系统，以及地图数据更新系统。

地理学是研究地表环境的结构分布及其发展变化的规律性及人地关系的学科。地理学是制图者认识和表达的地表环境的基础，没有良好的地理学知识就不可能制作出优良的地图。而地图一方面是地理研究成果最好的表达形式之一；另一方面则是地理研究不可缺少的工具和手段。现代条件下，随着计算机地图制图、卫星遥感制图技术的发展，专题地图的品种越来越多，可以多种形式揭示地学规律。地图学和地理学交叉形成了许多新的边缘学科，如地貌制图学、土壤制图学等。

数学使地图的制作精度产生了质的飞跃，数学是决定地图精确性的基础。而地图的制作及应用丰富了数学的应用范畴。构成地图数学基础的数学法则——地图投影，就是数学科学在地图学中应用的范例，正是运用数学方法才解决了地球曲面与地图平面之间的转换及不同地图投影之间的相互转换。地图制图数学模型涉及数学的许多分支学科，特别是应用数学。现在任何一门新兴的应用数学（灰色系统模型、数学形态学、分形分维理论、小波理论、神经网络理论）都会很快被引用来研究地图要求的规律、地图制图综合、地图分析应用等领域。地图分析需要利用数学方法来建立各种分析模型；用检测视觉感受效果的方法来提高地图的设计水平时，对专题制图数据进行分类、分析和趋势预测时，都需要使用数学方法；地图自动制图综合的实现要以人工智能为基础，但更多的还是采用现代数学方法建立各种模型和算法。可以这样说，如同数学是自然科学、社会与人文科学、技术与工程科学的方法和基础那样，数学已经成为地图学的方法和基础，这标识着地图学的理论化。

色彩学、美学是决定地图艺术性的关键，对地图设计的科学性影响至深。

遥感技术应用于地图制图，大大提高了地理信息获取的数量和质量，加快了成图周期，并使小比例尺地图直接测制成为现实。地图学的第一个难题是数据源，遥感信息是地图制图的重要数据源之一；全数字摄影测量是获得大比例数字地图的主要方法。卫星遥感技术获得的遥感影像信息可满足各种比例尺地图制图和地图数据更新的需要，遥感影像制图是专题地图制图的主要方法。实际上，从生产地图的角度来看，摄影测量与遥感也是一种地图制图方法，如采用矢量数字地图数据与数字正射影像数据配准叠置的方法更新地图数据。网络地图采用部分矢量数字地图数据与遥感影像数据叠置来更加直观地显示地图信息。

计算机技术使地图制作及应用产生了一次新的革命，计算机地图制图将逐步代替传统的手工制图，地图生产效率极大提高，智能化地图制图的发展将对地图学产生极为深远的影响。

地理信息系统和地图学都是地理信息处理的科学，但前者突出地理空间数据的分析与处理，后者更重视地理空间信息的图形表达与信息传输。二者关系极为密切，地理信息系统是在数字地图制图的基础上发展起来的产物，地图输出是地理信息系统重要的功能之一，也是衡量地理信息系统质量与水平的标识之一；地理信息系统是地图学在信息时代的现代发展。

第三节　地图制作方法简介

地图的制作方法多种多样，从成图的工作流程来划分，主要分为实测成图法和编绘成图法。从制图所使用仪器设备与制作过程的先进性来划分，分为传统制图法和现代制图法。

大比例尺普通地图（主要为地形图）制作常采用实测成图法；中小比例尺普通地图制作常采用编绘成图法。专题地图制作一般采用编绘成图法。

一、传统实测成图法

传统实测成图法常分为图根控制测量、地形测量、内业制图和制版印刷几个过程。

实测成图法是在大地测量的基础上，利用国家大地控制网和国家高程控制网来完成测图的。

大地测量的任务之一就是精确测定地面点的几何位置。国家大地控制网为国家经济建设、国防建设和地球科学研究提供地面点的精确几何位置，是全国性地图测制的控制基础，也是远程武器发射和航天技术必不可少的测绘保障。国家高程控制网是在全国范围内，由一系列按国家统一规范精确测定高程的水准点所构成的网。大地控制点（如三角点、导线点、天文点和高程控制点）为便于使用，在地面上都有固定标识。

图根控制测量是直接为测图区建立平面控制点和高程控制点所进行的测量。其原理是利用大地测量所得控制点的平面坐标、高程，通过测角、测边长、传递高程的方法，测定待定的图根控制点的空间位置。图根控制点是后续地形测量的基础。

地形测量是直接对地面上的地物、地貌在水平面上的投影位置和高程进行测定。地形测量分普通地形测量和航空摄影地形测量。

普通地形测量是利用平板仪或经纬仪、水准仪等，根据控制点来测定地物特征点和地貌特征点，即地物轮廓点、地貌坡度变换点的平面位置和高程，将有关地物、地貌按比例尺用规定符号绘制在图上，获得外业地形原图。此方法目前仅在小范围地图测量和工程测图中使用。随着现代测绘仪器的发展和计算机的普及，人们可以直接利用全站仪和GPS等在野外获取点的平面位置和高程，并传输到计算机中，通过软件绘制地形图。这是普通地形测量的现代发展。

航空摄影地形测量是传统测绘地形图的基本方法。过程是：首先对测图区进行航空摄影，获得地面的航空像片；其次，进行像片调绘，即通过像片判读和野外调查，把地物、地貌及地名标注在像片上；最后，进行航测内业，即进行控制点的加密工作，并利用各种光学机械仪器，在航片所建立的光学模型上测绘地形原图。当前，这种航空摄影地形测量已经发展为全数字摄影测量系统，它首先将影像数字化，其次运用计算机对数字影像信息进行处理和加工，并获取需要的图形和数字信息，在绘图仪上输出地图。这是航空摄影地形测量的现代发展。

内业制图的任务是用清绘或刻绘方法，将地形原图绘制成出版原图。

制版印刷是将出版原图经过复照、制版、印刷等程序复制成大量印刷地图。

二、传统编绘成图法

中小比例尺地图由于制图区范围大，不易采用实测成图法测制地图，而是通过实测地图缩小概括，采用编绘的方法编制地图。作业过程如下。

1. 地图设计

目的是制定编图大纲或编辑设计书，作为实施作业的指导性文件。具体包括制图区地理特征研究、制图资料选用、地图内容及表示方法确定、数学基础确定、图式符号设计、地图概括指标确定和作业方案制定等工作。最后成果是编写出地图设计书。

2. 地图原图编绘

在编辑准备的基础上进行原图编绘，是编制地图的中心环节，也是决定成图质量的关键。工作内容包括编稿资料图复制晒蓝、数学基础展绘、地图内容转绘、地图内容概括综合等，最终得到编绘原图。

3. 地图出版准备

对编绘原图复制晒蓝，按编图大纲要求分色清绘或刻绘，分别制作出版原图、分色样图和试印样图，为地图制印工作提供原始图件和作业参考图。

4. 地图制印

利用出版原图在预制铬胶感光版上晒制印刷金属版，然后再到胶印机上套印，复制印刷出大量彩色地图。

三、遥感制图法

遥感制图法是利用遥感图像数据资料，通过图像处理和分析，用于制作或更新地图（特别是专题地图）的新技术方法。

遥感技术通过多时相、多波段、多平台的信息源，可快速地提供地表海量地理信息，应用于制图则加快了地图成图周期，同时，也突破了地图只能是较大比例尺图缩编较小比例尺图的束缚，是当代地图制作技术的发展方向之一。遥感制图法编制专题地图的流程如下。

1. 遥感图像资料获取

目前我国常用的遥感信息源除了本国的遥感卫星外，主要为美国、法国等国的遥感卫星提供的图像资料。各种传感仪器将记录到的数字或图像信息，以胶片、图像（卫星像片）或数字磁带等介质形式存储，可提供给使用者。

2. 遥感图像处理

原始的遥感图像数据必须进行几何纠正和辐射校正，以消除卫星飞行轨道、姿态和高度的变化及传感器本身等因素的影响所带来的各种误差，提高图像的几何精度。

为增大不同地物影像的密度差异，还要采用假彩色合成等方法对图像进行光学图像增强。利用计算机及其相关软件对图像进行数字图像增强处理，是增大图像密度差的最好方法，能达到提高图像分辨率的效果，较为常用。

3. 专题要素信息识别与提取

对增强处理后的遥感图像，采用目视解译法，即利用简单解译仪器，通过各种直接和间接判读标识，分析图像的各种影像特征，解译提取所需的专题要素。

目视解译方便可行但较为落后，且解译精度有限。计算机图像识别系统是较先进的方法。把处理过的遥感数据，利用计算机图像识别系统进行图像模式识别与分类，达到较高质量提取专题信息的目的。

4. 地理底图编绘与专题要素转绘

地理底图可用传统方法编绘，也可利用计算机编制。把专题要素转绘或叠加到地理底图上，即完成一幅专题地图的制作。需要复制印刷时，可按常规方法制版印刷。

四、计算机地图制图法

计算机地图制图，也称为机助制图，经数十年发展，到今天已较为成熟，得到了较广泛的使用，是目前地图制作最先进的方法。按流程可将其分为数字化地图测图与数字化地图制图，前者侧重于实测成图，后者侧重于编绘成图。

1. 数字地图测图

20 世纪 90 年代，我国数字化测图技术无论在理论上还是在实用系统的开发上都得到了迅速的发展。尽管该技术存在费用较高、人员素质要求较高、系统可靠性需再提高等不足，但仍代表着目前实测成图的发展方向。

数字地图测图的工作过程分为数据采集、数据处理、图形编辑和图形输出四个阶段。

数据采集的目的是获取测图区制图所需的数据信息，包括地物、地形特征点的空间位置和数据链接方式及所测要素的地理属性。外业数据采集利用全站仪、电子经纬仪、GPS 和速测仪等测量仪器（图 1-5）来完成，借助电子手簿（可连接测量仪器或计算机的数据通信工具）或全站仪存储器的帮助，将测量数据输入到计算机供进一步处理。

GPS

速测仪

电子经纬仪

全站仪

图 1-5　测量仪器

数据处理是指将所采集数据处理为成图所需的过程，包括数据格式或结构的转换、投影变换、图幅处理、误差检验等内容。

图形编辑是指利用计算机，对已处理的数据所生成的图形和地理属性进行编辑、修改，必须在图形界面下进行。

图形输出是将已编辑好的地图输出到用户所需介质上的工作，一般是在自动绘图仪或打印机上完成。

2. 数字地图制图

数字地图制图设备系统由硬件（数字化仪、计算机、自动绘图机等）和软件（控制硬件运作的各类程序）组成，有关的制图数据是计算机处理的对象。

数字地图制图可分为编辑准备、数字获取、数据处理和编辑、图形输出和地图制印五个阶段。

编辑准备，工作包括确定制图资料；选定地图投影、比例尺、地图内容、表示方法等，并按数字制图要求对原始资料进行处理；设计编码系统；确定数字化方法；研究程序设计方法及思路；决定制图工作流程计划等。

数字获取，即图数转换，将点、线、面组成的图形转化为计算机可接受的数字。数字化运作的一种方法是采用手扶跟踪数字化仪对图形的特征点进行数字化，以矢量格式记录；另一种方法是采用扫描数字化仪，对图形进行扫描并以栅格格式记录。对数字化所获数据要进行存储，以供计算机处理。

数据处理和编辑，地图制图的中心工作。此阶段一是要对数字化信息进行规范化处理，如数据检查、纠正，生成数字化新文件，统一坐标原点，比例尺变换等；二是为图形输出所做的计算机处理，如投影变换、数据概括等，将数据变为绘图机可识别的绘图指令。上述工作皆需制图人员调用系统程序来实现。

图形输出，计算机处理后的数据变换为图形。由绘图程序驱动绘图仪绘出地图或由打印机输出纸质或印刷用 4 色胶片。

地图制印，利用计算机制作的 4 色胶片可晒制金属印刷版，在平版胶印机上印刷，可得大量复制地图。

第四节　地图学发展简史及地图学进展

一、原始地图

地图的产生和发展是人类生产和生活的需要。在尚未创造文字以前，原始人类很早就知道在地面上或石板上绘画简单的图形，或用石块、贝壳来模拟所看到现象的形状、大小、方向或相对位置等。保存下来最古老的地图是距今约 4700 年的苏美尔人绘制的地图（图 1-6）。距今约 4500 年的古代巴比伦地图（图 1-7）是制作在黏土陶片上的，绘有山脉、四个城镇和流入海洋的河道，代表着人们对自然环境的认识。

由近代发现的太平洋海岛原始部落用木柱制作的海岛图，用柳条、贝壳编缀的海道图等，可证明原始地图仅起确定位置，辨别方向的作用，可能都是示意性的模型地图。

在中国，据《世本八种》记载，黄帝同蚩尤打仗，曾使用了表示"地形物象"的地图。有记载的最古老的地图是夏朝的九鼎。九鼎是当时统治权力的象征。在九鼎上除了铸有各种图画外，还有表示山川的原始地图。后来在《山海经》中，也有绘着山水、动植物及矿物的

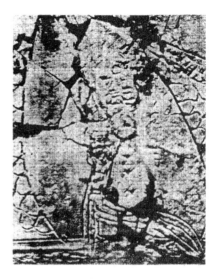

图 1-6　苏美尔人绘制的地图　　　　　　　　图 1-7　古代巴比伦地图

原始地图。在《周礼》一书中，至少有 15 处提到有关的图籍，其中 13 处较明确地记述了地图。专题图中有全国交通图（"司险掌九洲之图，以周知其川林、山泽之阻，而达其道路"），这是世界上记载最早的交通图。1954 年，江苏出土的西周初期青铜器上的铸刻铭文，记载了周朝分封诸侯时使用到地图，谈及《武王、成王伐商图》与《东国图》。这是迄今所知最早明确记载地图的可靠文字史料。据史学家考证时间约在公元前 1027 年，河北平山和甘肃天水放马滩出土的文物证明了我国记载古地图的历史事实。在平山发掘出战国时期中山国墓葬铜版《兆域图》，图上标明宫垣、坟墓所在地点，建筑物各部名称、大小、位置和诏书。这是世界上现存发现最早的平面地图。放马滩古墓群出土的公元前 239 年 7 幅秦王政八年木板图，反映战国晚期秦国属地邦县（天水到宝鸡一带）的政区、地形和经济，是世界上最早的实测木板图。

这些地图已有了比例尺和抽象符号的概念，说明了这些时期我国地图发展已开始从模型地图向平面地图过渡。

二、古代地图

春秋战国时期战争频繁，地图成为军事活动不可缺少的工具。《管子·地图篇》指出"凡兵主者，必先审知地图"，精辟阐述了地图的重要性。《战国策·赵策》中记有"臣窃以天下地图案之，诸侯之地五倍于秦"，表明当时的地图已具有按比例缩小的概念。《战国策·燕策》中也有关于荆轲刺秦王，献督亢地图，"图穷而匕首见"的记述，说明秦代地图在政治上象征着国家领土及主权。《史记》记载，萧何先入咸阳"收秦丞相御史律令图书藏之"，反映汉代很重视地图。

我国发现最早以实测为基础的古地图，是 1973 年在湖南长沙马王堆汉墓中挖掘出的公元前 168 年以前的三幅帛地图：地形图、驻军图和城邑图。地形图内容包括自然要素（河流、山脉）和社会经济要素（居民地、道路），这和现代地图四大基本要素相似。山体范围、谷地、山脉走向用合曲线表示，并以俯视和侧视相结合的方法表示峰丛，近似现在的等高线法（图1-8）。

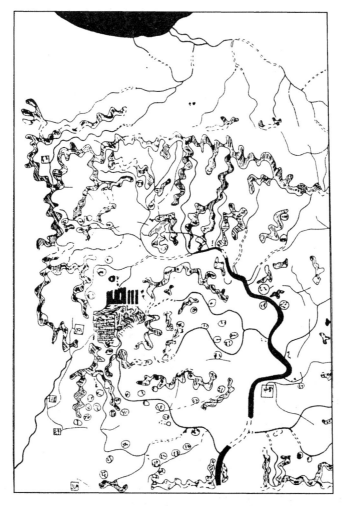

图1-8　马王堆三号墓出土的地形图（复原图部分）

　　驻军图用黑、红、蓝三色彩绘，是目前我国发现最早的彩色地图。城邑图上标绘了城垣范围、城门堡、城墙上的楼阁、城区街道、宫殿建筑等。用蓝色绘画城墙上的亭阁，红色双线表示街坊庭院，院内红色普染。城区街道分为主要街道和次要街道两级，宽窄不同。宫殿、城堡等建筑物均绘以象形符号，同现代城市图比较，在形式上几乎是一样的，是迄今我国现存最早的以实测为基础的城市地图。马王堆汉墓地图充分反映了我国彩墨绘制地图的工艺水平，是世界史上罕见的一大发现。

　　对古代地图产生重大影响的是希腊著名数学家、天文学家、地图学家托勒密和中国晋代杰出地图学家裴秀。他们的作品反映了西方、东方不同的发展特点和古代地图科学的重大成就，对后来的地图产生了长期深远的影响。托勒密写的《地理学指南》，实际上是一部地图学论著，其附带的27幅地图是世界上最早的地图集雏形。他提出了编制地图的方法，采用了新的经纬线网，创造了两种新的世界地图投影，并绘制了新世界地图。该图在西方古代地图史上具有划时代的意义，一直被使用到 16 世纪。中国西晋地图学家裴秀绘制了 18 幅《禹贡地域图》及《地形方丈图》；总结前人和自己的经验，提出了六项制图原则，即制图六体：分率、准望、道里、高下、方邪、迂直。前三个即今天的比例尺、方位和距离，后三个即比较和校正不同地形引起的距离偏差。制图六体成为我国古代地图制作的数学基础，其倡导的计里画方制图方法，长期为中国古代编制地图所遵循，对我国古代地图的发展产生了极其深远的影响，当今的计算机栅格地图暗合了我国古代的计里画方制图方法。

　　公元 4～13 世纪，在西方地图历史上是一个漫长的黑暗时期，神学代替了科学，地图成为宗教思想的俘虏，严重阻碍了地图学的发展。当时的地图是辗转抄袭、粗略荒谬的作品。地图几乎千篇一律地将世界画成一个圆盘，称为 T-O 地图（图 1-9）。该地图把耶路撒冷绘于地图的中心，即世界的中心，所有的陆地分为欧洲、亚洲、非洲三大洲，当中分隔三者的河流和海洋呈拉丁字母"T"状，而所有的大陆则被一个"O"形大海所包围。

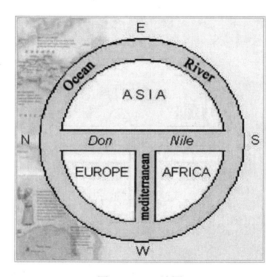

图 1-9　T-O 地图

　　盛唐杰出地图学家、地理学家贾耽，用了 17 年时间编制了表示全国的《海内华夷图》。这是继裴秀所绘地图之后我国又一伟大地图作品，在中国和世界地图史上具有重要意义。唐代诗人王维于天宝年间在清源寺壁上绘制 5 幅《辋川图》，宋代刻石，明代郭漱六于公元 1617 年重摹刻制，展示蓝田辋川王维隐居处沿途风光 20 景，这是现存最长的早期导游图，现藏于陕西蓝田县文化馆。唐代曾组织人力绘制京都《长安图》。现存最大的古代城市图是藏于西安碑林的《长安图》。街区用平面图形表示，围墙等主要建筑用侧视象形符号表示，和现代城市图趋于一致。

　　宋代地理学家、地图学家沈括，查阅资料、去伪存真、实地考察，以亲身经历编制了《天下州县图》。宋代郑樵在《通志》一书中记有《诸路至京驿程图》，这是我国记述最早的交通图。

　　元代的朱思本经十多年游历考证，汇编了大幅面的《舆地图》，成为明、清两代地图的范本。明代的罗洪先又对《舆地图》增补修改，编成《广舆图》。该图曾刊印 8 次，影响时间较长，范围较大。

明代郑和是我国著名航海家，在公元 1405～1433 年的 28 年间，七次下西洋，途经 30 余个国家和地区，最远到达红海沿岸和非洲东海岸，并绘制了一卷《郑和航海图》。《郑和航海图》的绘制方法，不采用传统的"计里画方"，而用形象的"对景图"。山形及具方位意义的地物，按其特征形象绘制。此图各处的比例不甚准确，方位也有差误，但并不能轻视郑和在中国地图学史上的伟大贡献，他是我国最早的航海图的制图学家。

公元 16 世纪，地图集的出现标志着地图学进入一个新的发展阶段。中国明代杰出地图学家罗洪先和荷兰著名地图学家墨卡托，继裴秀、托勒密之后，用地图集的形式，分别总结了 16 世纪以前东西方地图的发展成就。罗洪先在总结前人地图的基础上，采用画方分幅法，以图集形式，编制了《广舆图》。墨卡托用等角圆柱投影编制世界图，在航海方面起到了巨大影响，一直沿用至今。他所编制的地图集是欧洲地图集发展史上的里程碑。

罗洪先和墨卡托所编地图集，承前启后，对后代的地图发展产生巨大影响，延续数百年之久。

三、近代地图

17 世纪末，欧洲资本主义不断发展，地图科学也在迅速发展，由于对内开发，对外掠夺的需要，测量学首先发展起来，许多国家展开了测绘大比例尺的基本地图。这种基本地图要在大地控制测量的基础上，采用统一的图式图例和分幅系统，因此大都由政府或军事部门组织的专业队伍进行。这是近代地图发展的主流。18 世纪，欧洲开始大规模地实测地形图，出现了大量精度高、内容丰富的实测地图。19 世纪初，缩编地图、专题地图出现。20 世纪初，利用飞机进行航空摄影测量成图得到发展。地图的精确性、内容的丰富性、地图的品种、成图手段都达到了一定的水平。

17 世纪以来，各国纷纷成立测绘机构，主管国家基本地形图的测绘。测绘地形图，以西欧最早。公元 1730～1780 年，法国的卡西尼父子测绘的法国地形图颇负盛誉。1891 年，在瑞士伯尔尼召开的第五届国际地理会议上，讨论并通过了由彭克提议的，合作编制国际百万分之一地图的提案，并形成决议，对以后各国国际百万分之一地图的编制起到了积极的推动作用。

19 世纪以来，各种专题地图出现。其中，德国伯尔赫斯编制出版的《自然地图集》等，对当时专题地图的发展起到了一定的推动作用。

虽然我国古代历史上出现过一些著名的地图学家和一批很高水平的地图作品，但是到了近代，由于外来的侵略，内部的腐败，国势日衰，我国地图制图水平逐渐落后于西方。尽管如此，我国地图制作也取得一定进步。

我国是亚洲最早进行地图测绘的国家。清康熙年间，开展全国大规模测量，后编成《皇舆全览图》。该图在绘制的方法、精度、范围和内容上，在当时都有较高水平。

明末，正是欧洲各国进入资本主义原始积累的时期。西方为开拓世界市场，掠夺财富，开辟了欧亚之间的海上交通并开展传教活动。意大利传教士利玛窦介绍的西方世界地图和地图制作技术得到中国统治者的重视，从此新制图方法开始在中国传播。利玛窦对中国科技文化影响最大的是绘制世界地图和测量经纬度。公元 1684～1719 年，中国测算了 630 个经纬度点，奠定了我国近代地图测绘的基础。

公元 1708~1718 年，《皇舆全览图》测绘完成。该图是我国首次全国性的实测地图，开创了我国实测经纬度地图的先河，对近代中国地图的发展有重要的意义。

公元 1886 年，即清光绪十二年，全国规模的《大清会典舆图》省图集编制工作开始了，各省用了 3~5 年时间分别完成省域地图集的编纂。这次图集编绘在中国地图发展史上有极为重要的意义，它是中国传统古老的计里画方制图法向现代的经纬网制图法转变的标识。

清代地理学家魏源编制的《海国图志》，完全摆脱了传统的计里画方制图法，采用了经纬度控制等与现今世界地图集相类似的地图投影、比例尺选择等，是中国地图制图史上一项开创性的工作。中华人民共和国成立后，地图学发生了很大变化。首先，在 20 世纪 50 年代开展大规模的测绘工作；编制并不断更新全国各省（区、市）不同比例尺系列地图；70 年代完成了全国 1∶5 万或 1∶10 万地形图测绘任务；出版了国家及各省（区、市）地图集；各种不同专业、不同用途的专题地图迅猛发展；各种新技术、新理论受到重视和研究。我国地图制图水平和世界发达国家的差距正在缩小。

四、现代地图学进展

1. 现代地图制图技术及现代地图

航空摄影测量制图技术的出现改变了古老的地面测图技术的传统方法，使得航空摄影测量地图能够代替普通测量制图。1903 年，飞机问世，1910 年莱特从飞机上拍摄了第一张照片，此后，德国和法国都进行了航空摄影测量的试验和研究。不到半个世纪，航空摄影测量从根本上改变了 300 多年发展起来的地图测制过程，标志着人类从高空进行测绘的新历史阶段。世界上的主要国家都进行了航空摄影测量制图，我国 1934 年开始了水利工程、地籍和铁路选线的测量制图。中华人民共和国成立后，经过 20 多年努力，我国已完成覆盖全国的航空摄影测量和地形图制图工作。20 世纪 70 年代末，我国进行了《陆地卫星像片太原幅农业自然条件目视解译系列图》和《航空遥感图集：腾冲试验区》的航空遥感及系列制图试验。

航天遥感制图技术开创了人类从地球外空间进行全球性遥感制图的新纪元，使得遥感地图成为一种新的地图品种。1957 年，苏联发射了第一颗人造地球卫星，20 世纪 70 年代以后，美国发射了 5 颗陆地卫星，提供地表陆、海的遥感图像和数据。遥感制图不仅开拓了动态制图的新领域，而且可超越自然障碍和国界限制，广泛用于直接编制或更新普通地图和专题地图，从而改变了以大比例尺地图逐级缩小编图的工艺程序。1984 年出版的《日本地图帖》和《陆地卫星影像中国地学分析图集》具体反映了这种发展趋势。20 世纪 80 年代以来，遥感技术又取得明显进展，遥感图像的地面分辨率进一步提高，具有立体图像，并朝着高分辨率、多波段、全天候和遥感信息国际共享及商品化方向发展。遥感图像处理由光学处理向数字处理方向转变。1987 年我国成功研制了用于遥感图像制图的图像处理系统，把我国的遥感应用提高到一个新水平，广泛应用于国民经济建设的各个领域。

1967 年，美国编绘了月球影像地形图和地质图，标志着人类编制星球地图的开始。

电子计算机技术应用制图开创了手工制图向自动制图转变的新开端，使得数字地图成为最新、最现代化的地图品种。20 世纪 50 年代以后，计算机技术开始应用于地图测绘。经过英国、美国、瑞典、日本、瑞士等国家不断在原理、设备软件等方面的研发，到 70 年代已由实验阶段推广到比较广泛的应用。加拿大、法国、日本和澳大利亚均以地形图为基础，建成地理信息系统，使地形图、专题地图和遥感信息汇集，存储于统一的地理坐标之上，明显提高了地图更新、传输、编辑效率，扩展了其应用领域。80年代以来，随着计算机不断更新换代及制图软件的不断发展，数字制图展现出广阔和潜力巨大的发展前景。我国20世纪60年代开始自动制图试验；70年代研制了数字化仪和自动绘图机；80年代在城市、人口、农业、石油、地质等领域进行应用；90年代自动制图应用领域扩大。我国计算机地图制图开发应用取得了明显成效。目前出现了数字地图、激光地图、多媒体地图、网络地图、全息地图、声像地图、光盘地图等地图新品种，充分反映了数字地图制图发展的日新月异。

2. 现代地图学理论

由于地图学与自然科学、社会科学、系统科学、信息科学、思维科学、人体科学、行为科学、艺术科学等有着交叉及关联关系，它们的研究成果为地图学的发展提供了理论基础和技术支持，并促进了地图学理论研究的进展。

1）地图信息论

地图信息表现为图形几何特征、多种彩色的总和及其相互联系的差别，可以说地图信息是以图解形式表达制图客体和其性质构成的信息。地图信息论就是研究以地图图形表达、传递、储存、转换、处理和利用空间信息的理论。该理论有助于认识地图的实质，并深化了对地图信息的计量方法的研究。

2）地图传输论

地图传输论是研究地图信息传输的原理、过程和方法的理论。该理论认为：客观环境—制图者—地图—用图者—再认识的客观环境构成了一个统一的整体。客观环境被制图者认知，形成知识概念，通过符号化变为地图，用图者通过符号识别，在头脑中形成对客观环境的认识。这个过程是一个地图信息流传输的过程，地图制作和使用都包括在这个传输过程中；地图符号能有效传输地理信息，但传输过程中会受到"噪声"干扰。该理论对于地图最佳制作和地图有效使用具有积极作用。

3）地图符号学

地图符号学是研究地图符号系统的构图基础、感受方式及其设计使用的科学。提出了六种视觉变量：形状、亮度、色彩、尺寸、密度和方向，是地图符号系统的构图基础；四种感受方式：组合感受、选择感受、等级感受和数量感受，是制图过程中的视觉特点，该理论对地图符号设计和地图生产有较大影响。

4）地图模型论

地图模型论是研究如何建立再现的客观环境的地图模型，并以地图数学模型来表达的理论。该理论认为地图是客观世界的模拟模型。此模型是制图者的概念模型，并可用数学方法表达经过抽象概括的制图对象的空间分布结构。该理论对于深入认识地图的实质，并对推动数字制图的发展有重要作用。

5）地图认知论

地图认知论是研究人类认知地图获取信息的手段、原理和过程的理论。该研究有两项成果。一是"地图认知环"学说，认为用图者首先接收到图像地图客体，进而在头脑中进行信息处理、获取，其次据已有知识对所获信息进行加工，从而产生头脑信息图；再进一步通过对实地地理现象进行研究，最后得到所认知的地理实体，完成一轮认知环。二是"多模式感知和认知理论"，是指在虚拟地图环境下，用多种认知手段（如视觉、听觉）分别获取知识，并将其加以比较和想象处理，进而形成各自的知识库（如视觉、听觉知识库），最后将各知识库融合，产生综合知识库。该理论对制图手段、多媒体技术、虚拟现实技术的结合使用有重要意义。

6）地图感受论

地图感受论是研究地图视觉感受过程的物理学、生理学和心理学方法，探讨地图是如何被用图者有效感受的理论。研究内容有分级符号、网纹和等值灰度梯尺的视觉效果，色彩设计客观性，视觉感受与图形构成的规律、特点等。该理论对地图设计有重要意义。

3. 新世纪地图学发展趋势

进入 21 世纪，地图学的理论创新正在深化和扩展。地图制图技术发生了革命性变化，数字地图制图已成为地图生产的主要技术和手段；国家 1：5 万、1：25 万和 1：100 万地图数据库基本建成，空间数据的多尺度表达与自动地图制图综合研究有了突破性进展；空间信息可视化与虚拟现实技术取得了实用性成果，电子地图、导航地图和网络地图技术已十分成熟，并被广泛应用。在这样的基础上，随着科学技术进步的加快和社会需求的增强，地图学今后将向以下几个方面发展。

1）地图学理论体系将逐步形成

理论是技术的先导，没有先进理论指导的技术是盲目的技术：随着地图制图技术的迅速发展，对地图学理论研究的要求将越来越高。20 世纪 80 年代以来，地图制图技术的跨越式发展，从根本上说，首先是得益于 20 世纪 50～60 年代信息论、系统论和控制论三大理论及电子计算机技术及其同地图学的结合，为地图学的发展开拓了新的思路。在信息化时代，构建地图学的整体理论框架与体系趋势是：多模式时空认知贯穿地图信息传输的全过程，地图感受论是进行多模式时空综合认知的基础，地图模型论是进行多模式时空综合认知的方法论，地图符号学从地图语言学的角度，地图信息论从信息处理的角度支撑多模式时空综合认知。所以，要想实现地图学的进一步发展，必须抓住地图学理论体系的创新研究，实现地图学的理论在新的条件下的深化和提升，以及信息科学技术背景下的地图空间认知、地图信息传输、地图视觉感受、地图模型、空间信息语言学等新理论在地图学理论体系中的地位和作用、相互联系、内容的深层次研究，逐步形成以多模式时空综合认知为核心的地图学的理论体系。

2）地图学技术体系将进一步提升

地图制图技术已经实现了由手工地图制图到数字地图制图的跨越式发展，空间信息可视化作为地图学的一个新的生长点已取得明显进展。在这个基础上进行创新性研究，并建立起新的地图学技术体系，该体系应包括以地图数据库、地图色彩库、地图符号库、自动制图综合模型和算法作支撑条件的全数字地图制图系统；以空间数据仓库和数据挖掘为支撑的地图空间决策支持系统；以模型库、数据库和纹理库为基础的地理环境仿真与虚拟现实系统；以网络环境下，政府部门、企业、志愿者多源地图数据共享、互操作和集成、融合与同化地图制图技术体系；基于传感器的网络地图制图机理、基础数字地图模型和各类专题地图模型通过网络传给无数个客户终端，网络地图、网络多媒体电子地图、移动导航电子地图、混搭地图、增量地图等地图制图技术体系；以物联网、云计算和网格计算等新兴信息技术为支撑，全面实现地图制图信息获取、处理与服务一体化信息流或流水线的智能优化，以提供基于网络的地图制图信息资源共享和协同地图制图为主要方式的地图制图技术体系等。

3）地图学应用服务体系将进一步完善

地图信息服务始终是地图学赖以生存的基础，特别是在信息化时代，社会发展与人类生活都对地图信息服务提出了更新、更高的要求。随着电子计算机技术、多媒体技术和网络技术的发展，地图信息服务已成为决策支持的重要基础，并将继续出现一些新的变化，服务的形式更加多样化，服务的技术手段更加现代化，服务的质量更加高效化。地图应用服务体系应包括常规地图应用服务、数字地图的分布式存储与网上分发、导航电子地图和网络电子地图服务等，地图品种将更加多样化，如三维、实时动态、地理环境仿真和虚拟现实，等等。地图学为智慧城市基础数据库建设提供理论和技术支撑，人口、土地、经济、社区、环境、文化、教育、医疗卫生、交通、灾害、安全等管理数据以地图空间数据库作为空间定位基础；为建立电子政务、电子商务与现代物流、数字企业、数字社区等各种应用系统提供数字地图数据和技术保障。智慧城市建设是一个长期的战略目标，地图学（包括其创新的理论、技术和服务体系）在智慧城市建设中也将长期发挥作用。通过智慧城市建设，地图信息服务将更加实时、快速和高效，也将推动地图学理论与技术的发展。

近几年来，地图+遥感影像+视频技术发展很快，推动了动态地图的大发展。如表现我国10年交通大发展的"交通演变视频动态图"、反映连霍高速的自驾游动态图、反映穿越旅行的交通动态图等。

复习思考题

1. 如何理解反映地表的像片、素描画和地图的区别？
2. 浅述地图定义的变化。
3. 结合实际试谈地图的用途。
4. 试分析地图学的概念及其研究内容。
5. 地图制作有哪些方法？试分析其优缺点。
6. 我国古代对地图制图的贡献是什么？
7. 21世纪地图学的发展趋势是什么？
8. 试述地图学与RS、GIS、GNSS的区别。

参 考 文 献

蔡孟裔, 毛赞猷, 田德森, 等. 2000. 新编地图学教程. 北京: 高等教育出版社.

测绘学编辑委员会. 1985. 中国大百科全书(测绘学). 北京: 中国大百科全书出版社.

陈述彭. 1990. 地图创作的新潮与反思. 地图, (1): 3-6.

高俊. 1991. 地图的空间认知与认知地图学. 中国地图学年鉴. 北京: 中国地图出版社.

何宗宜, 宋鹰, 李连营. 2016. 地图学. 武汉: 武汉大学出版社.

胡圣武. 2008. 地图学. 北京: 清华大学出版社.

廖克. 1999. 迈向21世纪的中国地图学. 地球信息科学, (2): 46-51.

廖克. 2003. 现代地图学. 北京: 科学出版社.

龙毅, 温永宁, 盛业华. 2006. 电子地图学. 北京: 科学出版社.

卢良志. 1984. 中国地图学史. 北京: 测绘出版社.

陆漱芬. 1987. 地图学基础. 北京: 高等教育出版社.

罗宾逊 A H, 塞尔 R D, 莫里逊 J L, 等. 1989. 地图学原理. 5版. 李道义, 刘耀珍, 等译. 北京: 测绘出版社.

马耀峰. 1996. 旅游地图制图. 西安: 西安地图出版社.

齐清文. 2000. 现代地图学的前沿问题. 地球信息科学, (1): 80-86.

孙以义. 2000. 计算机地图制图. 北京: 科学出版社.

田德森. 1991. 现代地图学理论. 北京: 测绘出版社.

王家耀, 孙群, 王光霞, 等. 2006. 地图学原理与方法. 北京: 科学出版社.

谢刚生, 邹时林. 2000. 数字化成图原理与实践. 西安: 西安地图出版社.

尹贡白, 王家耀, 田德森, 等. 1991. 地图概论. 北京: 测绘出版社.

张奠坤, 杨凯元. 1992. 地图学教程. 西安: 西安地图出版社.

张力果, 赵淑梅. 1985. 地图学. 北京: 高等教育出版社.

祝国瑞. 2004. 地图学. 武汉: 武汉大学出版社.

Kraak M J, Ormeling F. 2010. Cartography: Visualization of Spatial Data. New York: Guilford Publication.

第二章　地图的数学基础

本 章 要 点

1. 掌握地球椭球体、大地水准面、GNSS、比例尺、地图定向和地图投影的概念。
2. 认识地图投影的方法、过程、地图投影变形和地图投影选择。
3. 掌握地形图投影的方法及其变形分布规律。
4. 了解主要的地图投影类型、变形分布规律及其用途。
5. 一般了解地图投影判别及利用 ArcGIS 软件进行投影生成和转换的过程。

第一节　地图的空间基准

一、地球椭球体

测量工作是在地球的自然表面上进行的，然而地球的自然表面是一个起伏不平，十分不规则的表面。在地球表面上有 29% 的陆地，71% 的海洋；陆地上有山地、峡谷、平原、高原、盆地等，海底存在着高低悬殊的复杂地形，海陆比较，高差约 20000m。这种客观存在的高低变化，是多种成分的内、外地貌营力在漫长的地质年代综合作用的结果。对于地球测量而言，地表是一个无法用数学公式表达的曲面，这样的曲面不能作为测量和制图的基准面。

为了寻求一种规则的曲面来代替地球的自然表面，人们设想当海洋静止时，平均海水面穿过大陆和岛屿，形成一个闭合的曲面，该面上的各点与重力方向（铅垂线）正交，这就是大地水准面。大地水准面所包围的球体，称为大地体。大地体是一种逼近地球本身形状的形体，可以称为对地球形体的一级逼近。大地水准面接近地球的自然表面，测绘工作就是以它作为依据的。

但是由于受地球内部物质密度分布不均等多种因素的影响，铅垂线的方向发生不规则变化，处处与铅垂线方向垂直的大地水准面仍然是一个不规则的、不能用数学公式表达的曲面。若把地球表面投影到这个不规则的曲面上，将无法进行测量计算工作。

为了满足测量成果计算和制图工作的需要，必须寻找一个能用数学公式表达的规则的曲面。大地水准面形状非常复杂，但从整体上来看，起伏是微小的，而且其形状接近一个扁率极小的椭圆绕大地球体短轴旋转所形成的规则椭球体，这个旋转椭球体称为地球椭球体。地球椭球体表面是一个规则的数学表面，可以用数学公式表达，可以看作对地球形体的二级逼近。在测量和制图中就用它替代地球的自然表面，图 2-1 为地球自然表面、大地水准面和地球椭球体面的关系。

地球椭球体有长半径和短半径之分。长半径（a）为赤道半径，短半径（b）为极半径。$f=(a-b)/a$ 为椭球体的扁率，表示椭球体的扁平程度。由此可见，地球椭球体的形状和大小取决于 a、b、f。因此，a、b、f 被称为地球椭球体的三要素。

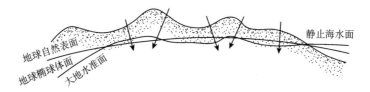

图 2-1 地球自然表面、大地水准面和地球椭球体面的关系

由于推算的年代、使用的方法及测定地区的不同，地球椭球体的数据并不一致，因此，近一个世纪来，世界上推出了几十种地球椭球体数据。美国环境系统研究所（Environmental Systems Research Institute，ESRI）的 ArcGIS 软件中提供了 30 种地球椭球体模型；Intergraph 公司的 MGE 软件提供了 24 种地球椭球体模型。常见地球椭球体数据见表 2-1。

表 2-1 常见地球椭球体数据

椭球体名称	年份	长半径/m	短半径/m	扁率	使用的主要国家
白塞尔椭球体（德国，Bessel）	1841	6377397	6356079	1∶299.15	波兰、罗马尼亚、捷克、斯洛伐克、瑞士、瑞典、智利、葡萄牙、日本
克拉克 I 椭球体（英国，Clarke）	1866	6378206	6356534	1∶295.0	埃及、加拿大、美国、墨西哥、法国
克拉克 II 椭球体（英国，Clarke）	1880	6378249	6356515	1∶293.47	越南、罗马尼亚、法国、南非
海福特椭球体（美国，Hayford）	1910	6378388	6356912	1∶297.0	意大利、比利时、葡萄牙、保加利亚、罗马尼亚、丹麦、土耳其、芬兰、阿根廷、埃及、中国（1952 年前）
克拉索夫斯基椭球体（苏联，Красовский）	1940	6378245	6356863	1∶298.3	苏联（1946 年起）、保加利亚、波兰、罗马尼亚、匈牙利、捷克、斯洛伐克、民主德国、中国
1975 年国际椭球	1975	6378140	6356755	1∶298.257	1975 年国际第三个推荐值
1980 年国际椭球	1980	6378137		1∶298.257	1979 年国际第四个推荐值

我国不同时期采用了不同的椭球体参数（表 2-2）。1952 年以前采用海福特椭球体，从 1953 年起改用克拉索夫斯基椭球体，1978 年决定采用 1975 年第 16 届国际大地测量学和地球物理学联合会（International Union of Geodesy and Geophysics，IUGG）/国际大地测量协会（International Association of Geodesy，IAG）推荐的新的椭球体，称为 GRS（1975），并以此建立了我国独立的大地坐标系。

表 2-2 我国不同时期采用的椭球体参数

椭球体名称	年份	长轴/m	扁率	采用时间	说明
海福特椭球体	1910	6378388	1∶297.0	1952 年以前	1942 年国际第一个推荐值
克拉索夫斯基椭球体	1940	6378245	1∶298.3	1953 年以后	苏联
1975 年国际椭球	1975	6378140	1∶298.257	1980 年以后	1975 年国际第三个推荐值
2000 国家大地坐标系	2008	6378137	1∶298.257	2008 年以后	—

地球的形状确定之后，还需确定大地水准面与椭球体面之间的相对关系，只有这样，才

能将观测成果换算到椭球体面上。因此为了在地球椭球体上确定点位，必须先将椭球与大地体间的相对位置确定下来，这个过程称为地球椭球的定位。其过程为：在地球表面适当位置选择一点 P，假设将椭球体和大地球体切于 P'，切点 P' 位于 P 点的铅垂线上，此时，过椭球体面上 P' 的法线与该点相对于大地水准面的铅垂线重合，椭球体的形状和大小与大地球体很接近，从而也就确定了椭球体与大地球体的相互关系（图 2-2）。与局部地区的大地水准面符合得最好的一个地球椭球体称为参考椭球体。确定参考椭球体，进而获得大地测量基准面和大地起算数据的工作，称为参考椭球体定位。各国在椭球体的选择上，总是寻求最佳的解决方案，就是因为存在着椭球体的定位问题。

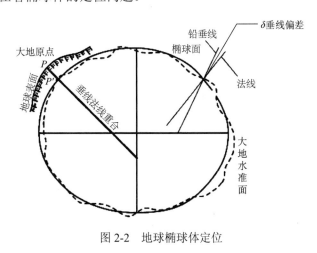

图 2-2　地球椭球体定位

二、大地控制

大地控制的主要任务是确定地面点在地球椭球体上的位置。这种位置包括两个方面：一是点在地球椭球面上的平面位置，即经度和纬度；二是确定点到大地水准面的高度，即高程。为此，必须首先了解确定点位的坐标系。

1. 地理坐标系

对地球椭球体而言，其围绕旋转的轴称为地轴。地轴的北端称为地球的北极，南端称为地球的南极；过地心与地轴垂直的平面与椭球面的交线是一个圆，这就是地球的赤道；过英国格林尼治天文台旧址和地轴的平面与椭球面的交线称为本初子午线。以地球的北极、南极、赤道和本初子午线等作为基本要素，即可构成地球椭球面的地理坐标系（图 2-3）。其以本初子午线为基准，向东、向西各分了 180°，本初子午线之东为东经，之西为西经；以赤道为基准，向南、向北各分 90°，赤道之北为北纬，之南为南纬。

地理坐标系是指用经纬度表示地面点位的球面坐标系。在大地测量学中，对于地理坐标系中的经纬度有三种描述：即天文经纬度、大地经纬度和地心经纬度。

1）天文经纬度

天文经度在地球上的定义，即本初子午面与过观测点的子午面所夹的二面角；天文纬度在地球上的定义，即过某点的铅垂线与赤道平面之间的夹角。天文经纬度是通过地面天文测量的方法得到的，其以大地水准面和铅垂线为依据，精确的天文测量成果可用作大地测量中的定向控制及校核数据。

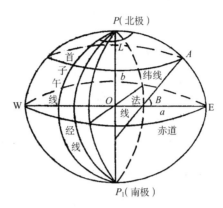

图 2-3　地理坐标系

2）大地经纬度

地面上任意一点的位置，也可以用大地经度 L、大地纬度 B 表示。大地经度是指过参考椭球面上某一点的大地子午面与本初子午面之间的二面角，大地纬度是指过参考椭球面上某一点的法线与赤道面的夹角（图 2-3）。大地经纬度以地球椭球面和法线为依据，在大地测量中得到广泛应用。

3）地心经纬度

地心，即地球椭球体的质量中心。地心经度等同于大地经度，地心纬度是指参考椭球体面上的任意一点和椭球体中心连线与赤道面之间的夹角。地理研究和小比例尺地图制图对精度要求不高，故常把椭球体当作正球体看待，地理坐标采用地球球面坐标，经纬度均用地心经纬度。地图学中常采用大地经纬度。

2. 我国常用的大地坐标系

世界各国采用的坐标系不同。在一个国家或地区，不同时期也可能采用不同的坐标系。我国目前常用四种坐标系，即 1954 年北京坐标系、1980 年国家大地坐标系、2000 国家大地坐标系（China Geodetic Coordinate System，CGCS2000）和 WGS-84。

1）1954 年北京坐标系

1954 年，我国将苏联克拉索夫斯基椭球元素建立的坐标系，进行联测并经平差计算引申到了我国，以北京市为全国的大地坐标原点，确定了过渡性的大地坐标系，称为 1954 年北京坐标系。其缺点是椭球体面与我国大地水准面不能很好地符合，产生的误差较大，加上 1954 年北京坐标系的大地控制点坐标多为局部平差逐次获得的，不能连成一个统一的整体，这对于我国经济和空间技术的发展都是不利的。

2）1980 年国家大地坐标系

我国在 30 年测绘资料的基础上，采用 1975 年第 16 届 IUGG/IAG 推荐的新的椭球体参数，以陕西省西安市以北泾阳县永乐镇某点为国家大地坐标原点，进行定位和测量工作，通过全国天文大地网整体平差计算，建立了全国统一的大地坐标系，即 1980 年国家大地坐标系，简称 1980 年西安原点或西安 80 系。其主要优点在于：椭球体参数精度高；定位采用的椭球体面与我国大地水准面符合好；天文大地坐标网传算误差和天文重力水准路线传算误差都不太大，而且天文大地坐标网坐标经过了全国性整体平差，坐标统一，精度优良，可以满足 1∶5000 甚至更大比例尺测图的要求等。

随着卫星定位导航技术在我国的广泛使用，我国目前提供的西安 80 系这一大地坐标系成果与目前用户的需求和今后国家建设的进展、社会的发展存在矛盾：①坐标维的矛盾。目前提供的二维坐标不能满足需要三维坐标和大量使用卫星定位和导航技术的广大用户的需求，也不适应现代的三维定位技术。②精度的矛盾。利用卫星定位技术可以达到 $10^{-7} \sim 10^{-8}$ 的点位相对精度，而西安 80 系的精度只能保证 3×10^{-6}。这种坐标精度的不适配会产生诸多问题。③坐标系统（框架）的矛盾。由于空间技术、地球科学、资源、环境管理等事业的发展，用户需要与全球总体适配的地心坐标系统，如国际地球参考架（International Terrestrial Reference Frame，ITRF），而不是如"西安 80 系"这样的局部定义的坐标系统。

3）2000 国家大地坐标系

随着社会的进步，国民经济建设、国防建设和社会发展、科学研究等对国家大地坐标系提出了新的要求，迫切需要采用原点位于地球质量中心的坐标系统（即地心坐标系）作为国家大地坐标系。采用地心坐标系，有利于采用现代空间技术对坐标系进行维护和快速更新，测定高精度大地控制点三维坐标，并提高测图工作效率。

2008 年 3 月，由国土资源部正式上报国务院《关于中国采用 2000 国家大地坐标系的请示》，并于 2008 年 4 月获得国务院批准。自 2008 年 7 月 1 日起，中国将全面启用 2000 国家大地坐标系（CGCS2000），国家测绘局授权组织实施。

CGCS2000 是我国当前最新的国家大地坐标系。CGCS2000 是全球地心坐标系在我国的具体体现，其原点为包括海洋和大气的整个地球的质量中心。Z 轴指向国际时间局（Bureau International de l'Heure，BIH）1984.0 定义的协议极地方向，X 轴指向 BIH1984.0 定义的零子午面与协议赤道的交点，Y 轴按右手坐标系确定，如图 2-4 所示。

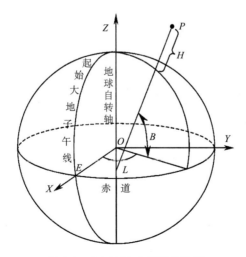

图 2-4　CGCS2000 坐标轴定义

CGCS2000 采用的地球椭球参数如下。

长半轴：a=6378137m

扁率：f=1/298.257222101

地心引力常数：G_M=3.986004418×10^{14}m³/s²

自转角速度：ω=7.292115×10^{-5} rad/s

CGCS2000 由 2000 国家 GPS 大地网在历元 2000.0 的点位坐标和速度具体实现，实现的实质是使 CGCS2000 框架与 ITRF97 在 2000.0 参考历元一致，因此已建立的 GPS 控制点可以以 ITRF97（2000.0）为参考框架重新解算得到与 CGCS2000 一致的坐标成果。

现有各类测绘成果，在过渡期内可沿用现行国家大地坐标系；2008 年 7 月 1 日后生产的各类测绘成果应采用 CGCS2000。

4）WGS-84

WGS-84 是一种国际上采用的地心坐标系。原点是地球的质心，空间直角坐标系的 Z 轴指向 BIH1984.0 定义的协议地极方向（conventional terrestrial pole，CTP）方向，即国际协议原点（conventional international origin，CIO），它由 IAG 和 IUGG 共同推荐。Z 轴指向 BIH1984.0 定义的 CTP 方向，X 轴指向 BIH1984.0 的零度子午面和 CTP 赤道的交点，Y 轴和 Z 轴、X 轴构成右手坐标系。

WGS-84 椭球采用第 17 届 IUGG/IAG 测量常数推荐值，采用两个常用基本几何参数。WGS-84 地心坐标系可以与 1954 年北京坐标系或 1980 年西安坐标系等参心坐标系相互转换，其方法之一是：在测区内，利用至少 3 个以上公共点的两套坐标列出坐标转换方程，采用最小二乘原理解算出 7 个转换参数就可以得到转换方程。其中 7 个转换参数是指 3 个平移参数、3 个旋转参数和 1 个尺度参数。

WGS-84 和 CGCS2000 的参数区别见表 2-3。

表 2-3 WGS-84 和 CGCS2000 的参数区别

地球椭球参数	WGS-84	CGCS2000
长半轴 a/m	6378137	6378137
地心引力常数 G_M /（m³/s²）	3.986004418×10^{14}	3.986004418×10^{14}
自传角速度 ω/（rad/s）	7.292115×10^{-5}	7.292115×10^{-5}
扁率 f	1/298.257223563	1/298.257222101

3. 高程基准

高程控制网的建立，必须规定一个统一的高程基准面。我国曾使用过 1956 年黄海平均海水面、坎门平均海水面、吴淞零点、废黄河零点和大沽零点等多个高程基准面。中华人民共和国成立以后，利用青岛验潮站 1950～1956 年的观测记录，确定黄海平均海水面为全国统一的高程基准面，并且在青岛观象山埋设了永久性的水准原点。以黄海平均海水面建立起来的高程控制系统，统称 1956 年黄海高程系。统一高程基准面的确立，克服了我国高程基准面混乱及不同省区的地图在高程系统上普遍不能拼合的弊端。

多年观测资料显示，黄海平均海平面发生了微小的变化。因此，1987 年，国家决定启用新的高程基准面，即 1985 年国家高程基准。高程基准面的变化，标志着水准原点高程的变化。在新的高程系统中，水准原点的高程由原来的 72.289m 变为 72.260 m。这种变化使高程控制点的高程也随之发生了微小的变化，但对已有地图上的等高线高程的影响可忽略不计。

由于全球经济一体化进程的加快，每一个国家或地区的经济发展和政治生活都与周边国家和地区发生密切的关系，这种趋势必然要求建立全球统一的空间定位系统和地区性乃至全球性的基础地理信息系统。因此，除采用国际通用 ITRF 系统之外，各国的高程系统也应逐步统一起来，当然这并不排除各个国家和地区基于自己的国情建立和使用适合自身情况的坐标系统和高程系统，但应和全球的系统进行联系，以便相互转换。

4. 深度基准

海洋测量常采用深度基准面。深度基准面是海洋测量中的深度起算面。高程基准与深度基准并不统一，这种不统一主要源于海道测量服务于航行安全这一实用目的。从海道测量担负着提供精确的海洋地形、地貌等基础地理信息的角度看，建立与独立高程基准相统一和协调的海洋垂直基准无疑是必要的，这就需要建立深度基准与当地平均海面的关系模型，及当地平均海面相对于高程基准的关系模型，它涉及深度基准值空间模型和海面地形模型的建立与表示。

测量和绘制海图的目的主要是为航海服务，因此，海图深度基准面确定的原则是：既要考虑到舰船航行安全，又要照顾到航道利用率。海图深度基准面基本可描述为：定义在当地稳定平均海平面之下，使得瞬时海平面可以但很少低于该面。在具体确定时，需考虑当地的潮差变化。深度基准面是相对于当地稳定（或长期）平均海平面定义的。

为了使确定的深度基准面满足上述两条原则，给出深度基准面保证率的定义：深度基准面保证率是在一定时间内，高于深度基准面的低潮次数与总次数之比的百分数。

我国航海图采用的深度基准面为理论最低潮面，其保证率为 95% 左右。海洋部分的水深则是根据"深度基准面"自上而下计算的。深度基准面是根据长期验潮的数据所求得的理论上可能最低的潮面，也称为"理论深度基准面"。地图上标明的水深，就是由深度基准面到海底的深度。

不同的国家和地区及不同的用途采用不同的深度基准面。

5. 大地控制网

我国面积辽阔，在 960 万 km² 的土地上进行测量工作，为了保证测量成果的精度符合国家的统一要求，必须在全国范围内选取若干典型的、具有控制意义的点，然后精确测定其平面位置和高程，构成统一的大地控制网（图 2-5），并作为测制地图的基础。大地控制网由平面控制网和高程控制网组成。

平面控制测量的主要目的就是确定控制点的平面位置，即大地经度（L）和大地纬度（B）。其主要方法是三角测量和导线测量。

三角测量是在平面上选择一系列控制点，并建立起相互连接的三角形，组成三角锁或三角网，测量一段精确的距离作为起始边，在这个边的两端点，采用天文观测的方法确定其点位（经度、纬度和方位），精确测定各三角形的内角。根据以上已知条件，利用球面三角的原理，即可推算出各三角形边长和三角形顶点坐标（图 2-6）。

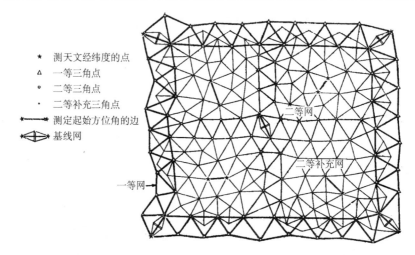

　★　测天文经纬度的点
　△　一等三角点
　○　二等三角点
　·　二等补充三角点
　✳—✳　测定起始方位角的边
　✳◇✳　基线网

图 2-5　大地控制网（点）示意图

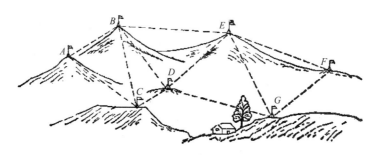

图 2-6　三角测量示意图

　　三角测量为了达到层层控制的目的，由国家测绘主管部门统一布设了一、二、三、四等三角网。一等三角网是全国平面控制的骨干，由近等边的三角形构成，边长为 20~25km，基本上沿经纬线方向布设；二等三角网是在一等三角网的基础上扩展的，三角形平均边长约为 13km，这样可以保证在测绘 1∶10 万、1∶5 万比例尺地形图时，每 150km^2 内有一个大地控制点，即每幅图中至少有 3 个控制点；三等三角网是空间密度最大的控制网，三角形平均边长约为 8km，以保证在 1∶2.5 万比例尺测图时，每 50km^2 内至少有一个大地控制点，即每幅图内有 2~3 个控制点；四等三角网通常由测量单位自行布设，边长约为 4km，保证在 1∶1 万比例尺测图时，每幅图内有 1~2 个控制点，每点控制约 20km^2。

　　导线测量是把各个控制点连接成连续的折线，然后测定这些折线的边长和转角，最后根据起算点的坐标及方位角推算其他各点的坐标。导线测量有两种形式：一种是闭合导线，即从一个高等级控制点开始测量，最后再测回到这个控制点，形成一个闭合多边形。另一种是附合导线，即从一个高等级控制点开始测量，最后附合到另一个高等级控制点。作为国家控制网的导线测量，也分为一、二、三、四等。通常把一等和二等三角测量称为精密导线测量。

　　在建立大地控制网时，通常要隔一定距离选测若干大地点的天文经纬度、天文方位角和起始边长，以备定向控制及校核数据等方面使用，故大地控制网又称为天文大地控制网。当前已能够利用卫星大地测量的方法来布设国家的、洲际的或全世界的卫星大地控制网，使大地坐标的获取更加方便、经济和自动化。

地面点的位置除了平面位置外，还包括高程位置。表明地面点高程位置的方法有两种：一种是绝对高程，即地面点到大地水准面的高度；另一种是相对高程，即地面点到任意水准面的高度。

高程控制网，是在全国范围内按照统一规范，由精确测定了高程的地面点所组成的控制网，是测定其他地面点高程的基础。建立高程控制网的目的是精确求算地面点到大地水准面的垂直高度，即高程。高程控制网分一、二、三、四等，各等精度不同，一等点最精确，其余逐级降低。

水准测量是建立高程控制网的主要方法，它借助水准仪提供的水平视线来测定两点之间的高差（图 2-7）。由图 2-7 可知，两点之间的高差 $H=a-b$，设 H_A 为已知点的高程，则待求点的高程 $H_B=H_A+H$。采用水准测量测定的高程点称为水准点。

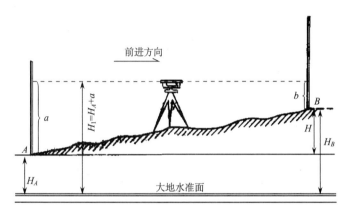

图 2-7　水准测量

三、全球导航卫星系统

近年来，新发展的人造卫星大地测量方法，利用全球导航卫星系统和连续运行参考站网络（continuously operating reference stations，CORS）技术，不仅能测定地球形状、大地水准面与椭球面的差距，还可测定地面点的坐标，建立人造卫星大地测量控制网，其中，美国的全球定位系统是目前 GNSS 中技术最成熟的。

为了满足军事部门和民用部门对连续实时和三维导航的迫切需要，1973 年美国国防部便开始组织海陆空三军，共同研究建立新一代卫星导航系统，即授时与测距导航系统/全球定位系统（Navigation System Timing and Ranging /Global Position System，NAVSTAR/GPS），简称全球定位系统（GPS）。和其他导航系统相比，GPS 是一种能提供高精度、实时、全天候和全球性三维坐标、三维速度和时间信息的导航、定位系统。

GPS 由三大部分组成，即空间卫星星座部分、地面监控部分和用户接收部分。

空间卫星星座（图 2-8），由均匀分布在 6 个等间距轨道上的 24 颗卫星组成。轨道之间的夹角为 60°，轨道平均高度为 20183km，卫星运行周期为 11 小时 58 分。GPS 卫星在空间上的这种配置，使用户在地球上任何地点、任何时间都至少可以同时接收到 4 颗卫星的定位数据，这是保证 GPS 定位精度的基本条件。

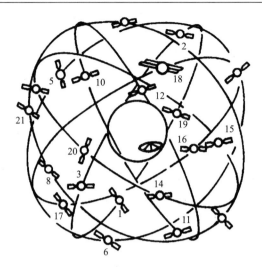

图 2-8 GPS 空间卫星星座

地面监控部分，由分布在全球的 9 个地面站组成，其中包括 1 个主控站、3 个注入站和 5 个监测站。主控站的主要作用是收集各监测站测得的伪距、卫星时钟和工作状态等综合数据，计算各卫星的星历、时钟改正、卫星状态、大气传播改正等，然后将这些数据按一定的格式编写成导航电文，并传送到注入站。注入站的主要任务是接收地面监控系统注入的导航电文，并注入卫星的存储系统。监测站负责为主控站编算导航电文提供观测数据。

用户接收部分的基本设备是 GPS 信号接收机，其作用是接收、跟踪、变换和测量 GPS 卫星所发射 GPS 信号，以达到导航和定位的目的。

GPS 的定位方式分为静态定位和动态定位两种。在定位时，接收机的天线在跟踪 GPS 卫星的过程中，位置处于固定不动的静止状态，这种定位方式称为静态定位。这时接收机高精度地测量 GPS 信号和传播时间，根据 GPS 卫星的已知瞬间位置，算得固定不动的接收机天线的三维坐标。接收机的位置固定不动，就有可能进行大量的重复观测，所以静态定位可靠性强，定位精度高，在大地测量中得到了广泛应用，是精密定位中的基本模式。在定位过程中，接收机位于运动着的载体，天线也处于运动状态，这种定位方式称为动态定位。动态定位是用 GPS 信号实时测定运动载体的位置。定位精度有高（0.5m 左右）、中（5m 左右）和低（20m 左右）精度等几种。目前在飞机、轮船、车辆上广泛应用的导航，就是一种广义上的动态定位，它除了能测定动点的实时位置外，一般还能测定运动载体的状态参数，如速度、时间和方位等。

GPS 定位技术可应用于测量工程，其具有自动化、全天候、高精度的明显优势。和经典大地测量相比表现在：①观测站之间无须通视。保持良好的通视条件和测量控制网的良好结构，一直是经典测量技术在实践方面的困难问题之一。GPS 测量不要求观测站之间相互通视，因而不再需要建造觇标。这一优点既可大大减少测量工作的经费和时间，同时也使点位的选择变得更为灵活。②定位精度高。随着观测技术和数据处理方法的改善，可望在大于 1000km 的距离上，相对定位精度达到或优于 10^{-8}。③提供三维坐标。GPS 测量在精确测量观测站平面位置的同时，可以精确测定其大地高程，从而为研究大地水准面的形状和确定地面点的高程开辟了新途径。④操作简便。⑤全天候作业。GPS 工作可以在任何地点，任何时间连续进行，一般也不受天气状况的影响。因此，GPS 定位技术的应用是传统测量工作的一场重大变革。我国目前已利用 GPS 技术方法进行大地控制测量和测定坐标。

目前，除了在军事方面的应用（例如，美国对伊拉克战争中，应用 GPS 精确制导）之外，GPS 已广泛应用于科研和生产实践，特别是测绘和地学领域。利用 GPS 可进行全球性的动态参数测量和全国性大地控制网的测量；建立陆地海洋大地测量基准，进行海岛与陆地联测定位，实现海洋国土的精确划界，监测地球现代板块运动，监测地球固体潮、地极移动、地壳变形、地球自转速度变化、海平面变化，测定航空航天摄影瞬时相机位置，工程项目建设等。

除美国 GPS 外，全球导航卫星系统还有俄罗斯的格洛纳斯导航卫星系统（Global Navigation Satellite System，GLONASS）、欧洲的伽利略卫星导航系统（Galileo Satellite Navigation System）和我国的北斗导航卫星系统（BeiDou Navigation Satellite System，BDS）。2020 年，我国建成了覆盖全球的北斗卫星导航系统。我国的北斗卫星导航系统目前已服务全球，具备定位、导航和授时及短报文通信服务能力，也可以用来进行大地控制测量和测定坐标。

第二节 地图投影的基础知识

一、地图投影的概念

地球椭球体表面是个曲面，而地图通常是二维平面，因此在地图制图时首先要考虑把曲面转化成平面。然而，从几何意义上来说，球面是不可展的曲面。要把它展成平面，势必会产生破裂与褶皱。这种不连续的、破裂的平面不适合制作地图，所以必须采用特殊的方法来实现球面到平面的转化。

球面上任何一点的位置是用地理坐标（λ，φ）表示的，而平面上的点的位置是用直角坐标（x，y）或极坐标（r，θ）表示的，所以要想将地球表面上的点转移到平面上，必须采用一定的方法来确定地理坐标与平面直角坐标或极坐标之间的关系。这种在球面和平面之间建立点与点之间函数关系的数学方法，就是地图投影方法。

球面上任何一点的位置取决于它的经纬度，所以实际投影时先将一些经纬线交点展绘在平面上，并把经度相同的点连接而成为经线，纬度相同的点连接而成为纬线，得到经纬网。然后将球面上的点按其经纬度转绘在平面上相应的位置。由此可见，地图投影就是研究将地球椭球体面上的经纬线网按照一定的数学法则转移到平面上的方法及其变形问题。其数学公式为

$$x = f_1(\lambda, \varphi)$$
$$y = f_2(\lambda, \varphi)$$
(2-1)

根据地图投影的一般公式，只要知道地面点的经纬度（λ，φ），便可以在投影平面上找到相对应的平面位置（x，y），这样就可按一定的制图需要，将一定间隔的经纬网交点的平面直角坐标计算出来，并展绘成经纬网，构成地图的"骨架"。经纬网是制作地图的"基础"，是地图的主要数学要素。

二、地图投影的基本方法

地图投影的方法，可归纳为几何透视法和数学解析法两种。

1. 几何透视法

几何透视法是利用透视的关系，将地球体面上的点投影到投影面（借助的几何面）上的一种投影方法。例如，假设地球按比例缩小成一个透明的地球仪般的球体，在其球心或球面、球外安置一个光源，将球面上的经纬线投影到球外的一个投影面上，即将球面经纬线转换成了平面上的经纬线（图2-9）。

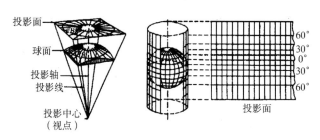

图 2-9   透视投影示意图

几何透视法是一种比较原始的投影方法，有很大的局限性，难以纠正投影变形，精度较低。当前绝大多数地图投影都采用数学解析法。

2. 数学解析法

数学解析法是在球面与投影面之间建立点与点的函数关系，通过数学的方法确定经纬线交点位置的一种投影方法。大多数的数学解析法往往是在透视投影的基础上，发展建立球面与投影面之间点与点的函数关系，因此两种投影方法有一定联系。

三、地图投影的变形

1. 地图投影变形的概念

地图投影的方法很多，但用不同的投影方法得到的经纬线网形式不同。图2-10是几种不同投影的经纬线形式示意图，可以看出，用地图投影的方法将球面转化为平面，虽可保证图形的连续和完整，但投影前后经纬线网的形状却明显不同。这表明，投影以后经纬线网发生了变形，因而根据地理坐标展绘在地图上的各种地面事物也必然随之发生变形。这种变形使地面事物的几何性质（长度、方向、角度、面积）受到了影响。地图投影变形是指球面转换成平面后，地图上所产生的长度、角度和面积误差。

地球仪是地球的缩影。通过对地图与地球仪上的经纬线网的比较，可以发现地图投影变形表现在长度、面积和角度三个方面。

地球仪上的经纬线的长度具有下列特点：第一，纬线长度不等。赤道最长；纬度越高，纬线越短；极地的纬线长度为零。第二，在同一条纬线上，经差相同的纬线弧长相等。第三，所有经线长度相等。在同一条经线上，纬差相同的经线弧长相等（椭球体面上，从低纬向高

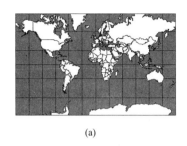 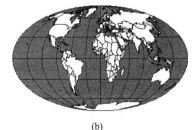 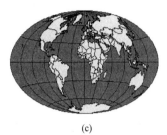

(a)　　　　　　　　　　(b)　　　　　　　　　　(c)

图 2-10　几种不同投影的经纬线形式示意图

纬稍有加长）。然而在图 2-10（a）上，各条纬线长度相等，说明各条纬线并不是按照同一比例缩小的。在图 2-10（c）上，同一条纬线上经差相同的纬线弧长不等，从中央向两边逐渐缩小。各条经线长度不等，中央的一条经线最短，从中央向两边逐渐增大。这表明在同一条纬线上由于经度位置的不同，比例发生了变化，从中央向两边比例逐渐缩小，各条经线也不是按照同一比例缩小，它们的变化是从中央向两边比例逐渐增大。

地图上的经纬线长度并非都是按照同一比例缩小的，这表明地图上具有长度变形。长度变形的情况因投影而异。在同一投影上，长度变形不仅随地点而变，而且在同一点上还因方向的不同而不同。

地球仪上经纬线网格的面积具有以下特点：第一，在同一纬度带内，经差相同的球面网格面积相等。第二，在同一经度带内，纬度越高，网格面积越小。然而地图上却并非完全如此。在图 2-10（b）和图 2-10（c）上，同一纬度带内，经差相同的网格面积不等，这表明面积并不是按照同一比例缩小的，面积比例随经度的变化而变化。

由于地图上经纬线网格面积与地球仪上的球面网格面积的特点不同，在地图上经纬线网格面积不是按照同一比例缩小的，这表明地图上具有面积变形。面积变形的情况因投影而异。在同一投影上，面积变形又因地点的不同而不同。

在图 2-10（b）和图 2-10（c）上，只有中央经线和各纬线相交呈直角，其余的经线和纬线均不呈直角相交，而在地球仪上经线和纬线处处都呈直角相交，这表明地图上有角度变形。

地图投影变形是球面转化成平面的必然结果，没有变形的投影是不存在的。对某一地图投影来讲，不存在这种变形，就必然存在另一种或两种变形。但制图时可做到：在有些投影图上没有角度或面积变形；在有些投影图上沿某一方向无长度变形。

2. 变形椭圆

地图投影变形随地点的不同而改变，变形椭圆能很好地说明投影变形情况。变形椭圆是指地球椭球体面上的一个微小圆投影到地图平面上后变成的椭圆，特殊情况下为圆。

如图 2-11 所示，制作一个半球经纬网立体模型，并在模型的极点和同一条经线上安置几个等大的不透明的小圆，使极点与投影平面相切。在模型的圆心处放一盏灯，经灯光照射以后，在投影平面上就有了经纬线网格。模型上的小圆投影到平面上以后，除了极点处的小圆没有变形外，其余的都变成了椭圆。从实验中可明显看出，无论灯光在什么位置，半球模型与投影平面相切处的小圆都没有变形。离切点越远，小圆投影的变形越大，有的方向上逐渐伸长，有的方向上逐渐缩短。

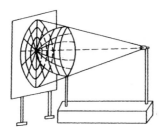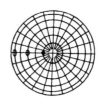

(a) 把半球模型投影在平面上　　(b) 投影后的经纬线网形
状及变形椭圆

图 2-11　投影变形示意图

地图投影变形的分布规律是：任何地图都有投影变形；不同区域大小的投影其投影变形不同；地图上存在没有变形的点（或线）；距没有变形的点（或线）越远，投影变形越大，反之亦然；地图投影反映的实地面积越大，投影变形越大，反之越小。上述规律对地图投影具有普遍性。

可证明球面上的一个微小圆，投影到平面上之后是个椭圆。图 2-12（a）中，$ADBC$ 为地面上的微小圆，展在平面上如图 2-12（b）所示，以经纬线为直角坐标轴 X、Y；圆上任一点 M 的坐标 $x=MJ$，$y=MK$。在投影面[图 2-15（c）]上，$A'B'$ 为 AB 的投影，$C'D'$ 为 CD 的投影，M' 为 M 的投影。由于投影一般有角度变形，$A'B'$ 与 $C'D'$ 不一定为直角相交，故 $A'B'$、$C'D'$ 为斜坐标轴系。令其轴为 X'、Y'，则 M' 的坐标为 $x'=M'J'$，$y'='M'K$。由此可以得出

$$\frac{M'J'}{MJ}=\frac{x'}{x}=m \qquad \frac{M'K'}{MK}=\frac{y'}{y}=n$$

式中，m 为经线长度比；n 为纬线长度比。则

$$x=\frac{x'}{m} \qquad y=\frac{y'}{n} \qquad\qquad (2\text{-}2)$$

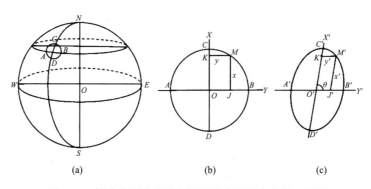

(a)　　　　　　(b)　　　　　　(c)

图 2-12　椭球体面上的微小圆投影在平面上为微小椭圆

设在地面上所取的微小圆半径为 1，M 点的圆方程为

$$x^2+y^2=1 \qquad\qquad (2\text{-}3)$$

很显然，在投影平面上 M' 点绕 O' 点运动的轨迹就是式（2-3）所表示的圆的投影。将式（2-2）代入式（2-3）得

$$\frac{x'^2}{m^2} + \frac{y'^2}{n^2} = 1 \tag{2-4}$$

这个方程式代表一个以 O' 为原点，以交角为 θ 的两个共轭直径为坐标轴的椭圆方程式。这就证明了椭球体面上的微小圆，投影后为椭圆。

在分析地图投影时，可借助对变形椭圆和微小圆的比较，说明变形的性质和大小。椭圆半径与小圆半径之比，可说明长度变形。很显然，长度变形随方向的变化而变化，其中有一个极大值，即椭圆长轴方向，一个极小值，即椭圆短轴方向。这两个方向是相互垂直的，称为主方向。椭圆面积与小圆面积之比，可说明面积变形。椭圆上两方向线的夹角和小圆上相应两方向线的夹角的比较，可说明角度变形。

3. 长度比和长度变形

长度比 μ 是投影面上一微小线段 ds' 和椭球面上相应微小线段 ds 之比。用公式表达为

$$\mu = \frac{ds'}{ds} \tag{2-5}$$

长度比用于表示投影过程中，某一方向上长度变化的情况。$\mu>1$，说明投影后长度拉长了；$\mu<1$，说明投影后长度缩短了；$\mu=1$，则说明特定方向上投影后长度没有变形。在某一点上，长度比随方向的变化而变化。因此在研究长度比时，只是研究一些特定方向上的长度比，即最大长度比 a（变形椭圆长轴方向长度比）、最小长度比 b（变形椭圆短轴方向长度比）、经线长度比 m 和纬线长度比 n。如果投影后经纬线呈直角相交，则经纬线长度比就是最大和最小长度比。若投影后经纬线交角为 θ，则经纬线长度比 m、n 和最大、最小长度比 a、b 之间的关系为

$$m^2 + n^2 = a^2 + b^2 \tag{2-6}$$

$$mn\sin\theta = ab \tag{2-7}$$

或

$$(a+b)^2 = m^2 + n^2 + 2mn\sin\theta \tag{2-8}$$

$$(a-b)^2 = m^2 + n^2 - 2mn\sin\theta \tag{2-9}$$

由长度比可引出长度变形的概念。长度变形 V_μ 是（$ds'-ds$）与 ds 之比，即长度比与 1 之差，用公式表示为

$$V_\mu = \frac{ds'-ds}{ds} = \frac{ds'}{ds} - 1 = \mu - 1 \tag{2-10}$$

由此可见，长度变形是衡量长度变形程度的一个相对概念。V_μ 可以大于 0、等于 0 或小于 0。

4. 面积比与面积变形

面积比 P 就是投影面上一微小面积 dF' 与椭球体面上相应的微小面积 dF 之比。投影面上半径为 r 的微分圆，投影到平面上后变成长轴为 ar、短轴为 br 的微分椭圆，有

$$P = \frac{dF'}{dF} = \frac{\pi a r b r}{\pi r^2} = ab \tag{2-11}$$

或

$$P = mn\sin\theta \qquad (2\text{-}12)$$

如果投影后经纬线正交，有

$$P = mn = ab \qquad (2\text{-}13)$$

P 是个变量，它因点位的不同而不同可以大于 1、等于 1 或小于 1。

面积比可以说明面积变形。面积变形是（dF'-dF）与 dF 之比，即面积比与 1 之差，以 V_P 表示面积变形，有

$$V_P = \frac{\mathrm{d}F' - \mathrm{d}F}{\mathrm{d}F} = \frac{\mathrm{d}F'}{\mathrm{d}F} - 1 = P - 1 \qquad (2\text{-}14)$$

V_p 表明了面积变形的程度，是衡量面积变形的一个相对指标。V_p 可以大于 0、等于 0 或小于 0，通常用百分比表示，例如，$V_p=2\%$，即表示该点面积比实际面积扩大了 2%。

5. 角度变形

投影面上任意两方向线的夹角与椭球体面上相应的两方向线的夹角之差（$\alpha - \alpha'$）称为角度变形。

过一点可引出许多方向线，每两条方向线均可构成一个角度，这些角度投影到平面上之后，往往与原来的大小不一样，而且不同的方向线组成的角度经投影之后产生的变形也各不相同。也就是说，在某一点上，角度变形值有无数多个。通常在研究角度变形时，不可能、也没有必要一一研究每一个角度变形的数量，而只是研究其最大的角度变形值。

如图 2-13 所示，椭球体面上的一个微分圆投影以后成为椭圆。X'、Y'轴的方向表示主方向的投影。图上任一方向线 OA 与主方向线 OX 的夹角为 α，投影之后变为 α'。设 A 点的坐标为（x，y），A'点的坐标为（x'，y'），有

$$\mathrm{tg}\,\alpha = \frac{y}{x}, \mathrm{tg}\,\alpha' = \frac{y'}{x'}$$

而主方向的长度比为

$$b = \frac{y'}{y}, a = \frac{x'}{x} \qquad (2\text{-}15)$$

即

$$y' = by, x' = ax \qquad (2\text{-}16)$$

所以

$$\mathrm{tg}\,\alpha' = \frac{by}{ax} = \frac{b}{a}\mathrm{tg}\,\alpha \qquad (2\text{-}17)$$

将式（2-17）两边各减和加 $\mathrm{tg}\,\alpha$，可推演出

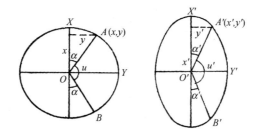

图 2-13　角度变形

$$\sin(\alpha - \alpha') = \frac{a-b}{a+b}\sin(\alpha + \alpha') \tag{2-18}$$

式（2-18）表明的是一条方向线 OA 与主方向 OX 的夹角变形情况，即方向变形。可以设想在相邻象限内，一定有一个方向线 OB 与主方向 OX 的夹角也是 α，投影之后变为 α'。在微分圆上 OA 与 OB 的夹角为 u，投影后的夹角为 u'，因此 $u'-u$ 就是角度变形。

由图 2-13 可得

$$u' - u = (180° - 2\alpha') - (180° - 2\alpha) = 2(\alpha - \alpha')$$

$$\sin\frac{u' - \mu}{2} = \sin(\alpha - \alpha') \tag{2-19}$$

在式（2-18）中，当 $(\alpha + \alpha')=90°$ 时，$\sin(\alpha - \alpha') = \dfrac{a-b}{a+b}$，即为其最大值。如果用 ω 代表 $u'-u$ 的最大值，即最大角度变形值，那么式（2-19）就可以改写为

$$\sin\frac{\omega}{2} = \frac{a-b}{a+b} \tag{2-20}$$

若已知经线长度比 m、纬线长度比 n 和经纬线夹角 θ，则最大角度变形的计算公式可写为

$$\sin\frac{\omega}{2} = \sqrt{\frac{m^2 + n^2 - 2mn\sin\theta}{m^2 + n^2 + 2mn\sin\theta}} \tag{2-21}$$

可以看出，角度变形与变形椭圆的长短轴差值成正比，即长短轴差值越大，角度变形越大，形状变形也越大。

6. 等变形线

等变形线是投影中各种变形相等的点的轨迹线。在变形分布较复杂的投影中，难以绘出许多变形椭圆，或列出一系列变形值来描述图幅内不同位置的变形变化状况。于是便计算出一定数量的经纬线交点上的变形值，再利用插值的方法描绘出一定数量的等变形线以显示此种投影变形的分布及变化规律。这是在制图区域较大而且变形分布也较复杂时经常采用的一种方法。图 2-14 表示各种投影方案的等变形线。

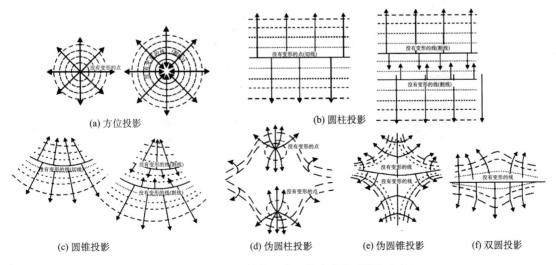

(a) 方位投影　　　　　(b) 圆柱投影

(c) 圆锥投影　　(d) 伪圆柱投影　　(e) 伪圆锥投影　　(f) 双圆投影

图 2-14　各种投影的等变形线（箭头为变形增加方向）

四、地图投影的分类

地图投影的产生已经有 2000 多年的历史，在这期间，人们根据各种地图的要求，设计了数百种地图投影。随着数字制图技术、地理信息系统及数字地球技术的发展，地图投影的品种还将不断推陈出新。地图投影的分类方法主要有以下两种。

1. 按变形性质分类

等角投影（conformal projection）。投影面上任意两方向线间的夹角与椭球体面上相应方向线的夹角相等，即角度变形为零。$\omega=0$，从式（2-18）可知，$a=b$，$m=n$，即最大长度比等于最小长度比，变形椭圆是圆而不是椭圆[图 2-15（a）]。在小范围内，投影后的图形与实际是相似的，故等角投影又称为正形投影。值得注意的是，虽然等角投影在一点上任何方向的长度比都相等，但不同点上的长度比却是不同的，即不同地点上的变形椭圆大小不同，因此从更大范围来看，投影后的图形与实际形状并非完全相似。

由于这类投影没有角度变形，便于量测方向，常用于编制航海图、洋流图和风向图等。等角投影地图上面积变形较大。

等积投影（equivalent projection）。在投影面上任意一块图形的面积与椭球体面上相应的图形面积相等，即面积变形等于零。为了保持等面积的性质，必须使面积比 $P=1$。从式（2-13）可知，$a=1/b$，即最大长度比和最小长度比互为倒数。因此在等积投影的不同点上，变形椭圆的长轴不断拉长，短轴不断缩短，致使角度变形较大，图形的轮廓形状也随之产生了很大的变化[图 2-15（c）]。

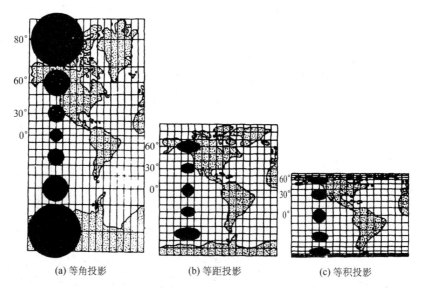

(a) 等角投影　　　　(b) 等距投影　　　　(c) 等积投影

图 2-15　不同性质投影上的变形椭圆示意图

由于等积投影没有面积变形，能够在地图上进行面积的对比和量算，常用于编制对面积精度要求较高的自然地图和社会经济地图，如地质图、行政区划图等。

任意投影（arbitrary projection）。这是一种既不等角也不等积，长度、角度和面积三种变形并存但变形都不大的投影类型。该类投影的角度变形比等积投影小，面积变形比等角投影小。在任意投影中还有一种十分常见的投影，即等距投影。等距投影是指在特定方向上没有长度变形的投影，即 $a=1$ 或 $b=1$，$m=1$，但并不是说这种投影不存在长度变形[图 2-15（b）]。

任意投影多用于对投影变形要求适中或区域较大的地图，如教学地图、科学参考图、世界地图等。

2. 按投影的构成方法分类

1）几何投影

它是把椭球体面上的经纬线网直接或附加某种条件投影到借助的几何面上，然后将几何面展为平面而得到的一类投影，包括方位投影、圆柱投影和圆锥投影三大类。

（1）方位投影（azimuthal projection）。以平面为投影面，使平面与椭球体相切或相割，将球面上的经纬线网投影到平面上而成。在投影平面上，由投影中心（平面与球面相切的点，或平面与球面相割的割线的圆心）向各个方向的方位角与实地相等，其等变形线是以投影中心为圆心的同心圆，切点或相割的割线无变形。这种投影适合作形状大致为圆形的制图区域的地图。按平面与球面的位置又可分为正轴、横轴和斜轴三种类型（图 2-16）。

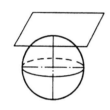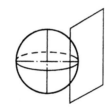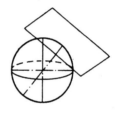

图 2-16 正轴、横轴、斜轴方位投影示意图

（2）圆柱投影（cylindrical projection）。以圆柱面为投影面，使圆柱面与椭球体相切或相割，将球面上的经纬线网投影到圆柱面上，然后将圆柱面展为平面而成。按圆柱与球面的位置，又可分为正轴、横轴和斜轴三种类型（图 2-17）。在正轴圆柱投影中，各种变形都是纬度的函数，与经度无关，等变形线是纬线的平行直线，切线或割线无变形。这种投影适合制作赤道附近和赤道两侧沿东西方向延长地区的地图。

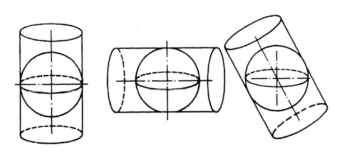

图 2-17 正轴、横轴、斜轴圆柱投影示意图

（3）圆锥投影（conical projection）。以圆锥面为投影面，使圆锥面与椭球体相切或相割，将球面上的经纬线网投影到圆锥面上，然后展平而成。按圆锥与球面的位置又可分为正轴、

横轴和斜轴三种类型（图 2-18）。在正轴圆锥投影中，各种变形都是纬度的函数，与经度无关，等变形线与纬线平行，呈同心圆弧分布，切线或割线无变形。这种投影适合制作中纬度东西方向延伸地区的地图。由于地球上广大陆地位于中纬度地区，且圆锥投影的经纬线网形状比较简单，它被广泛应用于编制各种比例尺地图。

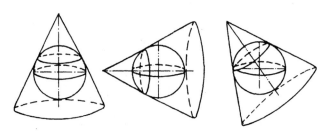

图 2-18　正轴、横轴、斜轴圆锥投影示意图

在上述投影中，由于几何面与球面的关系位置不同，又分为正轴、横轴和斜轴三种。正轴投影的经纬线形状比较简单，称为标准网。正轴方位投影的纬线为同心圆，经线为放射性直线，经线间的夹角等于相应的经度差；正轴圆柱投影的纬线为一组平行直线，经线为与纬线垂直且间隔相等的平行直线；正轴圆锥投影的纬线呈同心圆弧，经线呈放射性直线，且经线间的夹角与相应的经差按比例缩小。

2）条件投影

根据制图的某些特定要求，选用合适的投影条件，利用数学解析法确定平面与球面之间对应点的函数关系，把球面转化成平面。

（1）伪方位投影（pseudo-azimuthal projection）。据方位投影修改而来。在正轴情况下，纬线仍为同心圆，除中央经线为直线外，其余的经线均改为对称于中央经线的曲线，且相交于纬线的圆心（图 2-19）。

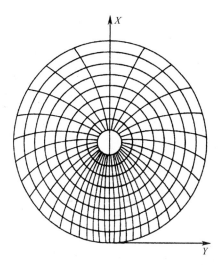

图 2-19　伪方位投影的经纬线形状示意图

（2）伪圆柱投影（pseudo-cylindrical projection）。据圆柱投影修改而来。在正轴圆柱投影的基础上，要求纬线仍为平行直线，除中央经线为直线外，其余的经线均改为对称于中央经线的曲线（图2-20）。

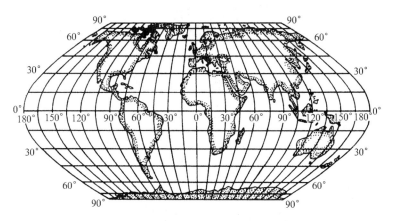

图 2-20　伪圆柱投影的经纬线形状示意图

（3）伪圆锥投影（pseudo-conical projection）。据圆锥投影修改而来。在正轴圆锥投影的基础上，要求纬线仍为同心圆弧，除中央经线为直线外，其余的经线均改为对称于中央经线的曲线（图2-21）。

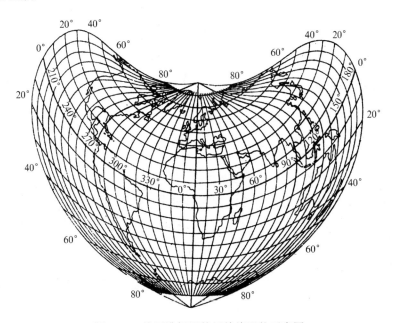

图 2-21　伪圆锥投影的经纬线形状示意图

（4）多圆锥投影（polyconic projection）。这是一种假想借助多个圆锥表面与球体相切而设计成的投影。纬线为同轴圆弧，其圆心均位于中央经线上，中央经线为直线，其余的经线均为对称于中央经线的曲线（图2-22）。

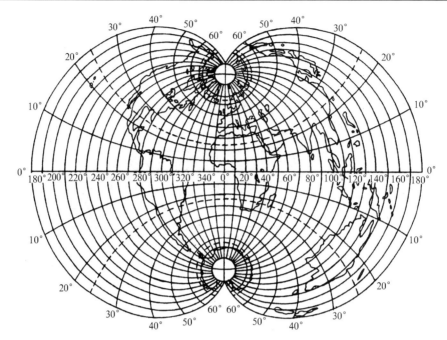

图 2-22　多圆锥投影的经纬线形状示意图

第三节　常用地图投影

一、世界地图常用投影

1. 墨卡托投影（Mercator projection）

墨卡托投影属于正轴等角圆柱投影。该投影设想与地轴方向一致的圆柱与地球相切或相割，将球面上的经纬线网按等角的条件投影到圆柱面上，然后把圆柱面沿一条母线剪开并展成平面。经线和纬线是两组相互垂直的平行直线，经线间隔相等，纬线间隔由赤道向两极逐渐扩大（图 2-23）。图上无角度变形，但面积变形较大。

在正轴等角切圆柱投影中，赤道为没有变形的线，随着纬度增高，长度、面积变形逐渐增大。在正轴割圆柱投影中，两条割线为没有变形的线，离标准纬线越远，长度、面积变形值越大，等变形线为与纬线平行的直线。

墨卡托投影的等角航线（斜航线）表现为直线。这一特性对航海有重要意义。但球面上两点之间的最短距离是大圆航线，而不是等角航线，因此远洋航行，完全沿等角航线航行是不经济的。

墨卡托投影的等角性质和把等角航线表现为直线的特性，使其在航海地图中得到了广泛应用。另外，该投影也可用来编制赤道附近国家及一些区域的地图。

2. 空间斜轴墨卡托投影（space oblique Mercator projection）

空间斜轴墨卡托投影是美国针对陆地卫星对地面扫描图像的需要而设计的一种近似等角的投影。这种投影与传统的地图投影不同，是在地面点地理坐标（λ，φ）或大地坐标（x，

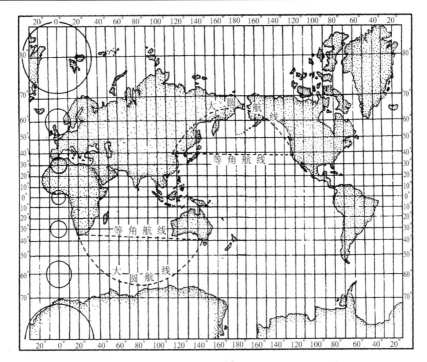

图 2-23 墨卡托投影示意图

y，z）的基础上，又加入了时间维，即上述坐标是时间 t 的函数，在四维空间动态条件下建立的投影。空间斜轴墨卡托投影是将空间圆柱面斜切于卫星地面轨迹，因此，卫星地面轨迹成为该投影的无变形线，其长度比近似等于 1。这条无变形线是一条不同于球面大圆线的曲线，其地面轨迹之所以是弯曲的，是因为卫星在沿轨道运行时地球也在自转，卫星轨道对于赤道面的倾角，将卫星地面轨迹限制在±81°之间的区域内（图 2-24）。

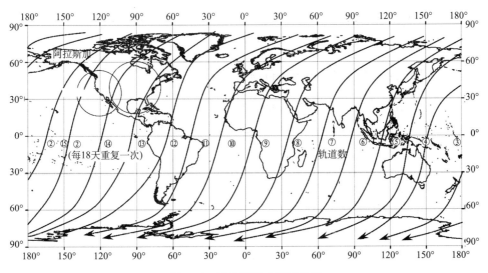

图 2-24 陆地卫星轨迹示意图

这种投影，是设想空间圆柱面为了保持与卫星地面轨迹相切，必须随卫星的空间运动而摆动，并且根据卫星轨道运动、地球自转等几种主要条件，将经纬网投影到圆柱表面上。在该投影图上，卫星地面轨迹是以某种角度与赤道相交的斜线，卫星成像扫描线与卫星地面轨迹垂直，并且能正确反映上述几种运动的影响，可将地面景象直接投影到空间斜轴墨卡托投影面上。

3. 桑逊投影（Sanson projection）

桑逊投影是一种经线为正弦曲线的正轴等积伪圆柱投影，又称桑逊-弗兰斯蒂德（Sanson-Flamsteed）投影。该投影的纬线为间隔相等的平行直线，经线为对称于中央经线的正弦曲线（图 2-25）。中央经线长度比为 1，即 $m_0=1$，且 $n=1$，$p=1$。

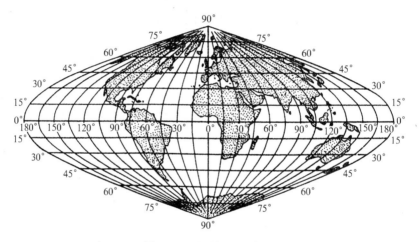

图 2-25　桑逊投影示意图

桑逊投影为等积投影，赤道和中央经线是两条没有变形的线，离这两条线越远，长度、角度变形越大。因此，该投影中心部分变形较小，除用于编制世界地图外，更适合编制赤道附近南北延伸地区的地图，如非洲、南美洲地图等。

4. 摩尔维特投影（Mollweide projection）

摩尔维特投影是一种经线为椭圆曲线的正轴等积伪圆柱投影。该投影的中央经线为直线，离中央经线经差 ±90° 的经线为一个圆，这个圆的面积等于地球面积的一半，其余的经线为椭圆曲线。赤道长度是中央经线的两倍。纬线是间隔不等的平行直线，其间隔从赤道向两极逐渐减小。同一纬线上的经线间隔相等（图 2-26）。

摩尔维特投影没有面积变形。赤道长度比 $n_0=0.9$。中央经线与南北纬 40°44′11.8″ 的两个交点是没有变形的点，从这两点向外变形逐渐增大，而且越向高纬，长度、角度变形增加的程度越大。

摩尔维特投影常用来编制世界地图、大洋图，由于离中央经线经差 ±90° 的经线是一个圆，且圆面积恰好等于半球面积，因此，该投影也用来编制东、西半球地图。

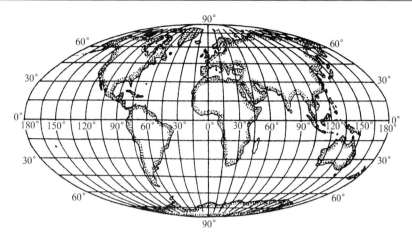

图 2-26　摩尔维特投影示意图

5. 古德投影（Goode projection）

从伪圆柱投影的变形情况来看，中央经线是一条没有变形的线，离它越远，变形越大。因此，为了更大程度地减小投影变形，同时使各部分的变形分布相对均匀，1923 年，美国地理学家古德（Goode）提出了一种对伪圆柱投影进行"分瓣"的投影方法，即古德投影。

古德投影的设计思想是对摩尔维特等积伪圆柱投影进行"分瓣"投影，即在整个制图区域的几个主要部分分别设置一条中央经线，然后分别进行投影。投影的结果是：全图被分成几瓣，各瓣通过赤道连接在一起，地图上仍无面积变形，核心区域的长度、角度变形和相应的伪圆柱投影相比明显减小，但投影的图形却出现了明显的裂缝。尽量减少投影变形，而不惜牺牲图面的连续性，是古德投影的重要特征（图 2-27）。

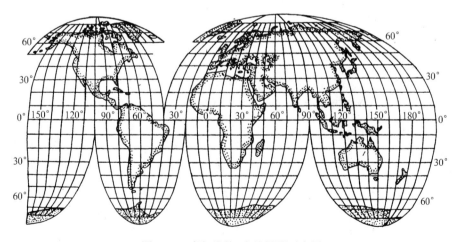

图 2-27　摩尔维特-古德投影示意图

6. 等差分纬线多圆锥投影（equal difference parallel polyconical projection）

普通多圆锥投影的经纬线网具有很强的球形感，但由于同一纬线上的经线间隔相等，在编制世界地图时，会导致图形边缘具有较大的面积变形。1963年，中国地图出版社在普通多圆锥投影的基础上，设计出了等差分纬线多圆锥投影。

等差分纬线多圆锥投影的赤道和中央经线是相互垂直的直线，中央经线长度比等于 1；其他纬线为凸向对称于赤道的同轴圆弧，其圆心位于中央经线的延长线上，中央经线上的纬线间隔从赤道向高纬略有放大；其他经线为凹向对称于中央经线的曲线，其经线间隔随离中央经线距离的增加而按等差级数递减；极点投影成圆弧（一般位于图廓之外），其长度等于赤道的一半（图 2-28）。

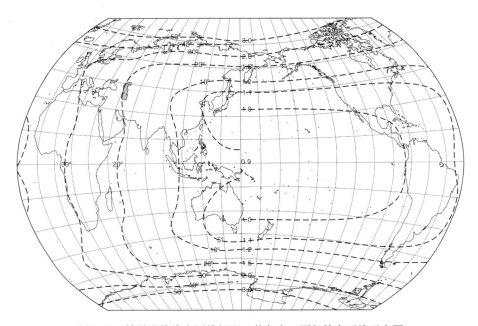

图 2-28　等差分纬线多圆锥投影及其角度、面积等变形线示意图

通过对大陆的合理配置，该投影能完整地表现太平洋及其沿岸国家，突出显示我国与邻近国家的水陆关系。从变形性质上看，等差分纬线多圆锥投影属于面积变形不大的任意投影。我国绝大部分地区的面积变形在 10%以内。中央经线和±44°纬线的交点处没有角度变形，越远离该点，变形越大。全国大部分地区的最大角度变形在 10°以内。等差分纬线多圆锥投影是我国编制各种世界政区图和其他类型世界地图的最主要的投影之一。

类似的投影还有正切差分纬线多圆锥投影（tangent difference parallel polyconical projection），该投影是 1976 年中国地图出版社拟定的另外一种不等分纬线的多圆锥投影。该投影的经纬线形状和上一个投影相同，其经线间隔从中央经线向东西两侧按与中央经线经差的正切函数递减。该投影属于角度变形不大的任意投影，角度无变形点位于中央经线和纬度±44°的交点处，从无变形点向赤道和东西方向角度变形增大较慢，向高纬增大较快。面积等变形线大致与纬线方向一致，纬度±30°以内面积变形为 10%～20%，在±60°处增至 200%。总体来看，世界大陆轮廓形状表达较好，我国的形状比较正确，大陆部分最大角度变形均在 6°以内；大部分地区的面积变形为 10%～20%。我国常采用该投影编制世界地图。

二、半球地图常用投影

1. 横轴等积方位投影（transverse azimuthal equal-area projection）

横轴等积方位投影又称为兰勃特（Lambert）方位投影，赤道和中央经线为相互正交的直线，纬线为凸向对称于赤道的曲线，经线为凹向对称于中央经线的曲线。该投影图上面积无变形，角度变形明显。投影时的切点为无变形点，角度等变形线以切点为圆心，呈同心圆分布。离开无变形点越远，长度、角度变形越大，到半球的边缘，角度变形可达38°37′。

横轴等积方位投影常用于编制东、西半球地图。东半球的投影中心为 70°E 与赤道的交点（图 2-29）；西半球的投影中心为 110°W 与赤道的交点。

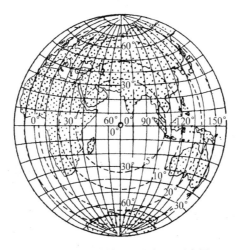

图 2-29　横轴等积方位投影示意图

2. 横轴等角方位投影（transverse azimuthal orthomorphic projection）

横轴等角方位投影又称为球面投影（stereographic projection）、平射投影，是一种视点在球面，切点在赤道的完全透视的方位投影（图 2-30），也称为赤道投影。经纬线网形状与横轴等积方位投影的经纬线网相同。在变形方面，该投影没有角度变形，但面积变形明显。赤道上的投影切点为无变形点，面积等变形线以切点为圆心，呈同心圆分布。离无变形点越远，长度、面积变形越大，到半球的边缘，面积变形可达400%。

3. 正轴等距方位投影（Postel's Projection）

正轴等距方位投影又称为波斯特尔（Postel）投影，纬线为同心圆，经线为交于圆心的放射状直线，其夹角等于相应的经差。该投影的特点是经线方向上没有长度变形，因此纬线间距与实地相等。切点在极点，为无变形点。有角度变形和面积变形，等变形线均以极点为中心，呈同心圆分布，离无变形点越远，变形越大（图 2-31）。

在世界地图集中，正轴等距方位投影多用于编制南、北半球地图和北极、南极区域地图。

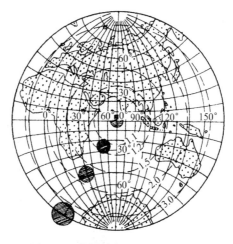

图 2-30　横轴等角方位投影示意图

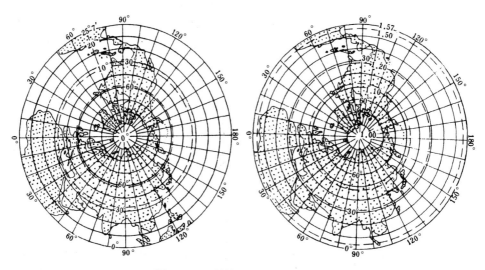

图 2-31　正轴等距方位投影示意图

三、分洲、分国地图常用投影

分洲、分国地图采用的投影以方位投影、圆锥投影和伪圆锥投影为主。

1. 斜轴等积方位投影（oblique equal-area projection）

斜轴等积方位投影面与椭球面相切于极地与赤道之间的任一点（投影中心）。中央经线为直线，其余经线为凹向对称于中央经线的曲线；纬线为凹向极地的曲线。中央经线上，纬线间距从投影中心向南、向北逐渐缩短（图 2-32）。该投影没有面积变形，中央经线上的投影中心无变形，长度和角度变形随着远离投影中心而逐渐增加，等变形线为同心圆，主要用于编制亚洲、欧洲和北美洲等大区域地图。中国政区图可采用此投影，投影中心通常位于30°N，105°E。

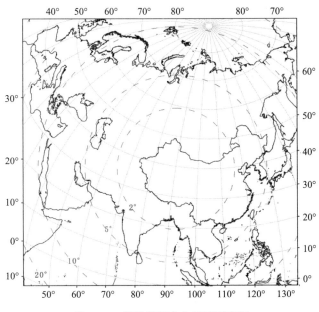

图 2-32　斜轴等积方位投影示意图

类似的斜轴等角方位投影（oblique conformal projection）的经纬线形状和该投影完全相同，但投影条件按 $\omega=0$ 设计，中央经线上的纬线间距从中心向南、向北逐渐增加。

2. 正轴等角圆锥投影（Labert projection）

正轴等角圆锥投影的纬线为同心圆弧，经线为放射性直线。无论变形性质如何，只要是切圆锥投影，相切的纬线就是标准纬线，其长度比等于 1，其他纬线的长度比均大于 1；只要是割圆锥投影，相割的两条纬线就是标准纬线，其长度比为 1。在两条割线之内，纬线长度比小于 1，两条割线之外长度比大于 1。由于纬线长度比是不可变的，为了使圆锥投影具有等角性质，只能改变经线长度比。正轴等角圆锥投影就是通过改变经线长度比，并使经线长度比等于纬线长度比而得到的。两条标准纬线之外的纬线长度比大于 1，为达到等角，经线长度比必须相应同等增大；两条标准纬线之内，纬线长度比小于 1，经线长度比也必须相应同等缩小，达到等角目的。

正轴等角圆锥投影又称兰勃特正形投影，应用很广。我国新编百万分之一地图采用的就是该投影。除此以外，该投影还广泛应用于我国编制出版的全国 1：400 万、1：600 万挂图，以及全国性普通地图［图 2-33（a）］和专题地图等。

而正轴等积圆锥投影又称亚尔勃斯投影（Albers projection），也是在正轴圆锥投影的基础上，通过改变经线长度比而得来的，但其经线长度比与纬线长度比互为倒数，两条标准纬线之外的纬线长度比大于 1，为达到等积，经线长度比相应同等缩短；两条标准纬线之内，纬线长度比小于 1，为保持等积，经线长度相应同等增加，达到等积目的。

我国常用等积圆锥投影编制全国性自然地图中的各种分布图、类型图、区划图及全国性社会经济地图中的行政区划图、人口密度图、土地利用图［图 2-33（b）］等。

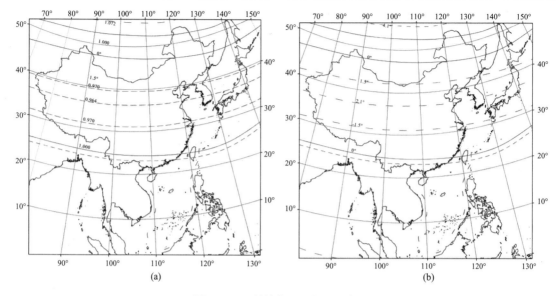

图 2-33　正轴等角圆锥投影示意图

3. 彭纳投影（Bonne projection）

彭纳投影是法国水利工程师彭纳（Bonne）1752 年设计的一种等积伪圆锥投影。该投影的中央经线为直线，其长度比等于 1，其余经线为凹向对称于中央经线的曲线；纬线为同心圆弧，长度比等于 1；同一条纬线上的经线间隔相等，中央经线上的纬线间隔相等，中央经线与所有的纬线正交，中央纬线与所有的经线正交，同纬度带的球面梯形面积相等。

彭纳投影无面积变形，中央经线和中央纬线是两条没有变形的线，离这两条线越远，长度、角度变形越大。该投影常用于中纬度地区小比例尺地图，如我国出版的《世界地图集》中的亚洲政区图（图 2-34），英国《泰晤士世界地图集》中的澳大利亚与西南太平洋地图，采用的都是彭纳投影。

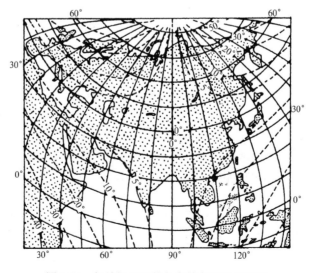

图 2-34　彭纳投影及其角度等变形线示意图

四、高斯-克吕格投影

各国地形图所采用的投影很不统一。在我国 8 种国家基本比例尺地形图中，除 1∶100 万地形图采用等角圆锥投影外，其余都采用高斯-克吕格投影。

1. 高斯-克吕格投影的基本概念

高斯-克吕格投影（Gauss-Kruger projection）是一种横轴等角切椭圆柱投影。它是假设一个椭圆柱面与地球椭球体面横切于某一条经线上，按照等角条件将中央经线东、西各 3°或 1.5° 经线范围内的经纬线投影到椭圆柱面上，然后将椭圆柱面展开成平面（图 2-35）。该投影是 19 世纪 20 年代由德国数学家、天文学家、物理学家高斯（Gauss）最先设计，后经德国大地测量学家克吕格（Kruger）补充完善，故名高斯-克吕格投影。

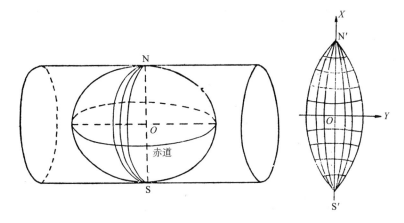

图 2-35　高斯-克吕格投影示意图

高斯-克吕格投影的基本条件是：①经线和纬线被投影成互相垂直的直线，且为其他经纬线投影的对称轴；②投影后没有角度变形；③中央经线投影后没有长度变形。

根据上述条件，可以建立地理坐标（L，B）和平面直角坐标（x，y）的函数关系。其数学关系（即高斯投影正算公式）为

$$x = X + \frac{N}{2\rho''^2}\sin B \cos B \cdot l''^2 + \frac{N}{24\rho''^4}\mathrm{sim}B\cos^3 B(5-t^2+9\eta^2+4\eta^4)l''^4$$
$$+ \frac{N}{720\rho''^6}\sin B\cos^5 B(61-58t^2+t^4)l''^6$$

$$y = \frac{N}{\rho''}\cos B\cdot l'' + \frac{N}{6\rho''^3}\cos^3 B(1-t^2+\eta^2)l''^3$$
$$+ \frac{N}{120\rho''^5}\cos^5 B(5-18t^2+t^4+14\eta^2-58\eta^2 t^2)l''^5$$

（2-22）

式中，B 为点的纬度；$l''=L-L_0$，L 为点的经度，L_0 为中央子午线经度；N 为子午圈曲率半径，$N=a(1-e^2\sin^2 B)^{-\frac{1}{2}}$；$t=\tan B$；$\eta^2=e'^2\cos^2 B$，其中 e' 为地球的第二偏心率；

$$\rho'' = \frac{180}{\pi} \times 3600 ; \quad X \text{ 为子午线弧长。}$$

2. 高斯-克吕格投影的变形分布规律

高斯-克吕格投影的中央经线和赤道为垂直相交的直线，经线为凹向对称于中央经线的曲线，纬线为凸向对称于赤道的曲线，经纬线呈直角相交。

高斯-克吕格投影没有角度变形，面积变形是通过长度变形来表达的。该投影长度变形（表 2-4）的规律是：①中央经线长度比等于 1，没有长度变形，其余经线长度比均大于 1，长度变形为正；②沿纬线方向，离中央经线越远变形越大；③沿经线方向，纬度越低变形越大。

表 2-4　高斯-克吕格投影长度变形分布

纬度	0°	1°	2°	3°
90°	1.00000	1.00000	1.00000	1.00000
80°	1.00000	1.00000	1.00002	1.00004
70°	1.00000	1.00002	1.00007	1.00016
60°	1.00000	1.00004	1.00015	1.00034
50°	1.00000	1.00006	1.00025	1.00057
40°	1.00000	1.00009	1.00036	1.00081
30°	1.00000	1.00012	1.00046	1.00103
20°	1.00000	1.00013	1.00054	1.00121
10°	1.00000	1.00014	1.00059	1.00134
0°	1.00000	1.00015	1.00061	1.00138

中央经线是没有变形的线，因此距中央经线越远，变形越大。最大变形在边缘经线与赤道的交点上，但最大长度、面积变形分别仅为+0.14%和+0.27%（6°带），变形极小。

高斯-克吕格投影在欧美一些国家也被称为横轴等角墨卡托投影。它与一些国家地形图使用的通用横轴墨卡托（universal transverse Mercator，UTM）投影都属于横轴等角椭圆柱投影的系列，所不同的是 UTM 投影是横轴等角割圆柱投影，在投影带内，有两条长度比等于 1 的标准线（平行于中央经线的小圆），而中央经线的长度比为 0.9996。因而投影带内变形差异更小，其最大长度变形不超过 0.04%。

3. 高斯-克吕格投影的分带

高斯-克吕格投影的变形随经差的增大而增大，因此限制了经差就能将变形大小控制在一定的范围内，以保证地形图所需精度的要求。为控制投影变形，高斯-克吕格投影采用了 6°带、3°带分带投影的方法，使其变形不超过一定的限度。

我国 1∶2.5 万～1∶50 万地形图均采用 6°带投影，1∶1 万及更大比例尺地形图采用 3°带投影。6°分带法规定：从格林尼治零度经线开始，由西向东每隔 6°为一个投影带，全球共分 60 个投影带，分别用阿拉伯数字 1～60 予以标记。我国位于 72°E～136°E，共包括 11 个投影带（13～23 带）。3°分带法规定：从 1°30′E 起算，每 3°为一带，全球共分 120 带，图 2-36 为高斯-克吕格投影分带示意图。

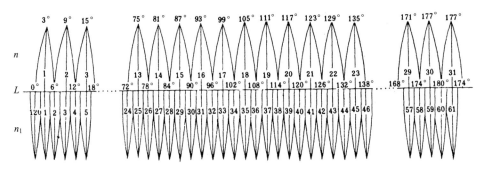

图 2-36　高斯-克吕格投影分带示意图

6°带的中央经线度 L_0 和带号 n 求法为

$$L_0 = 6° \times n - 3° \quad n = \left[\frac{L}{6°}\right] + 1 \tag{2-23}$$

3°带的中央经线度 L_0 和带号 n 求法为

$$L_0 = 3° \times n \quad n = \left[\frac{L + 1°30'}{3°}\right] \tag{2-24}$$

式中，[　]为商取整符号；L 为某地点的经度。

4. 高斯-克吕格投影的坐标系及坐标网

高斯-克吕格投影的平面直角坐标规定为：每个投影带以中央经线为坐标纵轴（即 X 轴），以赤道为坐标横轴（即 Y 轴）组成平面直角坐标系。为避免 Y 值出现负值，将 X 轴西移 500km 组成新的直角坐标系，即在原坐标横值上均加上 500km，因我国位处北半球，X 值均为正值。60 个投影带构成了 60 个相同的平面直角坐标系，为区分之，在地形图南北的内外图廓间的横坐标注记前，均加注投影带带号。

为了在地形图上迅速而准确地确定方向、距离、面积等，即为了制作地形图和使用地形图的方便，在地形图上都绘有一种或两种坐标网，即经纬线网（地理坐标网）和方里网（直角坐标网）。

1）经纬线网

由经线和纬线所构成的坐标网，又称地理坐标网。

经纬线网在制作地形图时不仅起到控制作用，确定地球表面上各点和整个地形的实际位置，而且还是计算和分析投影变形所必需的，也是确定比例尺、量测距离、角度和面积所不可缺少的。

在我国的 1：5000～1：10 万的地形图上，经纬线以图廓的形式直接表示出来，为了在用图时加密成网，在内外图廓间还绘有加密经纬网的加密分划短线[图 2-37（a）]。1：25 万地形图上，除内图廓上绘有经纬网的分划外，图内还有加密用的十字线。1：50 万～1：100 万地形图，在图面是直接绘出经纬线网，在内图廓间也绘有加密经纬网的加密分划短线［图2-37（b）］。

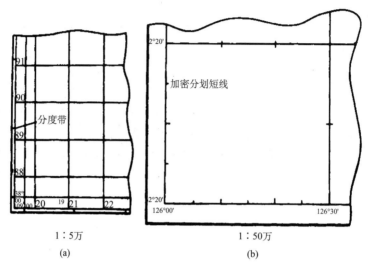

图 2-37 地形图上的经纬线网

2）方里网

方里网是由平行于投影坐标轴的两组平行线构成的方格网。因为平行线的间隔是整公里，所以称为方里网，也称为公里网。由于平行线同时又是直角坐标轴的坐标网线，故又称为直角坐标网。

为了便于在图上指示目标、量测距离和方位，我国规定在 1∶5000、1∶1 万、1∶2.5 万、1∶5 万、1∶10 万和 1∶25 万比例尺地形图上，按一定的整公里数绘出方里网（表 2-5）。

表 2-5 各种比例尺地形图的方里网间隔

地形图比例尺	方里网图上间隔/cm	相应实际距离/km
1∶5000	10	0.5
1∶1 万	10	1
1∶2.5 万	4	1
1∶5 万	2	1
1∶10 万	2	2
1∶25 万	4	10

3）邻带方里网

由于地形图采用高斯-克吕格分带投影，各带具有独立的坐标系，因此跨带相邻图幅坐标系是不统一的。又由于高斯-克吕格投影的经线是向投影带的中央经线收敛的，它和坐标纵线有一定的夹角（图 2-38），当处于相邻两带的相邻图幅拼接时，图面上绘出的直角坐标网就不能统一，形成一个折角，这就给拼接使用地图带来很大困难，例如，欲量算位于不同图幅上 A、B 两点的距离和方向，在坐标网不一致时，其量测精度和速度都会受到影响。

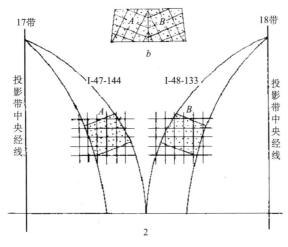

图 2-38 相邻投影带的图幅拼接

为了解决相邻带图幅拼接使用的问题，规定在一定的范围内把邻带的坐标延伸到本带的图幅上，这就使投影带边缘的某些图幅上有两个方里网，一个是本带的，另一个是邻带的。为了区别，图面上都以本方里网为主，邻带方里网系统只在图廓线以外绘出一小段，需使用时才连绘出来。邻带图幅拼接使用时，可将邻带方里网连绘出来，就相当于把邻带的坐标系统延伸到本带来，使相邻两幅图具有统一的直角坐标系统，方便图幅拼接。

根据《地形图图式》规定，每个投影带西边最外一幅1：10万地形图的范围（即经差30′）内所包含的1：10万、1：5万、1：2.5万地形图均需加绘西部邻带的方里网；每个投影带东边最外的一幅1：5万地形图（经差15′）和一幅1：2.5万地形图（经差7.5′）的图面上也需加绘东部邻带的方里网（图2-39）。这样，每两个投影带的相接部分（共45′或37.5′的范围内）都应该有一行1：10万、三行1：5万，五行1：2.5万地形图的图面上需绘出邻带方里网。

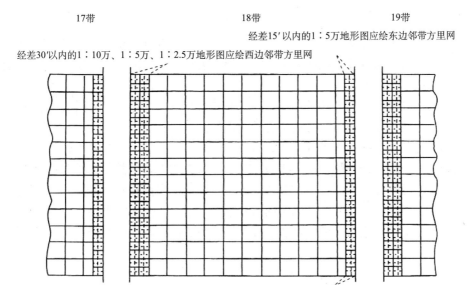

图 2-39 加绘邻带方里网的图幅范围

　　绘有邻带方里网的区域范围是沿经线带状分布的，称为投影的重叠带。重叠带的实质就是将投影带的范围扩大，一般是将西带向东带延伸30'投影，东带向西带延伸15'（7.5'）投影。这样，每个投影带计算的范围不是6°，而是6°4'。这时，东带中最西边的30'范围内的图幅，既有东带的坐标，又有西带的坐标（图 2-40）。在制作地形图的坐标网时，这一个范围内的图幅，除了按东带坐标制作图廓和方里网之外，还需要按西带坐标制作出邻带方里网。同样，东带向西带的延伸也是如此。

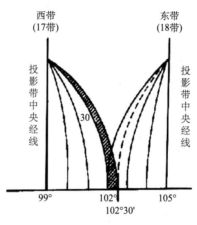

图 2-40　相邻投影带的重叠

五、等角圆锥投影

　　我国 1：100 万地形图最早使用的是国际投影（改良多圆锥投影），1978 年以后采用了国际统一规定的等角圆锥投影（conical orthomorphic projection）。

1. 投影的基本概念

　　假设圆锥轴和地球椭球体旋转轴重合，圆锥面与地球椭球面相割，将经纬网投影于圆锥面上，然后沿着某一条母线（经线）将圆锥面切开展成平面而成。其经线表现为辐射的直线束，纬线投影成同心圆弧。

　　圆锥面与椭球面相割的两条纬线圈，称为标准纬线（φ_1，φ_2）。采用双标准纬线的相割与采用单标准纬线的相切相比，其投影变小而均匀。

　　我国采用等角圆锥投影作为 1：100 万地形图的数学基础，其分幅与国际百万分之一地图分幅完全相同。即从 0°开始，每隔纬差 4°为一个投影带，每个投影带单独计算坐标，建立数学基础。同一投影带内再按经差 6°分幅，各图幅的大小完全相同，故只需计算经差 6°、纬差 4°的一幅图的投影坐标即可。每幅图的直角坐标，是以图幅的中央经线作为 X 轴，中央经线与图幅南纬线交点为原点，过原点切线为 Y 轴而组成的。每个投影带设置两条标准纬线，其位置为

$$\varphi_1 = \varphi_S + 35'$$
$$\varphi_2 = \varphi_N - 35'$$

2. 投影的变形分析

投影变形的分布规律是：①角度没有变形，即投影前后对应的微分面积保持图形相似，故也可称为正形投影；②等变形线和纬线一致，同一条纬线上的变形处处相等；③两条标准纬线上没有任何变形；④在同一经线上，两标准纬线外侧为正变形（长度比大于1），而两标准纬线之间为负变形（长度比小于1），因此，变形比较均匀，绝对值也较小；⑤同一条纬线上等经差的线段长度相等，两条纬线间的经线线段长度处处相等。

由于采用了分带投影，每带纬差较小，因此我国范围内的变形几乎相等，最大长度变形不超过±0.03%（南北图廓和中间纬线），最大面积变形不大于±0.06%（图2-41）。

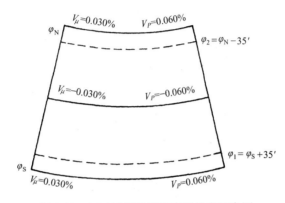

图 2-41　1∶100 万地形图变形分布示意图

3. 投影的应用

1962 年联合国在德国波恩举行的世界百万分之一国际地图技术会议上，建议用等角圆锥投影替代改良多圆锥投影作为百万分之一地图的数学基础。百万分之一地图具有一定的国际性，在同一时期内各国编制出版的百万分之一地图，采用相同的规格，即地图投影、分幅编号、图式规范等基本上一致，可促使该比例尺地图得到较广泛的国际应用和交往。

对于全球而言，百万分之一地图采用两种投影，即 80°S～84°N 采用等角圆锥投影。极区附近，即由 80°S 至南极、84°N 至北极，采用极球面投影（正等角方位投影的一种），地图分幅见表 2-6。

表 2-6　百万分之一地图分幅

纬度范围	纬差	经差
0°～60°	4°	6°
6°～76°	4°	12°
76°～84°	4°	24°
84°～88°	4°	36°
88°	一幅	

自 1978 年以来，我国决定采用等角圆锥投影作为 1∶100 万地形图的数学基础，其分幅

与国际百万分之一地图分幅完全相同。我国处于 60°N 以下的北半球内，因此国内的地形图都采用双标准纬线正轴等角圆锥投影。

在地形图方面，还有如德国、比利时、西班牙、智利、印度及北非和中东等国家和地区的地形图现在正用或曾用过等角圆锥投影作为地形图的数学基础。

在航空图方面，各国 1 : 100 万、1 : 200 万、1 : 400 万的航空图都采用该投影作为数学基础。我国也用该投影来编制 1 : 100 万和 1 : 200 万航空图。在区域图方面，圆锥投影适宜于作沿纬线延伸地区的区域图。等角圆锥投影广泛用作编制省（区）图的数学基础。例如，《中华人民共和国国家普通地图集》《中华人民共和国自然地图集》中的省（区）图，都采用等角圆锥投影。

第四节　地图投影的判别和选择

一、地图投影的判别

不同的投影具有不同的变形特点。判别投影的类型和变形性质，是正确使用地图的基础。

由于大比例尺地图通常属于国家基本比例尺地形图，投影简单，易于查知，且包含的制图区域小，无论采用何种投影，变形都很小。因此，地图投影的判别主要是针对小比例尺地图而言。

判别地图投影，一般先是根据经纬线网的形状确定投影的类型，如方位投影、圆柱投影、圆锥投影等；然后是判定投影的变形性质，如等角投影、等积投影或任意投影。

1. 确定投影类型

不同类型的投影通常具有不同的经纬线特点，因此投影类型可以通过判别经纬线网的形状来确定。在确定投影类型时，准确区分经纬线是直线还是曲线、同心圆弧还是同轴圆弧，是非常重要的。直线只要用直尺比量，便可确定。判断曲线是否为圆弧，可用点迹法，即将透明纸覆盖在曲线上，在透明纸上沿曲线按一定间距定出 3～6 个点，然后沿曲线徐徐向一端移动透明纸，若这些点始终都不偏离此曲线，则证明此曲线是圆弧，否则就是其他曲线。判别纬线是同心圆弧还是同轴圆弧，可量算相邻圆弧间的纬线间隔（即经线长），若处处相等，则证明这些圆弧为同心圆弧，否则便是同轴圆弧。

此外，由于正轴圆锥投影与正轴方位投影的经纬线形状有时可能完全相同，在判别时，可以通过以下两种方法来区分：一是量算相邻两条经线的夹角是否与实地经差相等。若相等则为方位投影，否则就是圆锥投影；二是分析制图区域所处的地理位置。若制图区域在极地一带，则为正轴方位投影，若在中纬度地带，则为圆锥投影。

2. 确定投影变形性质

在确定了投影的类型之后，可以进一步根据经纬线网的图形特征，确定投影的变形性质。

通常，中央经线上纬线间距的变化规律是确定投影变形性质的重要标志。如已确定某投影为圆锥投影，那么中央经线上的纬线间距如果相等，则为等距投影；如从中部向上下两端逐渐扩大，为等角投影；如从中部向上下两端逐渐缩小，为等积投影。

目视观察和分析经纬线网的形状，也能大致确定投影的变形性质。例如，经纬线不呈直角相交，肯定不是等角投影；同一纬度带内，经差相同的各个梯形面积明显不同，不可能是等积投影；中央经线上纬差相同的纬线间隔明显不等，肯定不是等距投影。但有一点需特别注意，即等角投影的经纬线一定是正交的，而经纬线正交的投影并不一定是等角投影，也就是说，经纬线正交是等角投影的必要条件，但不是完全条件。例如，正轴方位投影、圆锥投影和圆柱投影的经纬线都是正交的，但有的是等积投影，有的是任意投影。因此，在以经纬线网的形状判别投影的变形性质时，还必须结合其他条件并进行必要的量算工作，即在中央经线或其他经线上选若干经纬线交点，用分规量取这些交点在经线和纬线方向上的一段长度，从制图用表中查取地球椭球体上相应这一段经线和纬线的弧长，并按地图主比例尺计算相应的长度比或面积比或角度变形，依据等角、等积和等距投影的条件，判定投影的变形性质。

对于数字地图来说，可以利用软件来直接显示投影的各种属性。

二、地图投影的选择

地图投影的选择是否恰当，直接影响地图的精度和实用价值。因此在编图以前，要根据各种投影的性质、经纬线网的形状特点等，针对所编地图的具体要求，选择最为适宜的投影。

和地图投影的判别一样，投影的选择也主要针对中、小比例尺的地图，不包括国家基本比例尺的地形图。这是因为其投影选择已由国家测绘主管部门统一确定。另外，编制小区域大比例尺地图时，不论采用何种投影，变形都是很小的。

选择地图投影时，需要综合考虑多种因素及其相互影响。

1. 制图区域形状和地理位置

根据制图区域的轮廓形状选择投影时，有一条基本的原则，即投影的无变形点或线应位于制图区域的中心位置，等变形线尽量与制图区域轮廓的形状一致，从而保证制图区域的变形分布均匀。因此，近似圆形的地区宜采用方位投影；中纬度东西方向伸展的地区，如中国和美国等，宜采用正轴圆锥投影；赤道附近东西方向伸展的地区，宜采用正轴圆柱投影；南北方向延伸的地区，如南美洲的智利和阿根廷，一般采用横轴圆柱投影和多圆锥投影。

由此可见，制图区域的地理位置和形状，在很大程度上决定了所选地图投影的类型。

2. 制图区域的范围

制图区域的范围大小也影响到地图投影的选择。当制图区域范围不太大时，无论选择什么投影，投影变形的空间分布差异也不会太大。有人曾对我国最大的省级行政区新疆维吾尔自治区用等角、等距和等积三种正轴圆锥投影来做比较，结果表明，不同纬线的长度变形值仅为 0.0001~0.0003。当然，这并不排除小范围地图投影选择的必要性，只是说明选择投影的灵活性较大。对于大国地图、大洲地图、半球地图、世界地图这样的大范围地图而言，可使用的地图投影很多。但是，由于区域较大，投影变形明显，因此，在这种情况下，投影选择的主导因素是区域的地理位置、地图的用途等，这也从另外一个方面说明，地图投影的选择必须考虑多种因素的综合影响。

3. 地图的内容和用途

地图表示什么内容，用于解决什么问题，关系到选用哪种投影。例如，航空、航海、天气、洋流和军事等方面的地图，要求方位正确、小区域的图形能与实地相似，因此需要采用等角投影。行政区划、自然或经济区划、人口密度、土地利用、农业等方面的地图，要求面积正确，以便在地图上进行面积方面的对比分析和研究，需要采用等积投影。有些地图要求各种变形都不太大，如教学地图、宣传地图等，应采用任意投影。又如，等距方位投影具有从中心至各方向的任一点保持方位角和距离都正确的特点，因此对于城市防空、雷达站、地震观测站等方面的地图具有重要意义。

从精度要求方面分析，用于精密量测的地图，长度和面积变形通常不应大于±0.2%～0.4%，角度变形不应大于15′～30′；用于一般性量测的地图，长度和面积变形应小于±2%～3%，角度变形小于2°～3°；不作量测用的地图，只需要求保持视觉上的相对正确。

4. 出版方式

地图在出版方式上，有单幅地图、系列图和地图集之分。单幅地图的投影选择比较简单，只需考虑上述的几个因素即可；对于系列地图来说，虽然表现内容较多，但由于性质接近，通常需要选择同一种类型和变形性质的投影，以利于对相关图幅进行对比分析。就地图集而言，投影的选择是一件比较复杂的事情。由于地图集是一个统一协调的整体，投影的选择应该自成体系，尽量采用同一系统的投影。但不同的图组之间在投影的选择上又不能千篇一律，必须结合具体内容予以考虑。

三、我国编制地图常用的地图投影

对于我国编制的各类地图，经过认真的分析研究，对习惯上常使用的地图投影分述如下。

我国分省（区）的地图宜采用下列两种类型投影：正轴等角割圆锥投影（必要时也可采用等积和等距圆锥投影）和宽带高斯-克吕格投影（经差可达9°）。

我国的南海海域单独成图时，可使用正轴圆柱投影。

关于投影的具体选择，各省（区）在编制单幅地图或分省（区）地图集时，可以根据制图区域情况，单独选择和计算一种投影，这样各个省（区）可获得一组完整的地图投影数据（例如，割圆锥投影在制图区域中具有两条标准纬线），变形也比分带投影的变形小一些。我国目前各省（区）按制图区域单幅地图选择圆锥投影时，采用的两条标准纬线见表2-7。

表 2-7　中国分省（区）地图常用投影（据何宗宜，2016）

省（区）名称	区域范围				标准纬线	
	φ_S	φ_N	λ_W	λ_E	φ_1	φ_2
河北省	36°00′	42°40′	113°30′	120°00′	37°30′	41°00′
内蒙古自治区	37°30′	53°30′	97°00′	127°00′	40°00′	51°00′
山西省	34°33′	40°45′	110°00′	114°40′	36°00′	39°30′
辽宁省	38°40′	43°30′	118°00′	126°00′	40°00′	42°00′
吉林省	40°50′	46°15′	121°55′	131°30′	42°00′	45°00′

续表

省（区）名称	区域范围				标准纬线	
	φ_S	φ_N	λ_W	λ_E	φ_1	φ_2
黑龙江省	43°00′	54°00′	120°00′	136°00′	46°00′	51°00′
江苏省	30°40′	35°20′	116°00′	122°30′	31°30′	34°00′
浙江省	27°00′	31°30′	118°00′	123°30′	28°00′	30°30′
安徽省	29°20′	34°40′	114°40′	119°50′	30°30′	33°30′
江西省	24°30′	30°30′	113°30′	118°30′	26°00′	29°00′
福建省	23°20′	28°40′	115°40′	120°50′	24°00′	27°30′
山东省	34°10′	38°40′	114°20′	123°40′	35°00′	37°00′
广东省	20°10′	25°30′	108°40′	117°30′	19°30′	24°30′
广西壮族自治区	20°50′	26°30′	104°30′	112°00′	22°30′	25°30′
湖北省	29°00′	33°20′	108°30′	116°20′	30°30′	32°30′
湖南省	24°30′	30°10′	108°40′	114°20′	26°00′	29°00′
河南省	31°23′	36°21′	110°20′	116°40′	32°30′	35°30′
四川省	26°00′	34°00′	97°20′	110°10′	27°30′	33°00′
云南省	21°30′	29°20′	97°20′	106°30′	22°00′	28°30′
贵州省	24°30′	29°30′	103°30′	109°30′	23°20′	28°30′
西藏自治区	26°30′	36°30′	78°00′	99°00′	27°30′	35°00′
陕西省	31°40′	39°40′	105°40′	111°00′	33°00′	38°00′
甘肃省	32°30′	42°50′	92°10′	108°50′	34°00′	41°00′
青海省	31°30′	39°30′	89°30′	103°10′	33°30′	38°00′
新疆维吾尔自治区	34°00′	49°10′	70°00′	96°00′	36°30′	48°00′
宁夏回族自治区	35°10′	39°30′	104°10′	107°40′	36°00′	39°00′
台湾省	21°50′	25°30′	119°30′	122°30′	22°30′	25°00′
海南省（不含南海诸岛）	18°00′	20°10′	108°30′	111°10′	18°20′	19°50′

注：①北京市、上海市、天津市、重庆市、香港特别行政区、澳门特别行政区由于面积太小，任意选择两条标准纬线，其最大长度变形都不会超过0.1%；②各省区范围均为概略值。

上述投影的长度变形最大的可达0.5%（新疆），一般都在0.2%以内。

第五节　地图投影的生成和转换

在传统的地图制图中，确定了地图投影的类型之后，需要按照相应的投影公式，把球面转化成平面，建立地图平面上的数学基础，即地理坐标网或平面直角坐标网。其主要方法是利用坐标展点仪实现从球面到平面的转化。随着计算机制图的发展，这种传统的方法已经被数字环境下的软件方法所取代。下面以ESRI公司的ArcGIS软件为例，说明地图投影的自动生成和转换。

一、地图投影的转换方法

地图投影变换可狭义地理解为建立两个平面场点之间一一对应的函数关系式。设一平面

场点位坐标为 (x,y)，另一平面场点位坐标为 (X,Y)，则地图投影坐标变换方程式为

$$X = F_1(x,y), \quad Y = F_2(x,y) \tag{2-25}$$

实现由一种地图投影点的坐标变换为另一种地图投影点的坐标，目前通常有解析变换法、数值变换法、数值解析变换法如下所示。

1. 解析变换法

解析变换法是找出两个投影间坐标变换的解析计算公式。按采用的计算方法不同又可分为以下两种。

1）反解变换法

反解变换法（或称间接变换法）是通过中间过渡的方法，反解出原地图投影点的地理坐标 (φ, λ)，代入投影中求得其坐标，即

$$\{x,y\} \to \{\varphi,\lambda\} \to \{X,Y\}$$

对于投影方程为横坐标式的投影，如圆锥投影、伪圆锥投影、多圆锥投影、方位投影和伪方位投影等，需将投影点的平面直角坐标 (x, y) 转换为平面极坐标 (ρ, δ)，求解出地理坐标 (φ, λ) 再代入新的投影方程式中，即

$$\{x,y\} \to \{\rho,\delta\} \to \{\varphi,\lambda\} \to \{X,Y\}$$

对于斜轴投影来说，还需将极坐标 $\{\rho,\delta\}$ 转换为球面坐标 (Z,a)，再转换为球面地理坐标 (φ',λ')，然后过渡到椭球面地理坐标 (φ,λ)，最后再代入新投影方程式中，即

$$\{x,y\} \to \{\rho,\delta\} \to \{Z,a\} \to \{\varphi',\lambda'\} \to \{\varphi,\lambda\} \to \{X,Y\}$$

2）正解变换法

正解变换法（或称直接变换法）不要求反解出原地图投影点的地理坐标 (φ,λ)，而直接引出投影点的直角坐标关系式。例如，由复变函数理论知道，两等角投影间的坐标变换关系式为

$$X + iY = f(x+iY)$$

即

$$\{x,y\} \to \{X,Y\}$$

解析变换是一种发展比较早的变换方法，一些著名的投影，如高斯-克吕格投影、兰伯特投影及球面投影等在设计正解公式时，同样也推导出反算公式，因此，从理论上讲。这些投影可以通过解析变换法进行投影变换。但是，实际中并不容易获得资料图的具体投影方程。而且资料图纸存在着变形，这样使得解析变换法在实用上受到了一定限制。当用解析变换法实施变换有困难时，可采用数值变换法或数值解析变换法。

2. 数值变换法

在资料图投影方程式未知时（包括投影常数难以判别时），或在不易求得新编图和资料图两种投影间解析关系式的情况下，可以采用多项式来建立它们之间的联系，即利用两投影间的若干离散点（纬线和经线的交点等），用数值逼近的理论和方法来建立两投影间的关系。

它是地图投影变换在理论上和实践中的一种较通用的方法。

数值变换时，由于任何地图投影函数（三角函数、初等函数和反三角函数）都可以用收敛的幂级数来表达，用数值方法建立的逼近多项式对上述级数的逼近过程也是收敛的。由数值方法构成的逼近多项式组成的近似变换与原来的变换一样，是一个拓扑变换。

数值变换一般的数学模型为

$$F = \sum_{i,j=0}^{n} a_{ij} x^i y^j \tag{2-26}$$

式中，F 为 X，Y（或 φ，λ）；n 为 1，2，3，$\cdots$，K 等正整数；a_{ij} 为待定系数。例如，二元三次幂多项式为

$$X = a_{00} + a_{10}x + a_{01}y + a_{20}x^2 + a_{11}xy + a_{02}y^2 + a_{30}x^3 + a_{21}x^2y + a_{12}xy^2 + a_{03}y^3$$
$$Y = b_{00} + b_{10}x + b_{01}y + b_{20}x^2 + b_{11}xy + b_{02}y^2 + b_{30}x^3 + b_{21}x^2y + b_{12}xy^2 + b_{03}y^3 \tag{2-27}$$

在两投影之间选定 10 个共同点的平面直角坐标 (x_i, y_i) 和 (X_i, Y_i)，分别组成线性方程组，即可求得系数 a_{ij}、b_{ij} 的值。这种方法属直接求解多项式的正解变换法。

为了使两投影间在变换区域的点上有最佳平方逼近，应选择 10 个以上的点，根据最小二乘原理，新投影的实际变换值与真实坐标值之差的平方和，即

$$\varepsilon = \sum_{i=1}^{n}(X_i - X_i')^2, \varepsilon' = \sum_{i=1}^{n}(Y_i - Y_i')^2 \tag{2-28}$$

应为最小。

根据求极值原理，应分别令 ε 对 a_{ij}、ε' 对 b_{ij} 的一阶偏导数为 0，由此便分别得到两个线性方程组，即可求得 a_{ij}、b_{ij} 的值。这种方法是按最小二乘法逼近确定多项式的正解变换法。

地图投影数值变换法虽然取得了一定进展，但在逼近函数构成、多项式逼近的稳定性和精度等一系列问题上仍需进一步研究和探讨。

3. 数值解析变换法

当新编图投影已知，而资料图投影方式（或常数等）未知时，则不宜采用解析变换法。这时宜利用数字化仪（或直角坐标展点仪）量取资料图上各经纬线交点的直角坐标值，代入式（2-26）的多项式，这时 F 为 (φ, λ)，按照数值变换法求得资料图的投影点地理坐标 (φ, λ)，即反解数值变换，然后代入已知的新编图投影方式中进行计算，便可实现两投影间的变换。

4. 七参数变换

对于既有旋转、缩放，又有平移的两个空间直角坐标系的换算，存在着 3 个平移参数和 3 个旋转参数及 1 个尺度变化参数，共有 7 个参数。相应的坐标变换公式为

$$\begin{bmatrix} X_2 \\ Y_2 \\ Z_2 \end{bmatrix} = (1+m)\begin{bmatrix} 1 & \varepsilon_Z & -\varepsilon_Y \\ -\varepsilon_Z & 1 & \varepsilon_X \\ \varepsilon_Y & -\varepsilon_X & 1 \end{bmatrix}\begin{bmatrix} X_1 \\ Y_1 \\ Z_1 \end{bmatrix} + \begin{bmatrix} \Delta X_0 \\ \Delta Y_0 \\ \Delta Z_0 \end{bmatrix} \tag{2-29}$$

式中，ΔX_0、ΔY_0、ΔZ_0 为 3 个平移参数；ε_X、ε_Y、ε_Z 为 3 个旋转参数；m 为尺度变换参数。为了求得这 7 个参数，至少需要 3 个公共点，当多于 3 个公共点时，再按照最小二乘法

求得 7 个参数的最或然值。

由于公共点的坐标存在误差，求得的旋转参数将受其影响，公共点坐标误差对旋转参数的影响与几何分布及点数的多少有关，因而为了求得较好的转换参数，应选择一定数量的公共点。

如果上述变换中旋转为 0，就是常说的四参数变换法。如果上述变换中旋转为 0，尺度缩放为 1，就是常说的三参数变换法。

二、地图投影的生成与转换方法

在地图编制过程中，常需要将一种地图投影的制图资料转换到另一种投影的地图上，这种转换称为地图投影的坐标变换，或不同地图投影的转换。

1. ArcGIS 中的地图投影的定义

ArcGIS 中所有地理数据集均需要用于显示、测量和转换地理数据的坐标系，该坐标系在 ArcGIS 中使用。如果某一数据集的坐标系未知或不正确，可以使用定义坐标系统的工具来指定正确的坐标系，使用工具之前，必须已知该数据集的正确坐标系。

该工具为包含未定义或未知坐标系的要素类或数据集定义坐标系，位于"ArcToolbox"→"Data Management Tools"（数据管理工具）→"Projections and Transformations"（投影变换）→"Define Projection"（定义投影），如图 2-42 所示。

"Input Dataset or Feature Class"（输入要素集）：要定义投影的数据集或要素类。

"Coordinate System"（坐标系统）：为数据集定义的坐标系统。

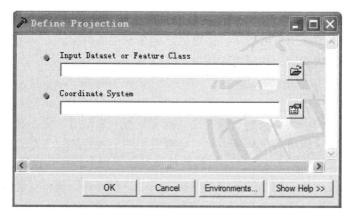

图 2-42　ArcGIS 中坐标系的定义

2. 常规制图作业中的投影变换

在常规编图作业中，通常采用网格转绘法或蓝图（棕图）镶嵌法来解决投影的转换问题，但这些方法在生产中效率太低并在应用时有一定的局限性。

1）网格转绘法

将地图资料网格和所编地图的经纬网格用一定的方法加密，然后靠手工在同名网格内逐点逐线进行转绘。

2）蓝图（棕图）镶嵌法

将地图资料按一定的比例尺复照后晒成蓝图或棕图，利用纸张湿水后的伸缩性，将蓝（棕）图切块依经纬线网和控制点嵌贴在新编地图投影网格的相应位置上，实现地图投影的转换。

3. 基于 ArcGIS 的投影变换

在数据的操作中，经常需要将不同坐标系的数据转换到统一的坐标系下，以便对数据进行处理与分析，软件中的坐标系转换常用以下两种方式：

1）直接采用已定义参数实现投影转换

ArcGIS 软件中已定义了坐标转换参数时，可直接调用坐标转换工具，直接选择转换参数即可。工具位于"ArcToolbox"→"Data Management Tools"（数据管理工具）→"Projections and Transformations"（投影变换）→"Feature"（要素）→Project（投影）[栅格数据投影转换工具："Raster"（栅格）→"Project Raster"（投影栅格）]，在工具界面中输入以下参数。

"Input Dataset or Feature Class"（输入数据集或要素类）：要投影的要素类、要素图层或者要素数据集。

"Output Dataset or Feature Class"（输出数据集或要素类）：已在输出坐标系参数中指定坐标系的新要素数据集或要素类。

"Output Coordinate System"（输出坐标系）：已知要素类将转换到的新坐标系。

界面效果如图 2-43 所示。

图 2-43　投影转换

地理（坐标）变换是指在两个地理坐标系或基准面之间实现变换的方法。当输入和输出坐标系基准面相同时，地理（坐标）变换为可选参数；当输入和输出基准面不同时，则必须指定地理（坐标）变换。

2）自定义三参数或七参数转换

如果知道转换的数据区域，可以使用 ArcGIS 中已经定义好的转换方法，直接进行转换输出。否则，需要自定义七参数或三参数实现投影转换。一般而言，比较严密的是用七参数法，即 3 个平移因子（X 平移、Y 平移、Z 平移），3 个旋转因子（X 旋转、Y 旋转、Z 旋转），1 个比例因子（也称为尺度变化 K）。

在 ArcToolbox 中选择 "Geate Custom Geographic Transformation" ［创建自定义地理（坐标）变换］工具，在弹出的窗口中，输入一个转换的名字。在 "Custom Geographic Transformation" 自定义地理（坐标）转换方法框中，在 Method（方法）中选择合适的转换方法，如 "COORDINATE_FRAME"，然后输入七参数，即平移参数（单位为米）、旋转角度（单位为秒）和比例因子（采用百万分率）。这些参数可以通过国内的测绘部门获取，另外，也可以通过计算已知点来获得。在工作区内找三个以上的已知点，利用已知点的 1954 年北京坐标和所测 WGS-84 坐标，通过一定的数学模型，求解七参数。若多选几个已知点，通过平差的方法可以获得较好的精度。创建新的地图投影界面如图 2-44 所示。

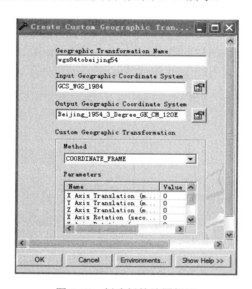

图 2-44　创建新的地图投影

其中，在 "Custom Geographic Transformation" ［自定义地理（坐标）变换］中，有很多 "Method"（方法），如图 2-45 所示，其中七参数变换方法一般采用 "COORDINATE_FRAME" 方法。

"POSITION VECTOR" 也是七参数转换模型，与 "COORDINATE_FRAME" 的区别在于："COORDINATE_FRAME"（坐标框架旋转变换），由美国和澳大利亚定义，逆时针旋转为正；"POSITION VECTOR"（位置矢量变换），由欧洲定义，逆时针旋转为负。

打开工具箱下的 Projections and Transformations（投影转换）→ture（要素）→Project（投影），在弹出的窗口中输入要转换的数据及 Output Coordinate System（输出地理坐标系），然后输入第一步自定义的地理坐标系，开始投影变换，如图 2-46 所示。点击 "OK"（确定），完成坐标转换。

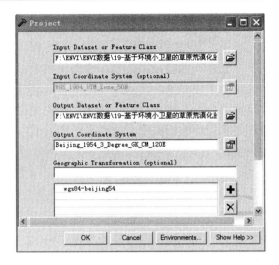

图 2-45　自定义地理坐标变换方法　　　　　　　图 2-46　投影变换

第六节　地图比例尺

一、地图比例尺的概念

编制地图时，需要把地球或制图区域按照一定的比率缩小表示，这种缩小的比率就是地图的比例尺。因此，比例尺代表的是地球或制图区域缩小的程度。

地表是个不可展平的球面，根据一定的方法把地表展平到平面上时，图上各部分的比例尺必然发生分异，这种分异可能是水平方向的，也可能是垂直方向的，这种分异与制图区域的大小密切相关。

当制图区域比较小时，球面和平面之间的矛盾可以忽略，这时不论采用何种投影，图上各处长度缩小的比率都可以看成相等的。在这种情况下，地图比例尺的含义就可以理解为图上长度与地面相应水平长度之比，即：$1/M=d/D$。式中，d 为地图上线段的长度；D 为地面上相应直线距离的水平投影长度；M 为实地距离对应图上距离为 1 时的倍数，即比例尺分母。d、D、M 为三个变量，只要知道其中任意两个，便可推知第三个。如已知实地直线水平距离为 2.4km，则 1∶5 万地形图上相应长度为 4.8km；若已知 1∶2.5 万地形图上一直线长度为 8cm，则其实地长度为：$D=d·M$=8cm×25000=2km；若已知图上 8cm 相当于实地长 20km，则其地图比例尺为：$1/M=d/D$=8/2000000=1/250000。

随着制图区域的不断扩大，球面和平面的矛盾也逐渐明显，当地表被展平缩小到平面上时，必然产生不均等的缩小，故出现了不同的比例尺，只有个别特征点或特征线在投影的过程中没有长度变形，这些没有变形的点或线上的比例尺称为主比例尺，而其他大于或小于主比例尺的比例尺，称为局部比例尺。

从以上的分析可以看出，地图比例尺有主比例尺和局部比例尺之分，这种区分在小比例尺地图上十分明显，也十分重要。传统的"图上长度与实地水平长度之比等于地图比例尺"的概念仅适合在大比例尺地图上使用。完整、精确和具有普遍意义的比例尺定义应该是：地图上沿某方向的微分线段和地面上相应微分线段水平长度之比。

地图比例尺是一个比值，它没有单位，比例尺越大，图面精度越高；比例尺越小，图面精度越小，但概括性越强。当图幅大小相同时，比例尺越大，包括的地面范围越小；比例尺越小，包括的地面范围越大。比例尺赋予了地图可量测计算的性质，为地图使用者提供了明确的空间尺度概念。比例尺还隐含着对地图精度和详细程度的描述。在传统的地图产品逐渐数字化的今天，比例尺的传统定义已经失去了它的意义（计算机中存储的数据与距离无关），但不得不保留比例尺隐含的意义。当人们在数据库前冠以某个比例尺的数字时，实际上隐含着对数据精度与详细程度的说明，这就说明了比例尺的重要性。人们可以借助比例尺来定义对地球观察的界限。不过，数字地图的确不同于传统的纸质地图，在制图概括、图形处理技术进一步完善的条件下，根据某一种比例尺的地图数据库，可以生成任意级别比例尺的地图，因此，也有人把这种存储数据的精度和内容的详细程度都明显高于其比例尺本身要求的地图数据库称为无级别比例尺地图数据库。

二、地图比例尺的形式

1. 数字比例尺

数字比例尺是指用阿拉伯数字形式表示的比例尺。一般是用分子为 1 的分数形式表示，如 1∶10000、1∶5 万、1/250000 等。数字比例尺的优点是：简单易读、便于运算、有明确的缩小概念。

2. 文字比例尺

文字式比例尺也叫说明式比例尺，是指用文字注释方式表示的比例尺，如"五万分之一"，"图上一厘米相当于实地一公里"等。在使用英制长度单位的国家，常见地图上注有"一英寸等于一英里"（1 inch to mile）等。文字比例尺单位明确、计算方便、较大众化。

3. 图解比例尺

图解比例尺是以图形的方式来表示图上距离与实地距离关系的一种比例尺形式。它又分为直线比例尺、斜分比例尺和复式比例尺三种。

直线比例尺是以直线线段的形式表示图上线段长度所对应的地面距离（图 2-47），具有能直接读出长度值而无须计算，以及避免因图纸伸缩而引起误差等优点。

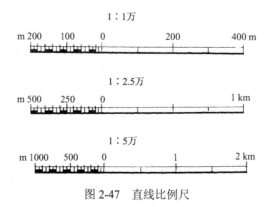

图 2-47　直线比例尺

　　斜分比例尺又称微分比例尺。它不是绘在地图上的比例尺图形，而是依据相似三角形原理，用金属或塑料制成的一种地图量算工具（图 2-48）。用它可以准确读出基本单位的百分之一，估读出千分之一。

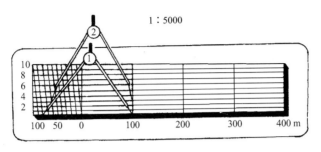

图 2-48　斜分比例尺

　　复式比例尺又称为投影比例尺（图 2-49），是一种由主比例尺与局部比例尺组合成的图解比例尺。在小比例尺地图上，由于地图投影的影响，不同部位长度变形的程度是不同的，其比例尺也就不同。在设计地图比例尺的时候，不能只设计适用于没有变形的点或线上的直线比例尺（主比例尺），也要把不同部位的直线比例尺科学地组合起来，绘制成复式比例尺。通常是对每条纬线或经线单独设计一个直线比例尺，将各直线比例尺组合起来就成为复式比例尺。

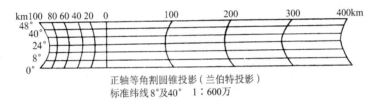

正轴等角割圆锥投影（兰伯特投影）
标准纬线8°及40°　1∶600万

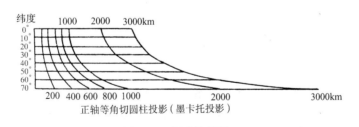

正轴等角切圆柱投影（墨卡托投影）

图 2-49　复式比例尺

三、地图比例尺的作用

1. 比例尺决定着地图图形的大小

　　同一地区，比例尺越大，地图图形越大，反之，则小。如图 2-50 所示，地面上 $1km^2$，在 1∶5 万地图上为 $4cm^2$，在 1∶10 万地图上为 $1cm^2$，在 1∶25 万地图上为 $0.16cm^2$，在 1∶50 万地图上为 $0.04cm^2$，在 1∶100 万地图上仅为 $0.01cm^2$。

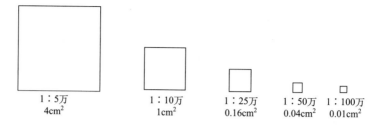

图 2-50　实地 1km² 在不同比例尺图上的正方形大小

2. 反映地图的量测精度

正常人的视力只能分辨出地图上不小于 0.1mm 的两点间的距离，因此，地面上水平长度按比例尺缩绘到地图上时，不可避免地存在 0.1mm 的误差。这种相当于图上 0.1mm 的地面水平长度，称为比例尺精度。0.1mm 是将地物按比例尺缩绘成图形时可以达到的精度的极限，故称比例尺精度，又称极限精度。根据比例尺精度，可以确定在实地测量时所能达到的准确程度，例如，在测制 1∶10000 地形图时，实际水平长度的量测精度只有 1m，即小于 1m 的地物就不能正确表示。同样，在使用地图时，根据精度的要求，可以确定选用何种比例尺的地图，如要求实地长度准确到 5m，则地图比例尺不应小于 1∶50000。由此可见，比例尺越大，地图的量测精度越高。

3. 比例尺决定着地图内容的详细程度

在同一区域或同类的地图上，内容要素表示的详略程度和图形符号的大小主要取决于地图比例尺。比例尺越大，地图内容越详细，符号尺寸也可稍大些；反之，地图内容则越简略，符号尺寸相应减小。一幅地图上若未注明比例尺，用图者无法从图上获取信息的数量特征。

第七节　地　图　定　向

确定地图上图形的方向称为地图定向。人们习惯认为地图上的方向是"上北下南，左西右东"，其实此说法并不准确。例如，在利用正轴方位投影制作的北半球地图上，如何判别东、西、南、北？上述说法就无法判断。地图上确定方向的正确方法是：利用经线来确定南北方向，北半球图上经线向北极方向为北，向南极方向为南；利用纬线来确定东西方向，北半球图上沿纬线逆时针方向是从西向东。通常把制图区域的中央经线同图纸的南北方向的关系作为定向的依据，二者一致时称为"北方定向"，二者不一致时称为"斜方位定向"。

地形图上表示的并非只有一个"北"方，通常有"真北"、"磁北"和"坐标北"之分。

一、地形图定向

我国地形图都是北方定向，地图的正上方就是北方。为了地图使用的方便，规定在大于 1∶10 万的各种比例尺地图上绘出三北方向线和三个偏角的图形。

1. 三北方向线

（1）真北方向线：过地面上任意一点，指向北极的方向称为真北。其方向线称为真北方向线或真子午线。地形图上东西内图廓线就是真子午线。

（2）磁北方向线：过地面上任意一点，磁针所指的北方称为磁北，其方向线称为磁北方向线或磁子午线。实地上每点处的磁北方向是不一致的（同一条磁子午线上的点除外），地图上表示的磁北方向是本图范围内实地若干点磁北方向的平均值。在地形图上下内图廓线上，p'、p 小圆点的连线就是磁子午线。

（3）坐标北方向线：地形图上纵坐标线所指的北方，称为坐标纵线北。坐标纵线平行于投影带的中央经线（即投影带的平面直角坐标系的纵坐标轴）。

2. 三种方位角

地图上某一条直线的方向，用坐标方位角来表示。坐标方位角是从标准的北方向开始，顺时针量算到该直线的夹角，因此对某条直线而言有三种方位角。

（1）真方位角：从真子午线北端顺时针方向量至某一直线的水平角称为真方位角。

（2）磁方位角：从磁子午线北端顺时针方向量至某一直线的水平角称为磁方位角。

（3）坐标方位角：从坐标纵线北端顺时针方向量至某一直线的水平角，称为坐标方位角（图 2-51）。

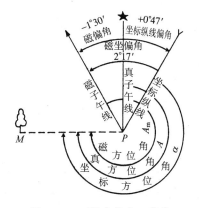

图 2-51　三种方位角、偏角

3. 三种偏角

在地形图上，三北方向线一般是互不一致的，它们之间构成三个夹角，即磁偏角、坐标纵线偏角和磁坐偏角。

（1）磁偏角：以真子午线为准，真子午线与磁子午线之间的夹角。磁子午线东偏为正，西偏为负。磁偏角的值是会发生变化的，地形图上标出的磁偏角是本图幅几个点测图时的平均值。磁偏角的变化比较小，而且变动很有规律，一般用图时即可使用图上标定的磁偏角值。在我国范围内，正常情况下磁偏角都是负值，即西偏，只有某些发生磁力异常的地方才会表现出东偏。

（2）坐标纵线偏角（子午线收敛角）：以真子午线为准，真子午线与坐标纵线之间的夹角。坐标纵线东偏为正，西偏为负。在高斯-克吕格投影中，除中央经线投影为直线外，其他经线投影均为对称于中央经线，且向两极收敛的弧线。因此，除中央经线外，其他经线的投影都和坐标纵线有一个夹角，这个夹角就是子午线收敛角（图 2-52）。在投影带的中央经线以东的图幅均为东偏，以西的图幅均为西偏。子午线收敛角在同一经线上随纬度的增高而增大；在同一条纬线上，随着到投影带中央经线的经差的增大而增大。在中央经线上和赤道上都没有子午线收敛角。采用 6°分带投影时，子午线收敛角最大值为±3°。

（3）磁坐偏角：以坐标纵线为准，坐标纵线与磁子午线之间的夹角。磁子午线东偏为正，西偏为负。

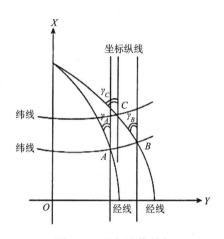

图 2-52　子午线收敛角

二、普通地图定向

我国的地形图都是北方定向，而其他小比例尺地图则不一定，有时可以根据具体情况变更定向方式。

一般情况下，小比例尺普通地图也尽可能采用北方定向，即使图幅的中央经线同南北图廓垂直。但是，有时可以根据具体情况变更北方在图上的方位。例如，制图区域的形状比较特殊（如我国的甘肃省），用北方定向不利于有效利用标准纸张和印刷机的版面，也可以采用斜方位定向（图 2-53）。在极个别情况下（如用鸟瞰的方法表示位于坡向面北的制图区域时），为了更利于表示地图的内容，甚至可以考虑采用南方定向。

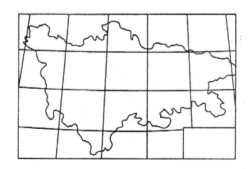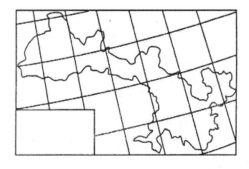

图 2-53　北方定向和斜方位定向示意图

复习思考题

1. 地图投影解决的主要矛盾是什么?
2. 谈谈你对地图投影变形的理解。
3. 地图投影按变形性质分为哪几种类型? 它们的特性是什么?
4. 什么是地图的主比例尺? 如何正确理解和使用它?
5. 举例说明影响地图投影选择的主要因素。
6. 墨卡托投影具有什么特性? 其主要用途是什么?
7. 说明高斯-克吕格投影的变形性质、变形分布规律及其用途。
8. 为什么伪圆柱投影和伪圆锥投影都没有等角投影?
9. 为什么我国编制的世界地图一般采用等差分纬线多圆锥投影?
10. 实现地图投影转换的基本思路是什么?

参 考 文 献

蔡孟裔, 毛赞猷, 田德森, 等. 2000. 新编地图学教程. 北京: 高等教育出版社.

测绘编辑委员会. 1985. 中国大百科全书(测绘学). 北京: 中国大百科全书出版社.

何宗宜, 宋鹰, 李连营. 2016. 地图学. 武汉: 武汉大学出版社.

胡圣武. 2008. 地图学. 北京: 清华大学出版社.

胡毓矩, 龚剑文, 黄伟. 1981. 地图投影. 北京: 测绘出版社.

金瑾乐, 孙立, 林增春, 等. 1987. 地图学. 北京: 高等教育出版社.

廖克. 2003. 现代地图学. 北京: 科学出版社.

龙毅, 温永宁, 盛业华. 2006. 电子地图学. 北京: 科学出版社.

陆权. 1988. 地图制图参考手册. 北京: 测绘出版社.

陆漱芬. 1987. 地图学基础. 北京: 高等教育出版社.

马永立. 1998. 地图学教程. 南京: 南京大学出版社.

毛锋. 1997. 地理信息系统—MGE 方法. 北京: 石油工业出版社.

王家耀, 孙群, 王光霞, 等. 2006. 地图学原理与方法. 北京: 科学出版社.

吴金华, 杨瑾. 2011. 地图学. 北京: 地质出版社.

张奠坤, 杨凯元. 1992. 地图学教程. 西安: 西安地图出版社.

张力果, 赵淑梅. 1991. 地图学. 2 版. 北京: 高等教育出版社.

周忠谟, 易志军, 周琪. 1999. GPS 卫星测量原理与应用. 北京: 测绘出版社.

祝国瑞. 2004. 地图学. 武汉: 武汉大学出版社.

Robinson A H, Morrinon J L, Muehrcke P C, et al. 1995. Elements of Cartography. 6th ed. New York: John Wiley & Sons.

第三章 地图语言：地图符号系统

本 章 要 点

1. 掌握地图符号的概念、特征、分类、量表、视觉变量及其视觉感受效果。
2. 认识地图符号设计的原则及其影响因素，学会点、线、面状符号的设计方法。
3. 了解色彩三要素、色彩的表示与象征，能够进行地图符号的色彩设计。
4. 一般了解地图注记的功能、构成元素和图面配置方式。

第一节 地图符号概述

一、地图符号的概念

符号是表达观念、传输一定信息的工具，或者说是一种标志，用来代表某种事物现象的代号。语言、文字、数学符号、化学符号、物理学符号、乐谱、交通标志及地图符号等，都属于符号的范畴。

语言是所有符号中最基本、最稳定、最具代表性的符号系统。地图符号是符号中具有空间特征的一类，许多视觉的图像符号比语言文字更直观、形象、简捷，有的符号甚至具有空间特征，不解自明。很多图形符号已被用作为辅助性的国际语言。

地图符号是地图的图解语言，是用来沟通客观世界、制图者和用图者，传输地图信息的媒介。没有好的地图符号就没有高质量的地图。地图符号是地表要素在地图上的表达形式。地图是地表要素的模拟符号模型，同时地表要素是依据地图符号来表达的。

广义的地图符号是指表示地表各种事物现象的图形符号、色彩、数学语言和注记的总和，也称为地图符号系统。图形符号是地图符号系统的主体，用于表达地表各种事物的位置、形状和分布特征；色彩符号是对图形符号的补充，增强地图符号的表达效果；数学语言符号用于平面控制，如经纬网、地图投影、地图定向和比例尺等；地图注记是对地图符号的文字性说明。因此，完整的地图符号系统由图解语言（图形符号）、色彩语言（色彩和地貌立体表示）、自然语言（名称注记）和数学语言（地图投影、比例尺、方向）四部分组成。

狭义的地图符号是指在地图上表示制图对象空间分布、数量、质量等特征的标志、信息载体，包括图形符号、色彩和注记。例如，黑色实心三角形表示煤矿就是一个地图符号。相较于广义的地图符号指地图中所有的地图要素，狭义的地图符号专指制图对象的表现形式，本章主要讨论狭义的地图符号。

二、地图符号的特征

地图符号是一种科学的人造符号，在其设计使用中具有自身的特征。地图符号的实质是以约定关系为基础，将事物现象用一种视觉形象图形进行抽象概括，清晰且形象地表达事物的本质特征。

1. 综合抽象性

大千世界的事物现象复杂多样，用地图符号不可能把它们都一一表现出来。制图者将错综复杂的客观世界，经过分类、分级归纳后进行抽象，然后用特定的符号表达在地图上，不仅克服了逐个表示制图对象的困难，而且综合反映了制图对象的本质特征，实际上是对事物现象的一次综合概括过程。

2. 系统性

地图符号的系统性一方面表现为，它是由一系列图形符号、色彩符号和地图注记组成的相互关联的统一体；另一方面表现为对于一种事物现象，能根据其性质、结构等划分为类、亚类、种、属等不同类别或级别，可分别设计互有联系的系列符号与其对应，构成某一事物现象的符号链。

3. 约定性

自然语言是在长期的社会生产、生活中自然形成的，而地图符号是建立在约定关系的基础之上，即人为规定的特指关系之上的人造符号。制图者对客观事物现象进行综合、概括后，确定相应的符号形式及相互之间的关系规则，形成地图符号。其过程就是建立地图符号图像与抽象概念之间一一对应关系的过程，一经约定后成为地图符号，即对制图者和其后的用图者都具有相应的约束性。

4. 传递性

在人类认识客观世界的活动中，地图符号是将客观转化为主观的手段；在用图的实践活动中，地图符号又是将主观转化为客观的必不可少的工具，所以地图符号是主体（制图者或用图者）和客体（客观世界）相互联结、相互转化，用以传递地学信息的媒介物。

5. 时空性

地图符号既可以表达地表事物现象的空间特征（如空间分布、空间结构、质量特征、数量指标等），也可以表达地表事物现象的时间特征（如发展趋势、动态移动、演化特征、空间结构变化等）。地图符号是在客观时空变化中，体现人类图形思维能力的结晶。

三、地图符号的分类

根据地图符号分类规则的不同，地图符号大致可以归纳为以下几种分类方式。

1. 按符号所表示制图对象的空间分布状态分类

（1）点状符号。制图对象在实地所占面积相对较小，在图上所占面积不大，仅能以点状形式表示，相当于看到实地地物的概括形状，如亭、古楼、宝塔、温泉、井、测量控制点、旅游景点、比例尺较小时的村镇等。点状符号一般属不依比例符号，符号大小并不是按比例尺缩小而得来。点状符号表示的点位数据是零维的，可以用 X、Y 坐标表达。

（2）线状符号。在实地呈线状或带状延伸的制图对象，在图上常用线状的彩色线划表示，如道路、河流、防护林带、境界线等。线状符号有粗细、虚实、单双、点线、间断连续、复杂简单、单色彩色等类别。线状符号一般属半依比例符号，即事物的长度按比例尺缩小而宽度不依比例尺表示。线状符号表示的线状数据是 1 维的，可以用 X、Y 坐标表达。

（3）面状符号。在实地呈面状分布的制图对象，在图上用面状的轮廓线、色彩和填充晕线、花纹表示，如湖泊、人工湖（水库）、林地、草地、居民地平面图形等。它们的平面轮廓按比例尺缩小，其间填充符号或颜色。填充符号常由不同疏密、粗细、排列、组合、形状的晕线花纹构成。面状符号一般属依比例符号，事物的范围大小和实地成比例。但填充符号、颜色和实地无比例关系。面状符号表示的面状数据是 2 维的，可以用 X、Y 坐标表达。

2. 按符号和所表示制图对象的比例关系分类

不同类型的符号在表示制图对象空间分布状态时会存在不同的比例关系，地图符号又可分为：不依比例符号、半依比例符号和依比例符号。

（1）不依比例符号。随着地图比例尺的缩小，实地上较小的物体就不可能依比例尺表现其平面图形，只能用夸张的符号表示它们的存在，但不能表示其实际大小，这些符号就称为不依比例符号，如地图上表示的三角点、宝塔等符号，都是不依比例符号。

（2）半依比例符号。随着地图比例尺的缩小，实地上的线状和狭长物体的长度仍可以依比例尺表示，而宽度不能依比例尺绘出，这种符号的宽度是示意性的，这类符号称为半依比例符号，如道路、部分河流等。这些符号在图上只能量测其长度，不能量算宽度。

（3）依比例符号。实地面积较大的物体依比例尺缩小后，仍然可以用与实地形状相似的图形表示，这一类符号就称为依比例符号。例如，较大比例尺地图上居民地的平面图形，海、湖、大河、森林和沼泽等轮廓图形等。

3. 按符号所表示制图对象的地理特征量度分类

（1）定性符号。即表示地理要素的类别、性质的地图符号，如土壤类型、植被类型等。

（2）定量符号。即依据某种比例关系来表示地理要素数量指标的地图符号。这种比例关系和地图比例尺无关，借助此比例关系可目估或量测制图对象的数量差。例如，用不同大小图形符号表示城市人口的多少。

（3）等级符号。即表示地理要素的顺序等级的地图符号。此种地图符号表示制图对象的大、中、小或按其他分级方法所分的概略等级顺序，不表示数量指标。例如，用大、中、小三种不同大小的圆表示大、中、小三种城市等级。

此外，按符号的图形特征分类可分为几何符号、文字符号、象形符号和透视符号。按符号和所表示对象的透视关系分类可分为正形符号、侧形符号和象征符号，此处不再赘述。

四、地图符号的量表

地图符号所表达的地理空间信息，可采用心理物理学常用的量表法进行度量，以利于制图数据的处理。按照事物现象的数量特征及其属性，地图符号的量表法可分为定名量表、顺序量表、间距量表和比率量表。

1. 定名量表

定名量表是最简单的一种量表方法，对空间信息的处理只使用定性关系，不使用定量关系。在不同制图对象之间只要确定相应的属性，一般不进行任何数学处理。通常用于区划图或类型图上制图对象的分类表示，例如，在行政区划图上可以用定名量表表示不同省份，在土壤类型图上可以确定出红壤、棕壤、黑土等。

2. 顺序量表

顺序量表是按某种区分标志把制图对象进行排序，它是一种既无单位也无起始点的分级方法，表现为一种相对的等级。其排序标志有单因素排序、多因素排序、定性排序、依某种数量关系排序（如四分位数法）等。因此，顺序量表只能区分出大小（如大、中、小）、优劣（如优、良、中、差）、高低（如高等、中等、低等）、主次（如重要、较重要、一般、不重要）、新旧（如最新、较新、一般、旧）等相对等级，结果不产生制图对象的数量概念，且无起点。

3. 间距量表

间距量表是在顺序量表排序的基础上增加排序间距的大小。间距量表无固定的绝对零值，故只能计算相互间的差值。和顺序量表相比，间距量表能获得数值差别大小的概念，故间距量表对制图对象的表述比定名量表、顺序量表更精确。

4. 比率量表

比率量表是以制图数据的起始点为基础，不仅把制度对象按某种区分标志的差异进行排序，知道其变化范围，而且有起始零点。因此，比率量表按某种比率关系进行排序，且呈比率变化，实际上是间距量表的进一步发展，是完善的量表方法。

四种量表是有序且相互关联的（图3-1），即比率量表可处理为间隔、顺序或定名量表，但定名量表信息却只能用定名量表处理，不能改变为其他量表。

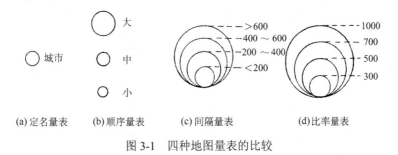

图 3-1　四种地图量表的比较

第二节　地图符号视觉变量及其视觉感受效果

一、地图符号视觉变量

地图符号能成为种类繁多、形式多样的符号系统，是构成地图符号的各种基本元素变化组合的结果。地图上能引起视觉变化的基本图形、色彩因素称为视觉变量，也称为图形变量。视觉变量是构成地图符号的基本元素。

视觉变量首先是由法国人贝尔廷（Bertin）在 1967 年提出的。他领导的巴黎大学图形实验室经过二十多年的研究，总结出一套图形符号规律——视觉变量，即形状、方向、尺寸、明度、密度和颜色。1984 年美国人罗宾逊（Robinson）等在《地图学原理》一书中提出基本图形要素是：色相、亮度、尺寸、形状、密度、方向和位置。1995 年他又把基本图形要素改为视觉变量，认为其构成是由基本视觉变量（形状、尺寸、方向、色相、亮度、纯度）和从属视觉变量（网纹排列、网纹纹理、网纹方向）两部分组成。

视觉变量作为地图图形符号设计的基础，在提高符号构图规律和加强地图表达效果方面起到很大作用，一经提出，即引起广泛重视。然而，21 世纪以来，国内外对符号视觉变量构成的看法并不一致，但并不影响地图视觉变量的认知。例如，趋于相同的观点是：视觉变量是分析图形符号较好的方法；视觉变量至少应包括形状、尺寸、颜色、方向变量等。

编者认为视觉变量应由六元素组成，即形状、尺寸、方向、色彩、网纹和位置，可分别在点、线、面状符号形态中体现（图 3-2）。

1. 形状

形状是指符号的外形，它是产生符号视觉差异最主要的特征之一。点状符号有圆、三角形、椭圆、方形、菱形甚至任何复杂的图形。线状符号有点线、虚线、实线等形状差异。面状符号的形状变化是指填充符号的形状变化，如点、小三角、小十字、小箭头等填充符号形状差别。形状变量主要用于反映制图要素的质量差异，例如，用圆表示村镇，用★表示首都，用实线表示公路，用虚线表示小路等。

2. 尺寸

尺寸变量是描述数量特征最有效的视觉变量之一。点、线、面状符号的最基本构成要素是点，因为面是由线组成的，而线是由点组成的。尺寸是指点状符号及其组成线、面状符号的大小、粗细、长短、分割比例变化。符号的大小、粗细、长短主要用于区分制图对象的数量差异或主、次等级。例如，用大圆表示大城市，小圆表示小城市；粗实线表示主要公路，细实线表示次要公路等。分割比例主要用于表示制图要素的内部组成变化。

3. 方向

方向变量是指符号方向的变化。点状符号并不一定都有方向变化。例如，圆就无方向之分。点状、线状符号的方向变化指构成符号本身的指向变化。符号的方向常用于表示制图对象的空间分布或其他特征。

4. 色彩

色彩是视觉变量中应用最广泛、区别最明显的视觉变量。颜色的变化主要体现在色相的变化上。点状、线状符号常用不同色相来表示事物。符号除了用色相的变化来表示外，还可用变化纯度、亮度的方法来表示事物。

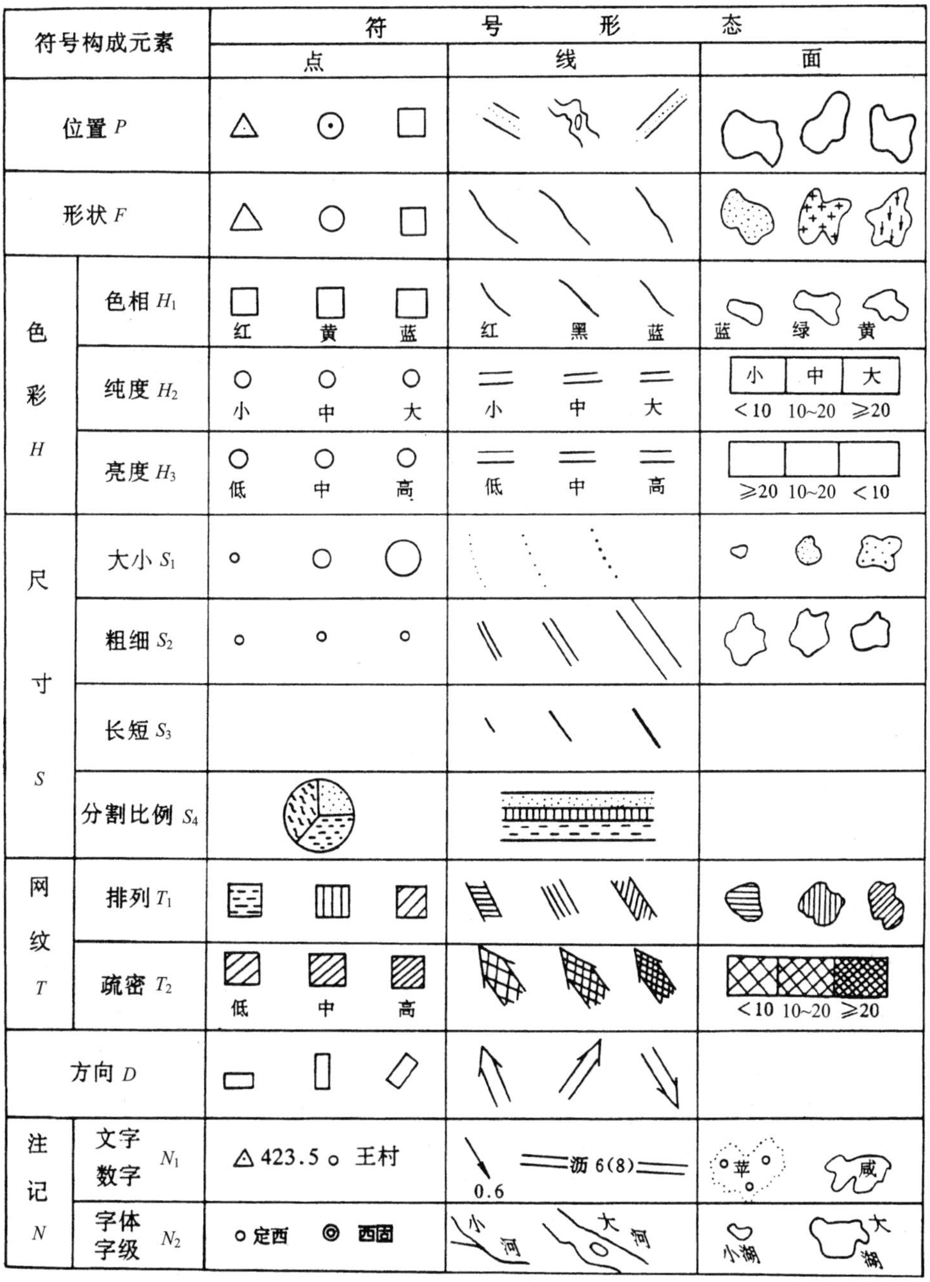

符号构成元素		符 号 形 态		
		点	线	面
位置 P		△ ⊙ □		
形状 F		△ ○ □		
色彩 H	色相 H_1	□ □ □ 红 黄 蓝	 红 黑 蓝	 蓝 绿 黄
	纯度 H_2	○ ○ ○ 小 中 大	 小 中 大	小 中 大 <10 10~20 ≥20
	亮度 H_3	○ ○ ○ 低 中 高	 低 中 高	≥20 10~20 <10
尺寸 S	大小 S_1	○ ○ ○		
	粗细 S_2	○ ○ ○		
	长短 S_3			
	分割比例 S_4			
网纹 T	排列 T_1			
	疏密 T_2	低 中 高		<10 10~20 ≥20
方向 D				
注记 N	文字 数字 N_1	△ 423.5 ○ 王村	沥 6(8) 0.6	苹 咸
	字体 字级 N_2	○ 定西 ◎ 西固	小河 大河	小湖 大湖

图 3-2 地图符号视觉变量的构成

符号的色彩主要用于区分制图对象的质量特征，它常与形状相配合增强表达效果。例如，用蓝色表示河流，红色表示道路。色彩的纯度、亮度变化也可表示制图对象的数量差异。例如，用红色表示人口密度数值大的区域，用浅红色表示人口密度数值小的区域。

5. 网纹

网纹即构成符号的晕线、花纹。它有排列方向、疏密、粗细、晕线组合、花纹、晕线花纹组合等几种形式（图 3-3）。不同排列方向、晕线组合、花纹、晕线花纹组合的网纹符号用于表示制图对象的质量特征。不同疏密、粗细网纹符号用于表示制图对象的主、次等级或数量特征。晕线花纹也可有颜色变化，用来区分制图对象的质量特征。

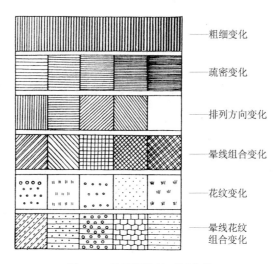

图 3-3　符号网纹的不同变化

6. 位置

位置是指符号在图上的定位点或线。大多数情况下它由制图对象的坐标和相邻地物的关系确定，是被动的空间定位，故往往不被认为是视觉变量。但位置并非不含符号设计意义，图上仍有某些可移动位置的成分。如可移位的区域内统计图表、符号；注记位置的变化；处理符号"争位"矛盾时的符号位置移动；符号的定位配置对整个图面效果的影响；有些线状、面状符号的线条、轮廓曲直变化，实际上反映的是特征点位置的变化。符号的位置常常表示了制图对象的空间分布。

每一种地图符号视觉变量适合表达的制图对象特征不同（表 3-1）。

表 3-1　地图符号视觉变量适合表达的制图对象特征

制图对象特征	位置 P	形状 F	色彩 H			尺寸 S				网纹 T		方向 D
			色相 H_1	纯度 H_2	亮度 H_3	大小 S_1	粗细 S_2	长短 S_3	分割比例 S_4	排列 T_1	疏密 T_2	
空间分布	符号定位点、线、面											
质量特征		符号的形状变化	符号的色相变化							符号内网纹排列变化	符号内网纹疏密变化	符号内网纹方向变化
数量特征	等值线位置		符号的色相变化	符号纯度变化	符号亮度变化	符号大小变化	符号粗细变化	符号长短变化	线状符号内分割比例	符号内晕线、花纹排列变化	符号内网纹疏密变化	

续表

制图对象特征	位置P	形状F	色彩H			尺寸S				网纹T		方向D
			色相H_1	纯度H_2	亮度H_3	大小S_1	粗细S_2	长短S_3	分割比例S_4	排列T_1	疏密T_2	
内部组成			结构符号的色相变化	结构符号的纯度变化	结构符号的亮度变化				结构符号内分割比例	结构符号内网纹排列变化	结构符号内网纹疏密变化	
等级强度		符号形状变化	符号色相变化	符号纯度变化	符号亮度变化	符号大小变化	符号粗细变化	符号长短变化		符号内网纹排列变化	符号内网纹疏密变化	
时空动态	符号位置变化		线状、面状符号的色相变化	线状、面状符号的纯度变化	线状、面状符号的亮度变化	符号大小变化					符号内网纹疏密变化	符号方向变化

二、视觉变量的视觉感受效果

视觉变量是构成地图符号的基础，各种视觉变量引起的心理反应不同，就产生了不同的视觉感受效果。

1. 整体感与选择感

整体感是指阅读不同视觉变量构成的符号图形时，感觉是一个整体，没有哪一种显得特别突出。整体感可以表示一种现象、一个事物、一个概念或一种环境等。例如，在不同颜色表示的行政区划图上，应有行政区划分布的整体概念感受，不应产生哪一个行政区重要或不重要的感觉。整体感可通过调节视觉变量所构成符号的差异性和构图的完整性来实现。形状、方向、色彩、网纹、尺寸等变量都可产生符号图形的整体感。表达定名量表的视觉变量形成的整体感较强，如形状、色相、网纹等；而表达数量概念的视觉变量整体感相对较差，如尺寸、亮度等。与整体感相反的感受是选择感，整体感强则选择感就弱。要把某种要素的符号突出于其他符号之上，就要增大视觉变量所构成符号的差异感，即增强其视觉差别。例如，选用强烈对比的色相或增大亮度、纯度、尺寸差别，可起到增强选择感的效果。

2. 等级感

等级感是指符号图形被观察时能迅速、明确地产生的等级感受效果。客观事物现象有等级之分，普通地图、专题地图上的符号等级感是非常重要的。尺寸、亮度是形成等级感的主要视觉变量，如居民地图形符号的大小、道路的粗细等（图 3-4）。将色相、纯度、网纹和亮度变量结合，也可产生等级感，但等级感没有尺寸、亮度那么显著。

3. 数量感

数量感是指读图时从符号的对比中获得的数量差异感受效果。等级感易辨识，但数量感则需要对符号图形进行认真比较、判断和思考，其受读者的文化素质、实践经验等影响较大。

尺寸是产生数量感最有效的视觉变量。简单的几何图形如圆、三角形、正方形、矩形等，其可量度性强，所以数量感较好（图3-5）。图形越复杂，数量感的差别准确率越低。

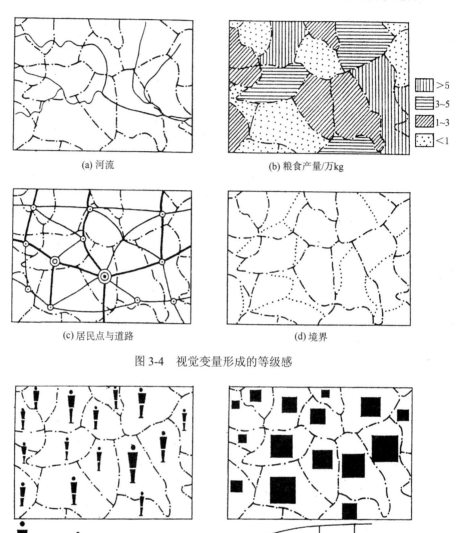

(a) 河流

(b) 粮食产量/万kg

(c) 居民点与道路

(d) 境界

图 3-4　视觉变量形成的等级感

(a) 农科人员分布

(b) 资金流通/万元

图 3-5　尺寸变量引起的数量感

4. 质量感

质量感是指被观察对象能被读者区分成不同的类别或性质的感受效果。质量（主要指制图对象的类别、性质等）的概念主要依据形状和色相变量产生。如实心三角形表示铁矿，实心正方形表示煤矿；绿色表示平原，橙色、棕色表示山地，蓝色表示水体等。总体而言，形状和色相结合产生的符号的质量感最有效，网纹和方向在一定条件下也可产生质量感，但效果不如形状和色相明显，不宜单独使用。

5. 动态感

动态感是指阅读符号图形能使读者产生一种动态的视觉感受。一般情况下单视觉变量较难产生动态感受，但一些视觉变量在有序地排列和变化下便可产生动态感（图3-6）。箭形符号是一种常用的、特殊的反映动态感的有效方法。动态感和形状、尺寸、方向、亮度、网纹等视觉变量有关。位置变量也可产生动态感。例如，古今河道位置的变化会产生河流变迁的动态感觉。

图3-6 视觉变量形成的动态感

6. 立体感

立体感是指通过视觉变量组合使读者从二维平面上产生三维空间的视觉效果。一般根据空间透视规律组织图形，利用近大远小（尺寸）、光影变化（亮度）、压盖遮挡、色彩空间透视、网纹变化等形成立体感（图3-7）。

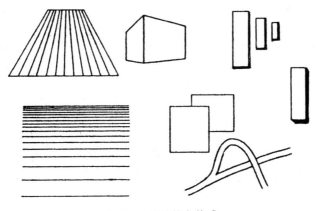

图3-7 符号的立体感

第三节 地图符号的设计

一、地图符号设计的基本原则

地图符号设计以"能快速阅读、牢固记忆"被最广泛的读者所接受为基本出发点。地图符号系统的使用与地图的主题、内容、比例尺、用途和使用方式密切相关，因此不同地图的符号设计会有不同的要求，也就产生了不同的符号系统，但所有地图符号都有一些必须遵循的基本原则。

1. 形状要图案化

符号的形状应反映景物的实际形态和特征。设计地图符号时，要以景物的真实形状为主要依据，经概括、抽象，达到图案化，且要清晰易读，便于绘制。图案化要突出地物最本质的特征，舍去次要的碎部，使图形具有象形、简洁、醒目和艺术的特点，使读者能"望文生义"。图案化的过程，也是一个艺术概括和综合的过程。图3-8显示了符号的图案化过程。

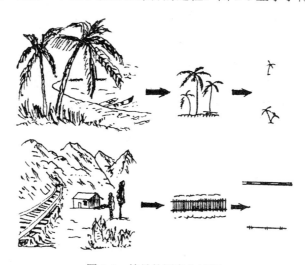

图 3-8 符号的图案化过程

这种符号类似于各种体育比赛的象征符号一样，经过了高度概括、抽象，使符号达到形象易于联想、简单易于绘制、明显易于阅读的效果。简而言之，地图符号须反映现实、高于现实，且具有显著的特点。对于一些无明显形状的事物，如境界线、行政等级，则采用会意性符号，以几何图形为基础，经适当变化，简单组合而成。

2. 种类要简化

符号的种类并不是越多越好，符号太多不能快速阅读，给读图带来困难，因此需要科学思维使人们能用简单代替复杂。具体来讲，性质相同且外形特征类似的物体，可用同一种符号作为基础，加以适当变化来区别。例如，在交通图上表示单轨、双轨铁路时，只需在同一线状符号上绘以不同数目的相同短线即可。另外，符号本身的形状也是越简单越好，简单符号由于笔画较少、结构简练，易于阅读和记忆，绘制也方便。例如，用飞机符号表示机场和着陆场，用铁锚符号表示港口和停泊场，就非常有利于读者阅读。因此，在设计地图符号时，能用简单而生动的符号，就不要用复杂而呆板的符号。

3. 符号要有对比协调性

符号是对比性和协调性相统一的。符号的对比性指不同符号间应区别明显、主次分明。对比性是指借助于符号视觉变量如形状、大小、色彩、网纹、方向等多种变化，使之能相互区别。凡较重要的物体，其图上符号应突出醒目，使读者能快速感受，一般将其置于地图的第一层平面；次要、一般的物体，符号不宜太突出，将其置于第二层平面；再次者，则将其置于第三层平面或底层平面。例如，在交通图上，铁路用鲜明的黑色粗实线表示，航空线用蓝色实线表示；一般公路用橙色或棕色细实线表示等。

　　符号的协调性是指符号大小的相互联系及配合。例如，街道与公路、路与桥等，铁路与车站相连时，其宽度应一致。符号本身尺寸的配合也应协调，不要产生极大极小的差异。

4. 符号要有逻辑系统性

　　同一类符号，在其性质相近的情况下，通常应保持相似，使之在系统上具有一定的联系，以形成一种系列。例如，在表达古宝塔、铁塔、烟囱、亭阁、水塔、跳伞塔等点状地物时，一般都采用侧视符号。在表达线状地物时，线划的粗细和虚实，要能显示事物占有空间位置的大小主次。一般用实线表示稳定的（如常流河）、地上的（如铁路、公路）、准确的（如实测的等值线）和可见的（如旅游路线）制图对象；用虚线或点线表示不稳定的（如时令河）、地下的（如隧道、地下通信电缆）、不准确的（如推测草绘的等值线）和无实物（如境界线、航空线）的制图对象。例如，黑、棕、蓝色齿线分别表示人工的、天然的和水中的地物，通过与其他要素配合或本身的组合，可派生出大量的齿线符号系列。

5. 图形色彩要有象征性

　　符号设计要强化符号和事物之间的联系，通过符号视觉感受产生联想，加强读图者对制图对象的理解。五彩缤纷的大自然长期以来给人们形成了概念印象，使色彩逐渐形成了习惯象征含义。符号设计如能善于利用这种象征意义，尽量保留或夸大事物的形象特征保持形似，就会加强地图的显示效果。例如，水体用蓝色，植被用绿色，地势用棕色，热用红色，冷用蓝色等。

6. 总体要有艺术性

　　在保证符号科学性的基础上，一定要注意符号的总体艺术性。设计的符号应给人一种美的享受。符号本身应构图简练、美观，色彩艳丽、鲜明，高度抽象概括。符号与符号之间，则要求互相协调、衬托，成为完整系统。

　　符号设计工作是一项复杂而细致的科研工作，要广泛搜集，认真研究已有的各种符号，借鉴前人经验。此外，搜集国内外出版的各种优秀地图资料，分析有关地图符号的研究、试验论文，寻找拟设计对象的图像材料，如照片、图案之类。必要时要实地调查、写生、摄影，取得第一手资料。以上工作对符号设计均有极大的帮助。

二、影响地图符号设计的因素

　　地图符号设计是一个极其复杂的思维和实践过程，需要考虑各种因素的影响来表达统一的认识。符号设计和地图内容、区域资料特征、视觉要求、使用要求、制作与成本等因素密切相关。

1. 地图内容

地图内容是符号设计中需最先考虑的一项因素。内容决定形式，地图内容主要根据编图目的和用图者的需要来确定。不同制图目的就会选取不同的内容。除此之外，还和资料情况、使用方式、比例尺、经费来源等密切相关。同时，地图作者或地图编辑的主观因素，也会影响地图内容的确定。实际上内容的确定是符号设计前的编辑准备工作之一，它对地图符号设计有重要的影响。

2. 区域资料特征

在地图内容确定之后，应对其作充分的研究，并对需要表示在图面上的资料进行分析。这种分析包括以下几方面。

（1）所表示对象的实地分布特征。根据区域资料，对制图对象的空间分布特征进行分析，以便于确定采用点状符号、线状符号，还是面状符号。

（2）质量、数量的分级、分类标准。资料可根据不同的分级分类方法来处理，这对于符号设计极为重要。这种分级、分类标准，实质上是建立一套定性、定级、定量的资料处理标准。这种资料分析、分类标准是地图符号设计的前提。

（3）资料的质量。资料的质量优劣决定了地图的科学性，也决定了符号设计的水平。资料的质量包括可信程度（准确性、精确性）、现势性及方便使用程度等。有了质量的评价，符号设计就可采用相应的表示方法与之相对应。例如，实测的可靠数据用实线表示，推断的数据用虚线表示。

（4）资料所表示对象的外形特征。有些制图对象有明显的外形，这时就要分析它们的形状、颜色、结构特征，为符号设计提供依据。例如，设计象形符号，只有掌握了表示对象的显著特征，才能设计出具有最佳效果的符号。

3. 视觉要求

在视觉要求方面，地图符号设计主要考虑视力和视错角两个方面的影响因素。

（1）视力。视力（或视觉敏锐度）指人眼能分辨物体细微结构的最大能力。即能单独感受最小距离的两个光点的能力。此种能力对研究物体的形状大小有重要作用。人类肉眼正常视力能分辨两点的最小视角约为 1′角（1/60°），小于 1′角的两点一般分辨不清楚。因此，在地图符号设计中，确定一个最小直径的符号（如圆）或最小间隔的两条平行线时，应充分考虑人眼的分辨能力（表3-2）。

表3-2 不同目视距离的人眼分辨能力 （单位：mm）

目视距离	点的直径	单线粗度	实线间隔	虚线间隔	汉字大小
250	0.17	0.05	0.10	0.12	0.75
500	0.30	0.13	0.20	0.15	2.50
1000	0.70	0.20	0.40	0.50	3.50

（2）视错角。观看一个正常的图形时，因受其他线划或图形的干扰而产生的与原图形大小或形状等不一致的感觉，称为视错觉或视差。人眼的光觉、色觉、形觉、大小和距离的知觉敏锐度虽然很高，但有时因受周围环境影响而造成"错误"的感觉，是生理心理因素引起的现象。例如，人眼和大脑的分析器官所感知的信息不一致，眼前和过去的经验相矛盾，或思维推理的错误等，都是产生视错觉的原因。

心理因素不仅在空间的形象中会引起视错觉，在平面图形上同样会引起错觉。研究视错觉，对设计符号、图案很有帮助，它能使一个图形在不同的条件下给人以不同的感觉（图 3-9）。图形在不同条件下产生视错觉的例子还很多。例如，一个空心圆在黑底衬托下显得大些，在白底上却显得小些。这表明，一种效果往往会受到另一种环境效果的影响。例如，小比例尺地图上居民点的符号图形，由于图形结构、装饰线条长短、粗细稀密等组合排列不同，在互相干扰之下，便会出现不同的视觉感受效果。单个圆或同心圆，实心的、空心的、填绘平行线或涂上颜色的圆，即便半径完全相等，给人的感觉却截然不同。

图 3-9　符号的视错角

4. 使用要求

地图使用要求对符号设计有极大的影响。编图目的及用途、地图使用方式，是符号设计时需要认真加以考虑的因素。

地图是用于科研参考，还是用于一般的地图服务，符号设计的差别极大。不同编图目的及用途会使地图有不同的读者面，不同读者的总体知识水平（知识素质）、用图经验等水准不同，会使其对地图的感受能力有较大差别。参考图宜于选择抽象的几何符号，同时要求符号淡雅精细；而其他地图宜于选择说明性的象形符号，同时要求符号鲜艳醒目。

不同使用方式也影响到符号设计。地图究竟是桌面用图，在标准距离下阅读；还是墙面挂图，在较大距离下阅读；还是携带式地图，在室外阅读，其符号设计应不同。通常阅读距离小，查阅时间充足时，符号可设计为精致小巧式；阅读距离相对较大，且要求快速查阅时，则符号可设计为醒目直观式。

　　5. 制作与成本

地图符号的制作可采用三种方式：第一种是可直接在商用制图软件（如 ArcMap 等）的符号库中选择，但库中符号种类及数量有时达不到设计要求。第二种是利用商用制图软件（如 Coreldraw 等）的符号制作功能在计算机上设计制作，但受到软件功能的影响有些符号不易做出。第三种是手工绘画，在纸或其他膜片上画出符号，然后利用扫描仪扫描输入计算机。此法不太受限制，但要求制图者具有一定绘图能力。

所设计符号必须通过制印来体现，制印是成图质量好坏的重要环节。按我国 21 世纪以来的制印能力，一般能印刷出 0.1mm（有些可达 0.08mm）粗的线划及线划间隔。地图符号的实用尺寸，一般应比实验尺寸略大一点。地图使用表明，其基本线划粗度用 0.1mm，圆点用 0.2mm，注记字大以不小于 1.75mm 为宜。对不同用途的地图，应视具体内容及条件作适当调整，达到能绘、能印，清晰美观的目的。

任何符号设计都要考虑到经费核算。印制地图的经费昂贵，21 世纪以来印刷工艺水平的提高可使用较少的色数印出极其漂亮的地图。在符号设计中，能用较少的颜色就不要用较多的颜色。

三、点、线、面状符号的设计

　　1. 点状符号的设计

点状符号在图上所占面积相对较小，几何符号、象形符号、透视符号、文字符号都是点状符号。此处仅以几何符号为例讨论点状符号的设计。

几何符号是由一种或几种基本几何图形构成的符号。几何符号构图规则简单明了、易于定位，是地图中应用较多的符号之一。凡能用此种符号表示的事物应尽量采用。几何符号一般以圆形、方形、三角形等为基础进行变化，构成反映事物质量、数量特征的不同符号系统。符号视觉变量主要表现为形状变化、大小及内部变化和颜色变化等。

（1）形状变化。形状变化可反映事物的质量特征。地图上符号形状变化不能过于复杂，以免影响地图的易读性。

个体几何符号主要有轮廓形状变化和图形内部结构变化（图 3-10）。改变符号轮廓，可使圆的轮廓线发生粗、细和实、虚变化，其中轮廓线粗、实的对比性明显，其他几个不易区分。实践中，圆内常填颜色或线条。改变符号轮廓及内部结构后，同大的符号会产生大小不同的感觉。其中，黑白明显的符号区别效果较好。

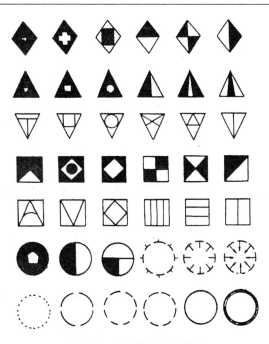

图 3-10　几何符号形状变化

　　改变符号结构。可用线条来填充圆、矩形、方形、三角形、菱形的内部，也可用黑白对比变化，表示多种统计数值的结构符号，可用圆的分割比率表示各种要素所占的百分比，但效果不如环形结构符号显明（图 3-11）。总体而言，这种符号除用网纹表示外，也可用不同颜色表示，且后者效果更好。

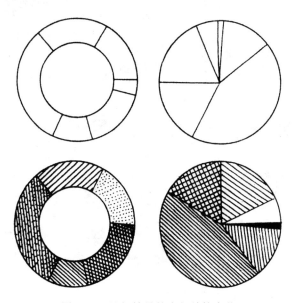

图 3-11　几何符号的内部结构变化

　　为提高符号的对比性，设计时应注意：改变轮廓线应以粗线条为主，不宜采用虚线、点线。内部变化的符号，以实虚结合为主。例如，用晕线变化符号内部结构，晕线间隔不宜太小，且晕线应比轮廓线细。

组合几何符号可抓住景物的本质特征，把个体几何图形生动地结合在一起，使其具有一定的代表性和象形特点（图 3-12）。表示人，则主要反映人的某种形态；表示动物，其特点是构图的线条配合恰当，夸张表现动物的典型特征；表示植物以外貌为主，突出总体，舍去局部；表示建筑物以正方形、三角形为主，用实虚结合表现几种房屋的不同特点；表示交通工具在于反映其一个侧面，图形夸张。

图 3-12　几何组合符号的形状变化

（2）大小及内部变化。几何符号的大小常用来表示制图对象的数量指标。设计时应注意以下几点。

与地图用途一致。设计符号首先应考虑地图用途，如教学挂图，比例尺一般都偏小，为适应教学要远看的要求，符号应设计大一些，线划应粗些，结构变化应简明；此外，同类符号基础应统一。参考地图内容相对多而复杂，符号应设计精细一些。

与事物等级一致。表示事物数量或分级的符号，其大小要与事物等级一致。确定符号的大小，应以最小一级的符号尺寸为基准，依次确定其他各级符号大小。同类符号形状应统一，大小应对比明显。同一种形状的符号大小，不能表示同一事物的两层含义，为使上下两级符号区别明显，需变化符号结构。例如，小比例尺地图上的居民点符号，一般兼有表示人口数和行政意义两层意义；又如，用圆表示居民点，圆的大小表示人口数的多少，圆的内部结构表示行政意义，两种关系均能表示出来。

几何符号立体装饰可进一步提高符号的直观性，使所表示对象更加鲜明。立体装饰形式有晕线、阴影、色彩装饰等。

（3）颜色变化。几何符号的颜色常用来表示事物的质量特征，颜色的差异比形状的差异更为明显，故表示重要的、主要的类别、性质变化。符号的颜色变化包括符号本身线划色和其内部面状色的变化，可用色相的变化表示不同的制图对象。设计几何符号要研究符号本身的形状、尺寸和装饰方法，也应注意符号的协调、对比关系。在同一幅地图中，要避免出现符号图形大小、线划粗细极为悬殊，或彼此不易区分、不协调的情况。

2. 线状符号的设计

线状符号是指长度依比例显示、宽度常不依比例显示，表示线状或带状事物的符号。地图内容大多都是利用线条来显示的，基本包括以下三种：一是表示线状或带状延伸的地物；二是表示类型或区域的分界线，如地貌类型界线、区划界线等；三是表示有形或无形的趋势面数量特征，如等高线、等压线、等人口密度线等。

（1）定性线状符号。单表示定名量表数据的线状符号为定性线状符号。通常符号的宽度不作变化，常使用色彩、形状等视觉变量来表示制图对象的性质类别。

色彩视觉变量的选择主要利用色彩的变化，不宜采用纯度或亮度的变化来设计。例如，用同粗的黑实线表示铁路，蓝线表示航空线（渠道或水涯线），红实线表示公路等。

形状视觉变量的设计主要使用一种或几种图形元素的重复、连续变化及虚实变化、图形变化，来表示制图对象的性质或类型，也可以是区划界线。图 3-13 所示为同粗线状符号的形状变化，有大致相同的感受效果。

（2）等级线状符号。等级线状符号是指表示顺序量表数据的线状符号。主要利用尺寸视觉变量表示制图对象的等级、强度；利用色彩、形状等视觉变量辅助表示。

尺寸变化（主要是线划粗细的变化）能较好反映制图对象的等级强度。例如，在某种比例尺的交通图上，用同为红色的 0.8mm 线条表示高速公路，0.5mm 线条表示一级公路，0.3mm 线条表示二级公路，0.1mm 线条表示三级公路。即用线条的粗细来区分顺序量表数据。

尺寸视觉变量可表达等级概念，但区分度不一定非常明显。实践中常使用色彩或形状变量辅助表达等级、强度概念。如上例，在用尺寸变化的同时，结合色彩变化，即高速公路用红色，一级公路用棕色，二级公路用橙色，三级公路用黄灰色，能较好地区别出等级。

等级线状符号如用尺寸变量结合形状变量来表达，则在变化线粗的同时，也变化线条的单双（线）、虚实、结构及附加短线（图 3-14），也可较好地表达等级、顺序、强度概念。

图 3-13　同粗线状符号的形状变化

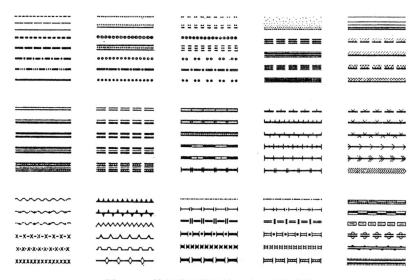

图 3-14　等级线状符号的尺寸、形状变化

（3）趋势面线状符号。趋势面线状符号是指表示连续分布、逐渐变化的实际或理论趋势面（前者如地势等高线，后者如人口密度等值线）按一定顺序排列的等值线、连续剖面线等线状符号组合。一般来说，呈面状分布的事物用面状符号表示较好，但在趋势面上将一定间隔测量或统计出的数值点连接成线并按一定顺序连续排列，却能很好地刻画出趋势面的数量特征及其总体概貌。例如，等高线至今还是表达地势的最好方法；反映人口疏密变化及其密度数量的人口密度等值线，能较好地表达人口分布状况。上述方法将在普通地图、专题地图章节中详述。

3. 面状符号的设计

面状符号是指表示实地呈面状分布事物现象的符号，常用轮廓界线的空间位置表示事物的空间分布，用轮廓内的晕线、花纹或色彩表示事物的质量、数量特征。具体包括晕线面状符号、花纹面状符号和色彩面状符号三种。

（1）晕线面状符号。晕线面状符号由不同方向、不同形状、不同粗细、不同疏密、不同颜色、不同间隔排列的平行线组成。其中，晕线方向、形状、交叉排列组合及粗细的变化可表示性质、类别数据（图 3-15）；晕线粗细、疏密、间隔排列的变化可表示数量、等级、强度（图 3-16）。

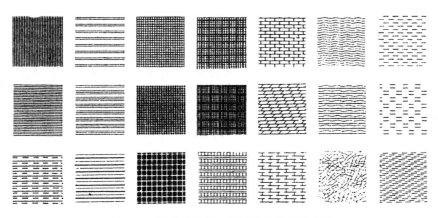

图 3-15　可表示性质、类别的晕线面状符号

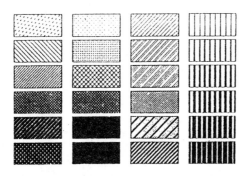

图 3-16　可表示数量、等级、强度的晕线面状符号

（2）花纹面状符号。花纹面状符号是由大小相似、不同形状、不同颜色的网点、线段、几何图形等花纹点构成。其中，花纹点的形状变化可表示性质、类别数据（图 3-17）；网点或短线段的疏密变化可表示顺序量表、间距量表和比率量表数据。花纹和晕线也可互相结合，构成千变万化的面状符号系列。

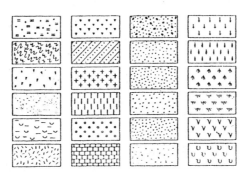

图 3-17　表示性质、类别的花纹面状符号

（3）色彩面状符号。色彩面状符号是指不同范围内的面状色（普染色）符号，其比晕线面状符号、花纹面状符号的鲜明性和视觉刺激力更强，表现力较好，较为常用。

不同色相的面状符号可表达定名量表数据；不同纯度、亮度和色相的变化可表达顺序量表、间距量表和比率量表数据。

设计面状符号时应注意：晕线面状符号、花纹面状符号强调面的概念（即整体感受效果），而不突出个体碎部；晕线面状符号的线条不宜过粗，和背景间的反差不宜过大；花纹面状符号的花纹点不宜太大，个体视觉感受不宜太突出，花纹点间隔不宜太大；晕线面状符号、花纹面状符号图面载负量较大，不宜和线状符号叠加配合，但却和色彩面状符号较易配合；色彩面状符号常用浅色系列，图面载负量小，宜和线状符号、点状符号叠加配合。计算机制图的飞速发展，使得复杂的晕线、花纹符号设计逐渐转变为直接在制图软件或在出版系统符号库中选择现成的晕线、花纹符号问题，地图符号设计变得越来越简单，但符号设计的原理却是设计者必须掌握的理论基础。

第四节　地　图　色　彩

色彩极为复杂，研究方法多样。物理学家研究色彩的电磁波谱，化学家研究颜料的物质元素和分子结构，生理学家研究眼脑通道感受色彩的生理机制，心理学家研究色彩的心理感受特征，文学家、艺术家和服装设计师研究色彩的美学特征，制图学家研究色彩制图设计。但由于研究目的不同，认识色彩的观点也不同。本节主要从地图的角度，探讨色彩的基本知识及色彩设计。

一、色彩概述

1. 色彩的形成

自然界中的各种物体都具有自身的色彩。不同的色彩是由光的作用和人的视觉而形成的。色彩是光作用到人眼刺激视神经而产生的感觉。

当光照射物体表面时，由于物体具有吸收、反射和透射特性，一部分光线被吸收；另一部分光线被反射或透射，后者的光线即表现为该物体的色彩。物体呈白色，是因为照射的光被全部反射出来；物体呈黑色，是因为照射的光被全部吸收。因此不同地物会形成不同的色彩用于区分事物信息。万物能形成色彩，是由于光的客观存在。主观感觉方面，是由于光刺激引起视觉感官反应。眼睛的视网膜具有感光层，感光层由柱状细胞和锥状细胞组成，它们能强烈吸收光，同时发生物质化学分解作用，这是视觉刺激的根源；然后通过神经传至大脑，从而形成色的感觉。锥形细胞具有红色、绿色和蓝色三个光谱区色光感受物质，分别对不同光谱区的色光可进行感受，而形成红色、绿色、蓝色感觉。其他色彩感觉，是由于这三种或两种，同时或分别对不同光谱区色光发生感受的混合结果。例如，黄色感觉是同时发生红色、绿色感受的混合；青色是绿色、蓝色感受的混合；品红色是红色、蓝色感受的混合；白色是同时发生红色、绿色、蓝色同等感受的混合；黑色是由于三种物质均不发生感受。灰色也是同时同等发生三种感受的混合，但感受强度均次于白色，感受强度越大，灰色感觉越浅；反之则越深。

2. 色彩三要素

一切色彩可以分为两大类：一是白、灰、黑等非彩色称消色；二是除消色之外的彩色，如红、橙、黄、绿、青、蓝、紫色等，称彩色。色彩除了用具体颜色表述外，还可以采用色相、亮度和纯度等三要素来表达色彩的特征。

1）色相

色相也称色别，指色彩不同的固有相貌，体现色彩质的差异。如色光中红、橙、黄、绿、青、蓝、紫等色。任一色相，都是由其投射或反射到人眼中的光波来确定的。色相的不同，实际上是光波波长的不同。颜料（水彩颜料、水粉颜料、照相透明颜料、丙烯画颜料等）、印刷油墨的色可构成闭合色环。

2）亮度

亮度也称明度或光度，指色彩本身的明暗程度，也指某色反射色光的强度，常用明暗、强弱表示。不同色相之间会有亮度差异。例如，色彩中的黄色亮度最强，品红、绿色中等，紫色亮度最弱。据赫斯特（Hurst）研究：白色的亮度如为 100%，黄色、橙色、绿色、青色（和红色）、紫色、黑色的亮度依次为：78.9%、69.9%、30.3%、4.9%、0.1%、0.0%（青、红亮度相同）。

同一色相受光照强弱不同，亮度也会有所不同。具体表现为光照越强，色彩亮度越大，反之则亮度越小。如按光照强弱区分，绿有明绿、绿和暗绿之分。同一色相，如在其中增加白色成分，则亮度增加；如在其中增加黑色或灰色成分，则亮度减小。对亮度最直观的解释是非彩色的亮度变化，即白—灰—黑逐渐过渡的灰阶变化。

3）纯度

纯度也称饱和度或色度，指色彩的纯洁程度，也指色彩接近标准色的程度。正午日光通过三棱镜被折射而分解出的光谱色纯度最高，被认为是各色的标准色。某色越接近其标准色，它的纯度越高，色彩越鲜明；反之则纯度越低，色彩越灰暗。颜料油墨加工、调制的过程中，总会掺入一些杂色，故 100%纯度的色彩是不存在的。

色彩的三个基本特征密切相关，对同一色相，当其纯度变化时，亮度也随之改变。例如，同一蓝色颜料，渐加入不等量白色颜料或水，蓝色纯度渐低，而亮度渐增大。如果逐渐加入不等量的灰色颜料，蓝色纯度渐低，但其亮度变化要由加入的灰色和原蓝色亮度的比较来确定，如果加入的灰色比原蓝色亮度大，变化后的蓝色亮度则增大；反之则减小；如果加入灰色的亮度和原蓝色亮度相同，则变化后的蓝色亮度不变。

彩色均具有色相、亮度和纯度的区别，但消色仅有亮度差异，而无色相、纯度变化。

3. 色彩的混合

两种以上色彩相加构成一种新的色彩，称为色彩的混合。色彩的混合分为色光的混合和颜料色的混合两种。色光三原色（红、绿、蓝）混合得到白光，而颜料油墨三原色（品红、黄、青）混合则得到黑色。

色光混合为加色法混合。其原色光混合：红光 R+绿光 G=黄光 Y（相当于从白光中滤去蓝光）；红光 R+蓝光 B=品红光 M（相当于从白光中滤去绿光），蓝光 B+绿光 G=青光 C（相当于从白光中滤去红光）。在原色光中，任二原色光混合所得色光，与另一原色光互为补色光，其相互混合得白光，即补色光混合：红光+青光=白光，绿光+品红光=白光，蓝光+黄光=白光。任一原色光与其补色光混合的实质是三原色光的混合，故得白光。色光混合相混的色光越多，所得色光越明亮，越近于白色，故称加色法混合。国际照明委员会（Commission Internationale de I'Eclairage，CIE）对三原色波长规定为：红光 700nm，绿光 546.1nm，蓝光 435.8nm。红光为大红（略带黄的品红），绿光为鲜绿，蓝光为青紫（略带红的青）。

颜料油墨色混合为减色法混合。

1）三原色

品红、黄、青是颜料油墨色的三原色，又称第一次色，是调配其他任何色彩的基本色，所以又叫母色。各种颜料油墨色均可由三原色混合而得，但三原色却不能由其他颜料油墨色混合得到。三原色等量混合即得黑色。

2）三间色

是由两种原色混合所得到的颜色，又称第二次色，如品红与黄可混合成橙色，品红与青可混合成紫色，黄与青可混合成绿色。二原色混合时，若比例不同，可以混合成一系列不同的间色，如红橙（红多黄少）；黄橙（黄多红少）；青紫（青多红少）；黄绿（黄多青少）等。

3）六复色

由两种间色或三原色不等量混合所得到的颜色，又称第三次色。如橙与绿混合成橙绿色（黄灰色）；紫与绿可混合成紫绿色（青灰色）；橙与紫混合成橙紫色（红灰色）等。在混合时，随着比例的不同，可以调出更多的复色。复色一般都含有三原色的成分，所构成的色相纯度较低，不如间色那样饱和。

在实践中，调色时并非完全依靠三原色来调配所需的各种间色和复色，常可直接使用各种现成的颜料、油墨间色和复色。

4）互补色

三原色中，任意两个原色等量混合所得间色，与另一原色互为补色。如黄与紫、品红与绿、青与橙。互补色混合得到黑色。如黄+紫=黑，品红+绿=黑，青+橙=黑。互补色混合实质是三原色的混合。

颜料油墨三原色和色光三原色的关系极为密切。任一颜料油墨三原色实际为白光中减去某一原色光所得的颜色。例如，品红色是白光中减去绿光所得；黄色是白光中减去蓝光所得；青色是白光中减去红光所得。颜料三原色品红、黄、青混合，相当于从白光中减去三原色光绿、蓝、红，故结果为黑色，减色法混合即由此而来。

加色法混合和减色法混合的区别可用表 3-3 说明。

表 3-3　加色法混合和减色法混合的比较

比较项目	加色法	减色法
使有对象	电子地图；计算机制图；电子出版系统	地图编绘；样图制作；地图制印
三原色	红光谱区；绿光谱区；蓝光谱区	品红，黄，青（每色皆可反射二光谱区色彩）
三间色	黄=红+绿；品红=红+蓝；青=绿+蓝	橙=品红+黄；紫=青+品红；绿=青+黄
三原色混合	红+绿+蓝=白	黄+品红+青=黑
互补色混合	红+青=白；蓝+黄=白；绿+品红=白	品红+绿=黑；青+橙=黑；黄+紫=黑
混合结果	色彩更鲜亮	色彩更暗淡

续表

比较项目	加色法	减色法
混合方式	色光连续混合（色光转盘）；显示器成色原理	颜料或油墨混合；透明色层叠合（油墨叠加、色膜片重叠）
混合的实质	色光空间混合，总亮度加大；直接光混合，混合光为各原色光亮度之和；反射光混合，混合光为各色光的平均亮度	颜料、油墨混合，总亮度降低；光是产生色彩的根源；物质的色彩是该物质对光谱中某些色光实现了吸收，某些色光进行了反射的结果

二、色彩的表示与感觉

1. 色彩的表示

1）蒙赛尔色彩表示法

蒙赛尔色彩表示法由美国艺术家蒙赛尔（Munsell）建立，国际上应用较普遍。该法由一个色立体来表示色彩三大要素，类似于一个由色相、纯度和亮度三个参数组成的立体空间坐标系。坐标系中心垂直消色轴表示亮度（Value）V 变化，顶为白色，亮度为 10；底为黑色，亮度为 0；白至黑之间，为亮度渐变的 9 级灰色，亮度变化范围为 9～1。围绕竖轴的水平圆环表示色相（Hue）H 变化，5 种基本色相按红 R、黄 Y、绿 G、蓝 B 和紫 P 顺时针排列；5 种间色：黄红 YR、绿黄 GY、蓝绿 BG、紫蓝 PB 和红紫 RP 则由基本色派生，上述 10 种色相前均冠以"5"字来表示；这 10 种色相再各分为 10 种色，共有 100 种色相。横轴表示纯度（Chroma）C 变化，横轴和竖轴交点 C 值为 0，距竖轴越远，C 值越大，C 值分别用 2，4，6，…，12，14 数值表示（图 3-18）。色立体内可标定任一色彩的 H、V、C，标志为 HV/C，即色相、亮度、斜线、纯度。如 5G6/10，5G 为基本色相绿色，6 为亮度值，10 为纯度值。

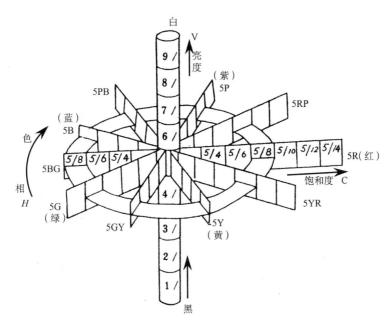

图 3-18 蒙赛尔色立体结构图

2）色彩命名法

色彩命名法简称色名法，在实践中总结而产生，应用较广泛。

植物名命名：如柠檬黄、米黄、桃红、橘红、枫叶红、苹果绿、葱绿、栗色、咖啡色、洋葱紫等；动物名命名：如孔雀蓝、海豹灰、鸭蛋青、鸡冠红等；金属名命名：如钢灰、银灰、金黄、铁锈红、铁棕、铜绿等；明暗、深浅命名：如明绿、暗绿、浅黄、深黄等；拼写命名：如青绿（绿色偏青）、黄绿（绿色偏黄）、黄橙（橙色偏黄）等。

3）色谱表示法

根据彩色图像复制和色度学理论，以标准化为目标，以黄、品红、青、黑四色为基础，把不同比例的网点颜色相互交叉叠印，并按一定规律排列，得到许多标准色块即为色谱。可为地图、印刷、美术、装潢、广告设计图像处理工作者提供重要色彩参考依据。

色谱常包括：黄、品红、青、黑双色套印部分（地图四色印刷参考依据）；黄、品红、青三色套印部分；红、棕、黄、橘黄、绿、蓝、紫、灰、浅蓝、深蓝双色套印部分（专色套印）和彩色试验样张。网点比例常分为 5%，10%，15%，20%，30%，40%，50%，60%，70%，80%等。

4）色彩数据库表示法

为满足数字制图的需要，在电子、出版系统及有关的计算机制图软件中，常设置色彩数据库供制图使用，可生成海量有效色彩。如计算机直接制版（computer to plate，CTP），其色彩管理软件采用国际照明委员会的标准色，覆盖了整个可见色域，支持 Windows 操作系统，可基本做到屏幕显示与原稿、印刷效果图一致。

2. 色彩的感受与象征性

1）色彩的感受

不同的色彩，由于其波长和自然界物体颜色联系的不同，会给人以不同的感受。

冷暖感：红、橙、黄和阳光、火、血液色相同，有暖的感受；青、蓝、蓝紫和海水、月光、阴影色相近，有冷的感受。故红、橙、黄称为暖色，青、蓝紫称为冷色。消色白和白雪色相同，属冷色；黑属暖色，灰属中性色。

远近感：眼睛看波长较长的暖色时，晶状体稍“凸起”，使人有近感；青、蓝、紫使人有远感；亮度大的有前进感，小的有后退感；纯度大的有前进感，小的有后退感。

兴奋与沉静感：暖色给人以激动、兴奋、刺激之感；冷色给人以沉静感；绿、紫介于二者之间，属中性色。

轻重感：色彩的轻重感主要取决于亮度。例如，明色感到轻，暗色感到重。若亮度相同时纯度小的色比纯度大的色感到轻；色彩相同时，淡色比浓色感到轻。

华丽与朴素感：色彩纯度高有华丽感，低有朴素感；亮度大华丽，亮度小朴素；金银色华丽，黑、灰色朴素。

色彩的感受是相对的，例如，青与紫在一起，青比紫要显得更冷一些；土黄与柠檬黄都属于暖色，但比较起来，土黄偏暖，柠檬黄偏冷。

2）色彩的主观象征

色彩是物体在一定光照条件下人眼感受的产物，必然就会在人脑中出现主观象征。人们对色彩的偏爱受国家、民族和地区的影响很大。例如，中国人喜欢红，欧洲人喜欢白，北美人喜欢蓝等。这种喜爱往往和色彩的联想有关。例如，红使人想到红花、血液，橙使人想到橘子、霞光，黄使人想到阳光、黄花，绿使人想到幼苗、树木，蓝使人想到天空、海洋，白使人想到白雪、白云，黑使人想到夜晚，光泽色使人想到金、银等。色彩的主观象征（表 3-4）在制图中要善于应用，在选择制图对象色彩时应充分考虑色彩的联想及其主观象征。

表 3-4　色彩的主观象征

色彩	主观象征
红色	活泼、生命、血、火、热、热情、艳丽、喜庆、忠诚、勇敢、欢乐、激动、兴旺、进步、温暖、危险、愤怒、灾害、恐怖
橙色	收获、秋天、中午、美味、富裕、火、关心、活力、明亮、华丽、兴奋、愉快、辉煌、饱满
黄色	快乐、光明、年轻、明亮、灿烂、丰硕、快活、乐观、春天、甜美、芳香、颓废、病态、憎恨、奢侈
绿色	旅游、年轻、春天、自然、疗养、生命、活泼、兴旺、和平、单纯、幼稚、贪婪、妒忌
蓝色	深远、晴朗、崇高、冷静、真实、纯洁、智慧、深沉、寒冷、孤独、忧郁、拘谨、约束
土黄色、土红色	温暖、快乐、高贵、根本、友好、暖和、舒适、深厚、庞大、稳定、沉着、保险、单调、压抑
紫色	尊严、高贵、优越、幽静、奢华、毒辣、恐怖、不安、苦涩
白色	清洁、光明、纯洁、和平、爽快、坚贞、冷凉、哀伤、不祥
黑色	严肃、庄重、坚毅、休息、安静、沉思、恐怖、忧伤、死亡、哀悼
灰色	高雅、精致、储蓄、平静、沉默、平淡、压抑、单调、枯燥
光泽色	辉煌、华丽、活跃

3）惯用色彩

惯用色彩是指在制图实践中总结出的常用色彩，其表示的地图要素已约定成俗，在制图中要尽量采用。例如，绿表示旅游、园林、树林、花卉、草原、平原；蓝表示河流、湖泊、泉水、瀑布等水体及湿润、冰雪、航海线、航空线；黄、土黄表示干旱、光照；红表示道路、干燥及最突出的制图要素；棕表示山地、丘陵、高原、等高线、交通；黑表示铁路，居民地及注记等。

三、地图符号的色彩设计

1. 地图符号色彩设计的基本要求

色彩设计优秀的地图，必须主题鲜明，层面丰富，内容清晰，色彩协调，表现力强，能使读者爱不释手。概括地说，就是既有对比性，又有协调性，内容和形式达到统一。地图的色彩设计，实际上是怎样在对比中求协调，在协调中求对比，正确处理对比和协调这一对矛盾。对比指地图整体中各个组成部分在符号色彩方面的区别与差异，有差异就会形成对比。协调指图面上各种色彩形式具有某些共同特征、恰当的比例和彼此相互关联、依存、呼应的关系，形成整个图面是一个有机整体。协调的色彩设计必然是"悦目"的，能够吸引读者；失败的色彩设计必然是"刺眼"的，使读者丧失阅读兴趣。

一幅地图通常由点、线、面三种符号构成，点状、线状符号所占面积较小，一般用纯度大的色彩（纯度可达 100%）形成强刺激；面状符号所占面积相对较大，且具有背景、底色的含义，故常使用浅色调、亮度较大的色彩，能和点状、线状符号形成"层面性"。另外，要考虑利用符号色相、亮度和纯度的变化，表达制图对象的空间分布范围、质量特征、数量指标、内部结构及发展动态等。

2. 地图符号色彩的配合类型

地图符号色彩的配合类型复杂多样，常采用以下几种方案：①同种色配合，将某色相逐渐变化其亮度或纯度，分成不同色级，其协调性最好但对比性最弱。②类似色配合，色环上凡相差在90°范围内的各色都含有共同色素，称为类似色，其配合协调性较好但对比性较弱。③对比色配合，色环上任一色和与其相隔 90°以外、180°以内的各色皆称为对比色，这种配合对比性较好但协调性较弱。④原色配合，为对比色配合特例，三原色的三种或两种原色配合在一起对比强烈、单纯质朴，但协调性较弱。⑤互补色配合，为对比色配合特例，即色环上相差180°相对的两色配合，这种配合对比性最强烈，协调性最差。

3. 色彩三要素的设计

1）色相的选择与设计

色彩三要素中色相是最能引起人兴趣的要素，也是色彩的第一量值。人们常偏爱或厌恶一些颜色，看某物外观时，一般先于亮度或纯度指出它的色相。色相的主观象征使得其具有文化内涵，并在生活生产实践中得到应用。例如，喜事用红色，丧事用黑色等。不同色相的视觉感受力不同，且因人而异。若不考虑亮度，色相对大多数人眼睛的吸引力（即敏感度）按红、绿、黄、蓝、紫的顺序排列。

色相的变化常用来表示制图对象的类别和性质。色彩设计时要特别注意习惯用色。色相是表示质量特征最理想的色彩要素。色相的类似色组合模式，既可表示制图对象的质量特征；又可表示其数量指标。例如，绿色、黄绿色、黄色，既可表示已开发、正在开发和未开发的旅游区；又可表示旅游资源密度高（如30%）、中（如20%）、低（如10%）的旅游区。色相变化配合其亮度或纯度的变化，可表示制图对象的数量指标。

2）亮度的设计

亮度是决定清晰性和易读性的基础，在决定图面分辨率时有重要作用。从可感受性观点看，亮度是最重要的色彩要素。亮度对比越大，分辨率越高，清晰易读性越好。从生理学观点看，人眼对亮度的差别并不敏感，认出某一特定亮度的能力是有限的。故符号设计对同一色相的亮度变化最好限制在5～6级，不宜过多。

亮度变化具有传输数量变化的含义，故常用来表示制图对象的数量指标。暗色一般表示的数量指标大，亮色表示的数量指标小。因为亮度变化常被赋予数量含义，所以用它表示质量特征要特别慎重，往往是和色相变化结合在一起表示质量特征。亮度变化的色彩组合模式有同种色组合、类似色加亮度变化组合、对比色加亮度变化组合等。

3）纯度的设计

将某彩色和中性灰比较有助于理解纯度概念。给中性灰中渐加入不等量某彩色，纯度由0%渐变为100%（完全饱和）。消色的纯度为0。人眼对纯度变化的敏感性同样也不强。纯度和亮度的关系极为密切，某色相纯度的变化必然引起亮度的变化，亮度差是由纯度变化引起的。在制图实践中，纯度不如色相和亮度那样有用，但它却很重要。纯度变化常用来表示制图对象的数量指标。纯度越大，表示的数量意义越大，反之亦然。纯度变化也可表示制图对象的质量特征，但常和色相变化结合，使其象征性更强。纯度设计的色彩组合模式有同种色组合、类似色加纯度变化组合、对比色加纯色变化组合等。

第五节　地 图 注 记

地图注记是地图符号系统中不可缺少的一个组成部分，对地图符号起着重要的补充作用。

一、地图注记的功能

1. 表明制图对象

地图注记和符号结合，可表明各种制图对象的名称、位置和类型，如上海、秦岭、黄海、36°（纬度）等各种地物、地理名称。

2. 标明制图对象属性

各种说明性的文字、数字注记，可指示制图对象类别、性质和数量特征。例如，湖泊中的"咸"字指咸水湖；果园符号中的"苹"字指苹果园；公路符号中的"沥"字指沥青路面；也可用阿拉伯数字说明河流流速、水深，公路宽度，陡坎高度等。

3. 转译说明功能

有时在地图上还需要用文字说明才能让读者真正理解地图符号的真实含义，达到进一步传输地图信息的作用，不至于影响读者对地图符号的正确解读。

二、地图注记的类型

地图注记分为名称注记和说明注记两大类。

1. 名称注记

名称注记是用文字注明制图对象专有名称的注记。例如，省、市、县的行政区域名称，江河、湖海等水系名称，山地、平原等地貌单元名称，铁路、公路和机场等交通名称，以及其他制图对象的名称注记。

2. 说明注记

说明注记分为文字说明注记和数字说明注记。文字说明注记是用文字说明制图对象的种类、性质或特征的注记，如湖泊的"淡""咸"等注记；数字说明注记是说明制图对象数量特征的注记，如经纬度、等高线高程等。

三、地图注记的要素

地图注记的要素包括：字体、字向、字大、字距、字色、字位和字列。

1. 字体

字体即字的形状，在地图上常用来表示制图对象的名称和类别、性质。例如，宋体常用于表示较小居民地注记，左斜或右斜宋体表示水系名称，扁宋体、竖宋体用于表示图名、区域名，黑体（等线体）用于图名、区域名和大居民地注记，细黑体用于小居民地和说明注记（最小注记的常用字体），耸肩黑体用于山脉名称，长黑体用于山峰、山隘名称，扁黑体用于区域名称，长、扁黑体也用于图名和图外注记，仿宋体多用于表示较小居民地名称，隶体、魏体常用作图名、区域名表面注记，美术体多用于图名。

2. 字向

字向是指注记文字字头所朝的方向，分为直立字向和斜立字向。地图注记中除道路、河流、等高线等线状地图的注记的字向随地物方向变化外，其他绝大部分注记的字向都是朝北的。等高线高程注记的字头规定朝向高处。

3. 字大

字大是指注记字的大小，常用来反映被注对象的等级和重要性。越是重要的事物，其注记越大，反之亦然。例如，居民地注记大小，按照其行政等级和隶属关系，依首都，省（自治区、直辖市、特别行政区）、市（地区、自治州、盟）、县（区、旗、县级市）、乡（镇、街道）的层次关系，注记逐渐变小。

4. 字距

字距是指注记中字间的距离大小。字距大小以方便确定制图对象的分布范围为依据，且每一单体对象注记的字距应相等。点状物注记字距小，线状物注字距较大，面状物注记字距根据所注面积大小来确定。

5. 字色

字色即字的颜色，与字体作用相同，常结合字体变化用于增强类别、性质差异。例如，水系注记用蓝色，等高注记用棕色，区域表面注记用红色，居民地注记用黑色等。

6. 字位

字位是地图注记相对于被注记地物的位置关系。注记摆放的位置应由地物的性质和周围情况综合而定。注记应指示明确，主次分明，尽量排列在空白处，不要压盖其他线划或注记，并以能反映被注记地物的空间分布特征为基本原则。

7. 字列

字列即字的排列，其形式由被注记地物的特点所决定，一般可分为水平字列、垂直字列、雁行字列、屈曲字列 4 种排列形式。

四、地图注记的配置

地图注记的配置就是选择注记的位置，因此地图注记配置以能明确标明被注对象，尽量排列在空白处，不压盖切断其他线划或注记，并能反映被注地物的空间分布特征为基本原则。

1. 点状地物注记配置

点状符号的注记应以水平字列配置，且多置于其右方，注记可沿纬线方向排列或平行于上下图廓线。

2. 线状地物注记配置

线状符号的注记常用水平字列、垂直字列、雁行字列或屈曲字列设计编排，且注记轴线应与符号平行或依符号轴线排列。

3. 面状地物注记配置

面状符号的注记多用雁行字列或屈曲字列，配置在符号相应面积内，并沿符号中部的主轴线布设。在同一幅地图上，同一类地物注记的配置方式要一致。

复习思考题

1. 什么是地图符号和地图符号系统?地图符号的实质是什么?
2. 地图符号有哪些特征?
3. 地图符号如何进行分类?
4. 地图符号的定性量表、顺序量表、间距量表和比率量表有何区别?
5. 地图符号视觉变量包括哪些元素?其视觉感受效果是什么?
6. 地图符号设计有哪些基本原则?影响地图符号设计的因素是什么?
7. 如何设计点状、线状、面状符号?
8. 试述色彩的三要素。
9. 利用蒙赛尔色立体如何表示色彩?
10. 加色法和减色法的区别是什么?
11. 如何认识色彩的感觉?红色、绿色、黄色具有哪些象征性?
12. 地图注记的构成元素是什么?如何配置点状、线状、面状符号的注记?

参 考 文 献

蔡孟裔, 毛赞猷, 田德森, 等. 2000. 新编地图学教程. 北京: 高等教育出版社.

何宗宜, 宋鹰, 李连营. 2016. 地图学. 武汉: 武汉大学出版社.

罗宾逊 A H, 塞尔 R D, 莫里逊 J L, 等. 1989. 地图学原理. 5 版. 李道义, 刘耀珍译. 北京: 测绘出版社.

马耀峰. 1995. 符号构成元素及其设计模式的探讨. 测绘学报, (4): 309-315.

马耀峰. 1996. 旅游地图制图. 西安: 西安地图出版社.

马耀峰. 1997. 专题地图符号构成元素的研究. 地理研究, (3): 23-31.

王家耀, 孙群, 王光霞, 等. 2014. 地图学原理与方法. 2 版. 北京: 科学出版社.

吴金华, 杨瑾. 2011. 地图学. 北京: 地质出版社.

尹贡白, 王家耀, 田德森, 等. 1991. 地图概论. 北京: 测绘出版社.

俞连笙. 1995. 地图符号的哲学层面及其信息功能的开发. 测绘学报, (4): 259-266.

俞连笙, 王涛. 1995. 地图整饰. 2 版. 北京: 测绘出版社.

张奠坤, 杨凯元. 1992. 地图学教程. 西安: 西安地图出版社.

张力果, 赵淑梅. 1991. 地图学. 2 版. 北京: 高等教育出版社.

赵耀龙, 易红, 郑春燕, 等. 2016. 地图学基础. 北京: 科学出版社.

祝国瑞, 郭礼珍, 尹贡白, 等. 2010. 地图设计与编绘. 2 版. 武汉: 武汉大学出版社.

祝国瑞, 苗先荣, 陈丽珍. 1993. 地图设计. 广州: 广东省地图出版社.

Dent B D. 1990. 专题地图设计原理. 游雄译. 北京: 解放军出版社.

第四章 制图综合

本章要点

1. 掌握制图综合的概念；制图综合的原则；制图综合的方法和影响制图综合的主要因素。
2. 认识制图综合的基本过程。
3. 了解计算机制图综合的原理；制图综合自动化趋势。
4. 一般了解计算机制图综合发展轨迹。

第一节 制图综合概述

一、制图综合的基本概念

地图制图是以缩小的形式来表示地表制图区域内的各种事物现象。由于图幅面积的有限性，不可能将制图区域内的全部事物完整无缺地显示在地图上，只能根据地图的用途、比例尺和制图区域的特点，选取较重要的物体表示在地图上，以概括、抽象的形式反映出制图对象带有规律性的类型特征，而将那些次要的、非本质的物体舍掉。这个过程称为制图综合，又称地图概括，它是通过选取和概括的手段来实现的。

"选取"指选择那些对制图目的有用的信息，就是从大量的客观事物中有重点地选择一部分地理要素，在地图上着重表现它们的主要特征，而对一些非重要的要素则舍去，不在地图上表现，所以又称为取舍。例如，选出较大的或重要的，而舍去较小的河流、居民地、道路等。有时根据需要也可以把某一类物体全部舍掉。例如，全部的土质都不表示；道路中的小路全部删去等。

"概括"指的是对选取的地图要素在保证其地理特征的前提下，对其形状、数量、质量特征进行简化，也就是说，对于那些选取的信息，在比例尺缩小的条件下，能够以需要的形式传输给读者。一般是在完成了选择后对选取的信息进行概括处理。

制图综合的实质就是解决广阔地表制图区域内繁多的地理事物与有限地图图幅面积之间的矛盾。在具体编图过程中，这种矛盾主要表现在两个方面：即正确处理地图的详细性与概括性的矛盾和正确处理地理各要素的几何精度与地理适应性的矛盾。制图综合就是解决上述两对矛盾的过程。

制图综合并不是对图形简单、机械地缩绘，而是一个创造性的综合概括过程，这主要表现在以下方面。

（1）地图上的图形并不是都能按比例尺机械缩小的。有的物体形体很小，按比例缩小无法表示，但根据其本身的意义及用图者的需要，有时必须夸张地表示出来，如地图上的测量控制点、方位物等。

（2）制图综合是一个科学抽象的过程。实地上的事物是很复杂的，不容易看出它们的规律性。但是经过制图工作者对它们的分类、分级及选取和化简，即科学的抽象，就可以把地理事物的规律性用制图语言比较直观地反映在地图上。

（3）解决图面上因缩小表示制图对象而产生的各种矛盾。例如，地图内容的详细性与地图的清晰性总是相互矛盾的。制图所要求的详细性，是在比例尺允许的条件下，尽可能多地表示一些内容；而所要求的清晰性，则是在满足用途要求的前提下，做到层次分明、清晰易读。为了解决这一矛盾，就必须缩小一部分地图符号，或改变地图的表示方法，或适当地应用色彩效果，或通过综合减少地图的内容等，使地图既有丰富的内容又有必要的清晰易读性。又如，地图的几何精确性和地理适应性的矛盾是制图者面临的又一个矛盾，随着地图比例尺的缩小，图上符号之间的争位矛盾将逐渐加强，这就需要根据地图的用途、比例尺和要素之间的关系，通过制图人员创造性地运用其专业知识和制图技巧，对两者之间的关系加以科学的协调。

制图综合的目的是突出制图对象的类型特征和典型特点，抽象出其基本规律，更好地运用地图语言向读者传递信息。

制图综合是地图制图的一种科学方法，是一个十分复杂的智能化创造过程。制图综合的科学性，在于制图综合具有科学的认识论和方法论特点，它要求制图人员对制图对象的认识和在地图上再现它们的方法必须是正确的。只有这样，地图才能起到揭示区域地理环境各要素的地理分布及其相互联系与制约的规律性的作用。制图综合过程的创造性，在于编制任何一幅地图都并非各种制图资料数据的堆积，它需要制图人员的智慧、经验和判断能力，运用制图综合有关科学知识进行抽象思维活动。制图作品的优劣，在很大程度上取决于制图综合的质量。

综上所述，制图综合是根据地图的用途、比例尺和制图区域的地理特点等，采用科学的概括、选取和关系协调等方法，在地图上正确地反映出制图区域地理事物的类型特征、分布规律和典型特点。

地图制图学发展的趋势必然是制图综合过程的规格化和标准化。特别是数字地图制图方法的发展，更要求用定量分析的方法来认识和描述客观世界，这就要求在制图综合中大量地使用数学方法。在数字地图条件下，对于单纯的地图数据的综合，制图综合就是要用有效的算法、最大的数据压缩量、最小的存储空间来降低内容的复杂性，保持数据的空间精度、属性精度、逻辑一致性和规则适用的连贯性。

随着 GIS 环境下制图综合应用领域的拓展，制图综合不再仅仅局限于为适应比例尺缩小后的图形表达的概念，而且还包括基于地图数据库的数据集成、数据表达、数据分析和数据库派生的数据综合（如属性数据和几何数据的抽象概括和表达），更侧重 GIS 环境下空间数据的多尺度表达和显示问题。

二、制图综合的原则

制图综合的原则就是要全面、系统、综合地考虑各影响因素对制图综合的作用，从而确定不同的制图综合标准。制图综合一般应遵循以下原则。

1. 符合地图用途的需要

每幅地图一般都有自己特定的用途，因此在进行地图内容的选取时，一定要满足地图用途的需要。地图用途不同，对选取的地理内容和图面的展现形式要求也不一样。例如，旅游图和教学图由于用途不同，其选取的地图内容就相差甚远，所以在编辑设计地图内容和形式时，地图的用途是制图内容概括的依据。

2. 保持地图清晰易读且内容完备

缩小是地图的基本特征之一，缩小产生了地图的详细性与清晰易读性的矛盾。对制图者而言，最大的困难是怎样在有限的地图幅面内清晰地展现出完备的地图内容。影响地图清晰性的因素主要是符号的大小、颜色，图形的细碎程度和图面的载负量等。而制约地图内容完备程度的因素则更多，如地图的用途、比例尺、清晰性等。例如，随着比例尺的缩小，地图内容的完备性与清晰性矛盾将变得很尖锐，解决这一矛盾的根本出路就是减少地图的内容，这就意味着地图内容的完备性应服从地图图面的清晰性。所以地图内容的完备程度是相对的、有限的。制图者的任务就是利用概括手段使二者达到有机协调。

3. 保证一定的地图精度

在地图上，各种要素都是以图形符号表示的。因此，地图图形符号的几何精度要有一定的保障。对地图几何精度的影响主要是在制图综合中由描绘误差、移位误差和概括误差产生的，其影响大小与地图比例尺缩小的倍数、地图的概括程度是一致的。由于地图的几何精度受诸多因素的制约，在制图综合时要全面系统地考虑这些因素，使地图精度具有一定的保障，以满足用图者的需要。

4. 反映出制图区域地理特征

制图区域内各要素的质量、数量、分布规律和相互关系是客观存在的事实，制图综合的目的就是在地图上模拟出各要素客观的典型特征。由于地图的缩小特点，这种模拟不能采用"克隆"的办法，应该是对地理环境结构进行的一种旨在获得其主要框架的、客观的、科学的概括和抽象。要反映出制图区域的主要地理特征，制图者不但要有丰富的地理知识和制图经验，而且也应具有漫画家那种敏锐的洞察力。

第二节　影响制图综合的因素

影响制图综合的因素主要包括客观因素和主观因素两部分。客观因素主要有地图用途、比例尺、制图区域的特点、图解限制、制图资料的质量等；主观因素则是制图者的才能和经验，即经过制图者对客观要素之间纵向和横向联系性的综合考虑而"客观的、科学的抽象过程"。显然制图者个体对客观要素认识过程的差异，必将影响到地图概括。所以制图者个体对客观世界认识的程度和经验，也是影响制图综合的重要因素。

一、地图用途

任何一幅地图所能表示的内容都是有限的，只能满足某一方面或某几方面的要求，所以地图内容的选择和表示，就必须考虑到地图的用途。因此，地图用途决定制图综合的方向，直接影响对地图内容的评价、选择和概括的标准与原则。例如，教学用地图主要是结合地理教学内容进行选材，并根据使用方式（如挂图、桌面用图、插图等）的不同，在概括的标准与原则上也不同；再如，旅游图应主要选择与旅游有关的内容，如游览路线、交通运输、名胜古迹、风景区、娱乐场、食宿设施、通信医疗等。

地图用途对制图综合的影响一般由制图人员对客观世界的认识和制图经验表现出来，它是有目的的综合。

二、地图比例尺

地图比例尺决定着实地面积反映到地图上面积的大小，它对制图综合的制约反映在综合程度、综合方向、表示方法和要素关系处理的复杂程度等方面。

1. 影响地图制图综合程度

随着地图比例尺的缩小，制图区域表现在地图上的面积呈等比级数倍缩小，因而图上所能表示的事物数量也相应减少。随着地图比例尺的缩小，地图上只能表示主要的内容，同时还必须对这些内容进行较大程度的概括。

2. 影响地图制图综合方向

随着地图比例尺的缩小，一部分在大比例尺图上重要的内容，到了小比例尺图上就不一定那么重要了。在不同的范围内，对同一事物重要程度的评价并不相同。有些事物从小范围看是重要的，但在大范围内可能是次要的。例如，土路在小范围内，由于道路少，在大比例尺地图上也表示出来；而在小比例尺地图上，因为包括的地面范围大，公路和铁路是主要的交通路线，土路则不予表示。又如，河流在大比例尺地图上，只能表达河流的某一段，因而对河流的宽度、深度、河底性质、流速、流向、渡口、徒涉场等均予以表示，以全面反映河流的基本情况；但在小比例尺地图上，由于包括的范围广，图上能表示出整个河系的分布，河流的上述详细情况既无可能也无必要加以表示，而河系的形态、结构特点、密度差异及水系与其他要素之间的关系，则成为应当表示的主要内容。

大比例尺地图上地图内容表达得较详细，制图综合的重点是对物体内部结构的研究和概括。小比例尺地图上，实地上即使是形体相当大的目标也只能用点状或线状符号表示，这时就无法去细分其内部结构，转而把注意力放在物体的外部形态的概括和同其他物体的联系上。例如，城市居民地在大比例尺地图上用平面图形表示，制图综合时需要考虑建筑物的类型、街区内建筑物的密度及各部分的密度对比、主次街道的结构和密度；到了小比例尺地图上，逐步改用概略的外部轮廓甚至圈形符号，制图综合时注意力不放在内部，是强调其外部的总体轮廓或它同周围其他要素的联系。

因此，这就要求制图者随着比例尺的缩小，在扩大了的制图区域内重新认识和评价地图内容的重要性，并以此为根据制定概括的标准和原则。

3. 影响制图对象表示方法

比例尺不同的地图上表示的内容也不同，选用的表示方法差别很大。随着地图比例尺的缩小，依比例表示的物体迅速减少，由位置数据（坐标点）或线状数据（坐标串）表示的物体占主要地位，在设计符号系统时必须注意到这一点。

4. 影响制图要素关系处理的复杂程度

地图比例尺决定着地图的几何精度，影响着各要素相互关系处理的复杂程度。比例尺越小，地图的几何精确性同地图内容的地理适应性要求之间的矛盾越尖锐。地图的几何精确性，要求地图上所表示的每个物体位置准确。地图内容的地理适应性，要求表达制图区域的主要的特征，保持制图物体空间关系的正确。为了实现这一要求，在制图综合过程中，一些按地图比例尺不能表示但又具有重要意义的小地物或线状地物宽度，在地图上必须表示出来。这样，就要采用不依比例尺符号或半依比例尺符号，致使图上表示的各个物体的图形之间相互靠近甚至相互压盖。在制图综合过程中，要正确处理各要素相互关系。比例尺越小，处理各要素相互关系的问题越复杂。

三、制图区域的地理特点

区域的地理特点不同，同一要素的取舍标准有很大差别。制图区域的特点是客观存在的，不同的制图区域，其地面要素的组成、地理分布及其相互关系是有很大差别的。例如，我国江浙水网地区，河流、沟渠密集且纵横交错，居民地分散且主要沿水系分布；西北干旱地区多沙漠，居民地循水源分布的规律十分明显。因此，制图综合时就要选取那些能反映区域特征的事物，舍去那些不代表区域特征的事物，保证制图区域的基本特征和典型特点不会消失，即要体现出地理适应性。

同样的地理事物在不同的制图区域具有不同的价值和意义。例如，小溪、井、泉等，在水网发达地区可以舍弃，而在干旱或沙漠地区则必须保留，甚至有的还要扩大表示。诸如此类的情况还很多，因此在编图时，不宜固守单一的制图综合标准（如质量和数量标准），而是要根据不同的区域特点制定不同的概括标准。区域地理特点决定事物被选取和舍弃的可能性。

制图区域的地理特征有时还会影响制图综合的原则。例如，黄土地貌、流水地貌、喀斯特地貌、砂岩地貌、风成地貌和冰川地貌地区的等高线形状概括会采取不同的手法甚至不同的综合原则。

四、图解限制

地图是以图形符号来表示各种事物现象的。符号的图形样式、色彩、尺寸的大小将直接影响地图载负内容的多少，所以也就影响了地图的概括程度。地图上能够使用的这些基本图形要素和它们的组合受到物理因素、生理因素和心理因素三方面的影响。

物理因素指的是制图时使用的设备、材料和制图者的技能。例如，纸张和印刷机的性能可以描绘的线划的宽度、注记字体和大小、网线规格、符号膜片及绘图材料等，不论是对人或者机器，这些因素都会起到限制作用。生理因素和心理因素往往是共同起作用的，这主要指用图者对图形要素的感受和对它们的调节能力，它反映在人们辨认符号、图形、色彩规格的能力方面。

三种因素共同作用的结果，决定了地图上常常采用的图形尺寸、规格、色彩的亮度差及地图的适应容量，这对制图者成功地掌握制图综合的数量和程度极其重要。

五、制图资料

制图综合的各项措施都是以制图资料（数据）为基础而进行性的。制图资料的种类、特点、质量、精度、完备程度、可靠程度和现势性等都直接影响地图概括的质量。高质量的资料数据本身具有较大的详细程度和较多的细部，给制图综合提供了可靠的基础和综合余地。如果收集的制图资料质量不高或不完整，将直接影响制图综合的方法和结果。例如，当缺少人口统计资料时，就不能将人口数量作为选取居民点的重要条件；当编图的资料精度很差时，就很难设计和编绘出一幅真实性、正确性都令人信服的地图。

制图资料的形式和特点，也影响制图综合措施的选择。例如，提供的资料若是文字资料，需要对资料进行整理和分类、分级；若是地图图形资料，则可根据图形进行类型和级别的概括、合并等。此外，若资料的种类比较多，则能相互补充、参考，就为选择满意且适当的综合方法提供了可能。

六、制图者

制图综合是由地图的编绘者来完成的，编绘者对客观事物的认识程度对制图概括起着决定性的作用，制图者决定着制图综合的质量。制图综合是人们制作地图的一种主观过程，制图者对某一事物的认识程度，就确定了这一事物被取舍的可能性，故制图综合随制图者的经验和素质而转移。当人的主观意志不适当地代替了科学规律时，就造成了制图综合的任意性。不同的制图者，编制的同一区域、同一主题的地图的质量差别可以很大，所以，提高制图者的综合素质，是提高地图质量的重要保证。

影响制图综合的因素有许多，因此在概括时不能只考虑单一因素，而要进行全面的分析研究。事实上各影响因素之间互相关联，并不孤立，所以制图者应当把制图综合视为一个系统工程，站在一个更高的层次上，对影响制图综合的地图用途、比例尺、制图区域的特点等因素，不仅要进行深入的纵向分析研究，而且还要对其横向的关联进行全面综合考虑。显然这也是展现制图者发挥主观能动性进行创造性劳动的过程。

第三节　制图综合的基本方法

一、地图内容的选取

地图内容的选取是制图综合的重要手段，地图内容的选取是以地图的用途、比例尺、区域地理特点等为依据，保留主要的地图内容，去掉次要的地图内容，以反映主要的、重要的、能体现区域特征的地理事物现象。

为了做到正确地选取，必须要研究选取的原则和选取的方法。

1. 地图内容选取的原则

1）从主要到次要，从重要到一般

地图上表示的事物总有主次之分，在实施选取时要遵照从主要到次要的顺序。以大比例尺地图上居民地的综合为例，必须按主要街道、次要街道、街区等顺序来处理选取问题。只有这样才能正确处理好地图内容的主次及各要素之间的联系和制约关系。

2）从高级到低级，从大到小

对于每一种要素，要遵循从等级高到等级低、从大到小的顺序进行选取。例如，对于道路网来说，应当按铁路、高速公路、国道、省道、县道、乡道、机耕路、乡村路、小路的顺序进行选取；对于湖泊、岛屿、水库等，应先选面积大的，后选面积小的。这样做可以保证主次分明，关系合理。

3）从全局到局部，从总体到细小

在选取之前，首先从全局着眼，分析和掌握制图对象的结构及其分布特征，其次从局部开始按次序选取；最后再回到全局的高度，从总体的角度审查内容选取是否得当。具体过程要把握以下几点：①制图物体的密度越大，选取的百分比越低，舍弃目标的数量越大，但选取目标的绝对数量也要越大；②物体密度系数损失的绝对值和相对量都应从高密度区向低密度区逐渐减少（图4-1）；③在保持各密度区之间具有最小的辨认系数的前提下，保持各地区间的密度对比关系。

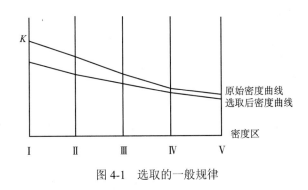

图 4-1　选取的一般规律

2. 地图内容选取的方法

选取地图内容有两种方法，一种是确定选取条件的资格法，另一种是确定选取指标的定额法。

1）资格法

资格法是根据地物的数量、质量特征来确定地图内容的选取条件，目的是解决"选哪些"的问题。制图对象的数量标志，如河流的长度，居民点的人口数，湖泊、岛屿的面积等都可以作为地图内容的选取条件。作为选取条件的数量指标既可以是平均值，也可以是浮动值。

这种选取尺度的确定，主要受地图用途、比例尺和制图区域地理特点的制约。

制图对象的质量特征，如居民点的行政意义、道路的技术等级、河流的通航情况等，也可以作为制图对象选取的条件。例如，政区图上镇以上居民点全部表示，这就是把居民点的行政级别作为选取标准。

资格法标准明确，简单易行，在编图生产中得到广泛应用。它的缺点是：第一，它只用一个指标作为衡量选取的条件，常常不能全面衡量出制图对象的重要程度，具有片面性。例如，一条同样大小的河流处在不同的地理环境中，其重要程度会差之甚远。第二，按同一个资格进行选取无法预计选取后的地图容量，很难控制各地区间的对比关系和图面的载负量。

　　为了弥补资格法的不足，常常在不同的地区确定不同的选取标准或者对选取标准规定一个活动的范围（临界标准）。例如，甲地区和乙地区具有不同的河网密度和河系类型，对不同密度的地区规定不同的选取标准，如甲地区为 8mm，乙地区为 5mm，用以保持不同地区河网密度的正确对比。同等密度的地区，由于河系类型的不同，其长短河流的分布也会不同，这就需要给出一个活动的范围，即临界标准，如甲地区为 6～10mm，乙地区为 8～12mm，用来照顾各地区内部的局部特征，至于上述资格法的第二个缺点，其自身是很难克服的，因此需要用定额法作为补充或者配合使用。

　　2）定额法

　　定额法是规定出单位面积内应选取的制图物体的数量或密度而进行选取的方法。其目的是解决选多少要素的问题。通常按照从重要到一般、从大到小的顺序进行选取，不能超过规定数量指标。例如，居民地选取时，以其分布密度或人口密度划分区域（如 300～500 人/km² 为居民地稠密区等），然后分析确定不同区域居民地选取指标（如 160～200 个/dm²），人口密度大的区域，单位面积内居民地选取指标大，小的区域，居民地选取指标小。

　　定额法以地图适宜的载负量为基础，因此定额法有利于保证地图既具有相当丰富的内容，又不会使地图上的内容过多而影响易读性。定额法也有明确的缺点，单纯依靠数量定额来选取制图对象，难以保证数量指标和质量指标间的一致性，即无法保证在不同的地区保留相同资格的质量资格。例如，编制一个省一级的行政区划图时，从质量指标的角度要求乡一级以上的居民地都要保留在地图上。但是，若按数量定额选取的结果，往往会出现这样的情况：在居民地稀少的地区内，选完乡级以上行政区划以后还要选取大量的乡以下的居民地，而在居民地比较稠密的地区将会连乡以上的居民地也无法全部被选取上，从而造成了质量标准的不统一。

　　为了弥补这个缺陷，使用定额法时也常常给出一个临界指标，即规定一个高指标和低指标，例如，1000cm² 内选取 120～140 个居民地，在这个活动范围内调整，使不同地区可以采用相同的质量标准，也可以保持分布密度不同的相邻区域在选取后保持密度的逐渐过渡。

　　3. 地图内容选取的一般要求

　　（1）选取的地图内容能够反映出制图对象实际分布的密度对比关系。制图对象实际分布密度的差别是客观事实，在地图上一般采用单位面积内地图载负量的差别来反映这种对比关系。具体操作是先取极限载负量作为最高密度区的选取指标，然后再根据实际情况以某个适宜载负量作为最低密度区的选取指标，而中间各级密度区的适宜载负量选取要介于高、低密度区之间。

　　（2）选取的地图内容能反映制图对象的分布特点。制图对象的分布特点是用图者最关心的地理信息。例如，根据人口密度分布特点可将居民地密度划分为极疏区、稀疏区、中密区、稠密区和极密区等。为了反映制图对象的分布特点，在选取中有时不必固守单一的选取指标，必要时可以适当降低或提高既定选取指标。例如，为了能反映出居民点的分布特征，有时低于选取标准的居民点也可以选上。

　　（3）保留具有重要意义的制图对象。有些重要的制图对象，可以不受选取指标的限制。如沙漠干旱区的井、泉；海洋中的孤岛；重要的文物古迹等。制图对象的重要性是相对的，它主要由地图的用途、比例尺和区域特点来决定。

4. 选取的数学模式

长期以来，制图综合和制图人员的经验与技能有着十分密切的联系。这种经验和技能是人们对制图综合实践规律的认知程度。经验和技能虽然对制图综合有着举足轻重的作用，但是，如果不能升华到理论高度，就很难解释出制图综合的实质。现代科学致力于把数学方法和程序设计用于认识制图综合的规律，近年来有了很大的发展。这些数学模式在制图综合中不断获得肯定，并已成为制图综合自动化的理论基础。下面简要介绍几种地图内容选取的数学模式。

1）图解计算模式

图解计算模式是根据地图适宜面积载负量来确定制图对象选取数量指标的方法，一般用于居民点数量指标的选取。

居民点面积载负量由居民点符号和名称注记两部分组成，即

$$s = n(r + p) \tag{4-1}$$

式中，r 为居民点符号平均面积；p 为居民点名称注记平均面积；n 为图上 1cm^2 内居民点个数；s 为图上单位面积（1cm^2）的载负量。

事实上由于居民点符号大小不一，等级有别，计算和确定适宜的 s 值仍然是一个较为复杂的问题。因此，地图制图者应视制图对象的特点、地图的比例尺等诸多影响因子，经系统分析研究后，再确定出适宜的 s 值。当 s 值确定后，就可根据式（4-2）计算出居民点选取数量指标 n。

$$n = s / (r + p) \tag{4-2}$$

2）方根模式

方根模式是德国制图学家特普费尔（Topfer）提出的，是建立在经验规律上的一种数学模型，可利用原资料图与新编地图的比例尺分母之比的平方根，来确定新编地图上制图物体的选取数量指标。该法强调地图内容选取和地图比例 R 的线性关系，并重视从重要、次要到一般的有序选取规律。其公式为

$$N_B = N_A \sqrt{M_A / M_B} \tag{4-3}$$

式中，N_B 为新编地图上选取物体的个数；N_A 为原资料地图上物体的个数；M_A 为原资料地图比例尺分母；M_B 为新编地图比例尺分母。

数量指标的选取受到多种因素的影响，如地物的重要程度不同、符号面积大小不一样等。为此，特普费尔又对式（4-3）进行了修正，在公式中增加了符号尺寸和物体重要等级改正系数，有

$$N_B = N_A \cdot C \cdot D \sqrt{M_A / M_B} \tag{4-4}$$

式中，C 为符号尺寸改正系数；D 为物体重要等级改正系数。C 系数取决于新编地图和资料原图的符号尺寸。

当符号尺寸符合开方根规律时，$C=1$；当符号尺寸不符合开方根规律，但尺寸相同时，有

$$C = \sqrt{M_A / M_B} \qquad \text{（适应线状地物）} \tag{4-5}$$

$$C = \sqrt{(M_A / M_B)^2} \qquad \text{（适应面状地物）} \tag{4-6}$$

当符号尺寸不符合开方规律，尺寸也不相同时，有

$$C = S_A / S_B \sqrt{M_A / M_B} \qquad （适应线状地物） \qquad （4-7）$$

$$C = F_A / F_B \sqrt{(M_A / M_B)^2} \qquad （适应面状地物） \qquad （4-8）$$

式中，S_A 为原资料图符号的宽度；S_B 为新编地图符号的宽度；F_A 为原资料图符号的面积；F_B 为新编地图符号的面积。

对于地物的重要性一般可划分为重要地物、一般地物和次要地物三种级别。因此，对于不同级别的地物，改正系数 D 的求解公式如下。

（1）对于重要地物：

$$D = \sqrt{M_B / M_A} \qquad （4-9）$$

（2）对于一般地物：

$$D = 1 \qquad （4-10）$$

（3）对于次要地物：

$$D = \sqrt{M_A / M_B} \qquad （4-11）$$

显然，与简单的选取规律式（4-3）相比，经过修正后的开方根规律式（4-4）对制图综合的适应性更强。

3）等比数列模式

等比数列模式是以制图物体的大小和密度作为取舍依据的。识图时，人类辨认同一要素的等级差别符合等比数列规律，因此，可以用等比数列作为选取制图对象的数学模式。

研究制图对象的选取指标，首先要确定出哪些制图对象应全部选取，哪些应全部舍掉，而介于全选和全舍之间的那部分对象选取指标的确定，则是制图综合等比数列模式研究的重心。

等比数列模式是按照制图对象的长度（大小）和间隔的大小进行等比分级并构建成为一个二维的关系表（表 4-1）。

表 4-1 等比数列选取模式表

长度（大小）分级	$b_1 \sim b_2$	$b_2 \sim b_3$	$b_3 \sim b_4$	……	$b_{n-2} \sim b_{n-1}$	$b_{n-1} \sim b_n$
$a_1 \sim a_2{}'$	C_{1n}	C_{2n}	C_{3n}	……	$C_{n-1,n}$	C_{nn}
$a_2{}' \sim a_2$	$C_{1,n-1}$	$C_{2,n-1}$	$C_{3,n-1}$	……	$C_{n-1,n-1}$	
⋮	⋮	⋮	⋮			
$a_{n-1} \sim a_n{}'$	C_{13}	C_{23}	C_{33}			
$a_n{}' \sim a_n$	C_{12}	C_{22}				
$> a_n$	C_{11}					

注：a_i 为按长度（大小）分级的等比数列；b_j 为按间隔分级的等比数列；c_{ji} 为选取间隔的数量指标。

按大小分级的等比数列 a_i 计算公式为

$$a_i = a_1 q^{i-1} \qquad （4-12）$$

式中，a_1 为等比数列首项；q 为等比数列公比。

当按式（4-12）算出的数列 a_1，a_2，…，a_n 的分级间隔过大时，还可在各分级之间再插

入一个等级，使之变为 a_1，a_2'，a_2，$\cdots$，a_n。新插入等级的 a_i'计算公式为

$$a_i' = a_{i-1} + (a_i - a_{i-1})/(1+q) \tag{4-13}$$

按间隔分级的等比数列 b_j 计算公式为

$$b_j = b_1 q^{j-1} \tag{4-14}$$

式中，b_1 为间隔等比数列首项；q 为等比数列公比；j 为间隔等比数列项数。

在完成上述等比分级的基础上，下一步就是要确定选取制图对象所必需的间隔指标数列 c_{ji}。首先研究表 4-1 中主对角线上的各元素，即 $j=i$ 的情况。先确定数列 c_{ji} 的首项，一般情况下 c_{11} 计算公式为

$$c_{11} = (b_1 + b_2)/2 \tag{4-15}$$

其他主对角线上各项 c_{ji}（$j=i$）按等比数列求得，计算公式为

$$c_{ji} = c_{11} q^{j-1} \tag{4-16}$$

由 c_{ji} 数列形成的主对角线就是一条"全取线"。

表 4-1 中各列元素的计算公式为

第一列 c_{1i}　$i=1$，2，$\cdots$，n

$$c_{1i} = c_{11} + \left[(c_{22} - c_{11})/(1+q)\right] \cdot Q_{i-1} \tag{4-17}$$

$$Q_{i-1} = \left(1 - q^{i-1}\right)/(1-q) \tag{4-18}$$

第二列 c_{2i}　$i=2$，3，$\cdots$，n

$$c_{2i} = c_{22} + \left[(c_{33} - c_{22})/(1+q)\right] \cdot Q_{i-2} \tag{4-19}$$

$$Q_{i-2} = \left(1 - q^{i-2}\right)/(1-q) \tag{4-20}$$

其余各列类推。

表 4-2 是以河流为例计算的选取表。表中河流按长度分级的等比数列首项 a_1=4.0mm（选取河流的最小长度标准）；河流按间隔分级的等比数列首项 b_1=1.2mm（图上河流间的最小间隔），它们的公比 q=1.6（视觉辨认系数）。

表 4-2　河流选取数字化模式表　　　　（单位：mm）

长度分级	1.2～1.9	1.9～3.1	3.1～4.9	4.9～7.9	7.9～12.6	12.6～20.1	20.1～32.2
4.0～4.9	11.7	12.3	13.2	14.7	17.0	20.8	26.8
4.9～6.4	7.7	8.3	9.2	10.7	13.0	16.8	
6.4～7.9	5.2	5.8	6.7	8.2	10.5		
7.9～10.2	3.6	4.2	5.1	6.6			
10.2～12.5	2.6	3.2	4.1				
12.5～16.3	2.0	2.6					
>16.3	1.6						

制图综合的数学模式除了以上介绍的几种以外，还有回归分析法、区域指标法等多种，这里不再一一介绍。

二、制图物体的形状概括

形状化简是对线状和面状地物最有效的综合方法。在地图编绘中，比例尺的缩小使地图图形难以分辨，或因弯曲过多、过细而妨碍了主要特征的显示，所以必须对地图图形加以概括。形状概括的目的是保留该地物特有的轮廓特征，并能区别出从地图用途来看是实质的或必须表示的特征。

1. 形状概括的基本规律

制图综合中形状概括的基本规律主要有如下几点。

（1）舍去小于规定尺寸的弯曲，夸大特征弯曲，保持图形的基本特征。根据地图的用途等制约因素，地图设计文件给出保留在地图上弯曲的最小尺度。一般来说，制图综合时应概括掉小于规定尺寸的弯曲，但由于其位置或其他因素的影响，某些小弯曲是不能去掉的，这就要把它夸大到最小弯曲规定的尺寸，不允许对大于规定尺寸的弯曲任意夸大。化简和夸大的结果应能反映该图形的基本（轮廓）特征。

（2）保持各线段上的曲折系数和单位长度上的弯曲个数的对比。曲折系数和单位长度上的弯曲个数是标识曲线弯曲特征的重要指标，概括结果应能反映不同线段上弯曲特征的对比关系。

（3）保持弯曲图形的类型特征。每种不同类型的曲线都有自己特定的弯曲形状，例如，河流根据其发育阶段有不同类型的弯曲，不同类型的海岸线其弯曲形状不同，各种不同地貌类型的地貌等高线图形有不同的弯曲类型。形状概括应能突出反映各自的类型特征。

（4）保持制图对象的结构对比。把制图对象作为群体来研究，不管是面状、线状，还是点状物体的分布都有结构问题，这其中包括结构类型和结构密度两个方面，综合后要保持不同地段间物体的结构对比关系。

（5）保持面状物体的面积平衡。对面状轮廓的化简会造成局部的面积损失或面积扩大，总体上应保持损失的和扩大的面积基本平衡，以保持面状物体的面积基本不变。

2. 形状概括的方法

形状概括的基本方法有如下几种。

1）删除

即删去因比例尺缩小无法清晰表示的细微弯曲或减少弯曲的数目，使曲线趋于平滑并能反映制图对象的主体特征，如河流、地物轮廓线等（图4-2）。

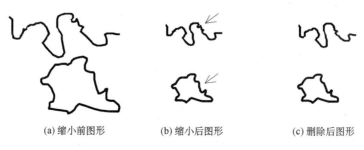

　　(a) 缩小前图形　　　　　　　(b) 缩小后图形　　　　　　　(c) 删除后图形

图4-2　碎部删除

2）夸大

一些具有特征意义和定位意义的小弯曲，不但不能删除，必要时还要夸大表示（图4-3）。

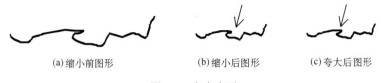

(a)缩小前图形　　　　　　(b)缩小后图形　　　　　(c)夸大后图形

图4-3　夸大表示

3）合并

就是合并同类地物的细小碎部。当图形的细小弯曲或图形间距小到不能清晰显示时就采用合并的方法来概括地图图形（图4-4）。删除与合并是共存的。例如，删除了等高线表示的微小谷地，也就是合并了谷地两边的小山脊；删除了小街道，也就是合并。

(a)缩小前图形　　　　　　(b)缩小后图形　　　　　(c)合并后图形

图4-4　图形合并

4）分割

当采用合并法有损制图对象的图形特征（如排列、方向、大小对比等）时，为保持图形的主要特征，可采用分割方法将图形重新组合。它是以牺牲局部图形的真实性来换取主要特征的保持（图4-5）。

图4-5　图形分割

三、数量特征和质量特征的概括

1. 数量特征的概括

数量特征是指物体的长度、高度、宽度、密度、深度、面积、体积等制图现象的数量指标，是描述事物的量化信息。事物的量化信息在地图上显示时，受到地图用途和比例尺的限制。随着比例尺的缩小，制图对象的数量信息趋于简化和概略。这种简化描述制图对象数量特征的方法，称为数量特征的概括。

数量特征概括常以扩大级差的方法来缩减制图对象的分级的数量。例如，随着比例尺的缩小将原图居民点分级中的人口数1万以下、1万～5万两级合并为5万以下1级。又如，1：

5 万地形图上的等高距为 10m，而在 1∶10 万地形图上为 20m，这也是一种数量概括。

2. 质量特征的概括

质量特征是指描述制图对象的类别和性质。质量差别是对制图对象进行分类的基础。例如，在普通地图上，按性质把地理内容分成地貌、水系、土质植被、居民点、交通线、境界线和独立地物七大要素。每一大要素还可继续根据质量特征分类。例如，地貌又可细分为平原、丘陵、山地、高原等。

制图对象质量特征的显示，同样受到地图用途和比例尺的限制。随着比例尺的缩小，制图对象质量特征的表示趋向于简单和概略。这种简单概略表示制图对象质量特征的方法，就称为质量特征的概括。

质量概括的方法通常是用概括的分类代替详细的分类，以整体的概念代替局部的概念，以减少制图对象的质量差别。例如，在大比例尺图上能够显示出针叶林、阔叶林、混合林等，而在小比例尺图上可简化为一种森林符号表示；又如，在大比例尺图上能够表示出木桥、石桥、铁桥、双层桥、车行桥等，而在小比例尺图上将各种桥归并为一类，只用一种桥梁符号表示。

第四节　图形最小尺寸与地图载负量

制图综合是解决繁多的地理事物现象和有限的地图图面矛盾的一种手段，其目的是在保证地图清晰性的前提下，使图面承载较多的地理内容。地图图面能表达内容的多少、制图综合的程度不但受地图图形最小尺寸的影响，而且和地图载负量关系很大。

一、图形最小尺寸

制图综合的结果，最终要用图形表达出来，综合的尺度一定会受到图形最小尺寸的影响。所以，在研究制图综合时一定要研究图形可能达到的最小尺寸。

地图上的图形分为线划、几何图形、轮廓符号和弯曲图形等几类，称为基本图形。

1. 线划

人的视力一般可以辨认 0.02～0.03mm 粗的独立线划，但从打印和印刷的技术能力及实际效果来看，最理想的情况是 0.08～0.1mm。因此，在制图生产中，通常规定单线划的粗度为 0.08～0.1mm。两条实线之间的间隔，根据视力、打印和印刷等条件综合考虑，通常定为 0.15～0.2mm。

2. 几何图形

几何图形的最小尺寸不但受到人眼分辨力的影响，而且还同图形的结构及复杂性有关，例如，实心和空心图形的情况各不相同。实心矩形的边长为 0.3～0.4mm 时可以保持轮廓图形的清晰性；复杂轮廓的突出部分，能清楚分辨其形状的最小尺寸为 0.3mm（图 4-6）。

空心图形中空心部分的形状也应该能够正确辨别。小圆能够被清晰打印和印刷的最小尺寸是 0.3～0.4mm。如果一个空心矩形的内部只保持这个空间，由于视错觉，可能被误认为一个圆或椭圆，只有超过这个尺寸，例如，其空白长度达到 0.4～0.5mm 时，方可清晰地看出其真实形状（图4-7）。

视力对相邻实心图形之间间隔的辨别力与对两条粗线间的间隔要求基本相同，最小间隔为 0.2mm（图4-8）。

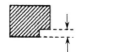

图4-6 轮廓图形突出部分的最　图4-7 空心矩形的最小尺寸（放大　图4-8 图形间隔的最小尺寸（放大
　　　 小尺寸（放大五倍）　　　　　　 三倍）　　　　　　　　　　 五倍）

3. 轮廓符号

地图上表示的轮廓符号的最小尺寸受到组成轮廓符号的形式和颜色、物体所处的地理环境及地图使用方式等一系列因素的影响。

实地上轮廓固定性较好的、较重要的物体，如湖泊、岛屿等的轮廓，地图上多用实线表示其轮廓。相反，实地上轮廓界限不很明显或相对不重要的物体，如时令湖、森林、沼泽等，通常用虚线或点线表示其轮廓。显然，实线轮廓符号比虚线或点线轮廓符号更明显，因此可以用较小的尺寸。例如，实线轮廓的面积可以小到 $0.5～0.8mm^2$（半径为 0.4～0.5mm 的圆），而点线表示的小轮廓符号（假定点距为 0.8mm），面积最小为 $2.5～3.2mm^2$ 才能清楚表达其形状。

轮廓底色对其尺寸也有一定的影响。例如，涂以浅蓝底色的小湖泊，为了辨明其颜色，常常不得不把最小面积扩大到 $1mm^2$。

物体所处的地理环境对符号的明显性有重要影响，例如，以浅淡色为背景底色的海洋中的岛屿符号就比处在等高线表示的山地中的小湖泊明显得多，因此，海洋中的小岛，尤其是成群分布的小岛，甚至可以用小到 $0.5mm^2$ 的点来表示。

使用地图的方式也对轮廓地物的最小尺寸有影响，例如，挂图和野外用图上表示的地物轮廓肯定要比参考性地图上的轮廓粗大些。

4. 弯曲图形

弯曲图形指的是图上线状物体的弯曲。制图生产实践经验证明，弯曲内径要达到 0.4mm、宽度达到 0.6～0.7mm 时，才能辨认清楚。

弯曲图形的最小尺寸是指视力、打印和印刷技术能力所能达到的图上表达的最小尺寸，它们是确定概括和选取尺度的参考数据。如果地图带有底色，或图形所处的背景很复杂，都会影响用图者的视觉感受能力，应适当放大图形最小尺寸。

随着数字地图制图技术的发展和制印技术的提高，图形的最小尺寸还可以适当减小。这对进一步提高地图内容的精细和详细程度创造了有利的条件。但是由于应急地图都是利用打印机输出，图形的最小尺寸不宜减小得太多。

二、地图载负量

衡量地图上内容的多少，现在使用最普遍的标志是地图载负量。

1. 地图载负量的概念

地图载负量也称为地图的容量。一般理解为地图图廓内符号和注记的数量。显然，载负量制约着地图内容的多少，当地图符号和注记大小确定以后，载负量越大，地图的内容也就越多。因此，地图的载负量是评价地图内容的数量指标，对制图综合的程度有着重要的影响。

1）面积载负量

指地图上所有符号和注记的面积与图幅总面积之比。规定用单位面积里符号和注记所占的面积来表达面积载负量的值，通常以 mm^2/cm^2 为单位。例如 $20\ mm^2/cm^2$，是指在 $1\ cm^2$ 面积内符号和注记所占的面积为 $20\ mm^2$。

2）数值载负量

面积载负量是衡量地图容量的基础，但在作业中一般把它转化为便于应用的另一种数字形式，即单位面积里的个数或长度，通常以个/cm^2、cm/cm^2 为单位。对于居民地，数值载负量常常指 $100\ cm^2$ 范围内居民地的个数，例如，108 指在 $100\ cm^2$ 的范围内有 108 个居民地；对于水系、道路等线状物体，数值载负量指的是 $1cm^2$ 面积内拥有的线状符号的长度，如 $K=2.5\ cm/cm^2$，称为密度系数；对于地区的林化程度、沼化程度等则用不带单位的百分比来表示，如 0.56，即 56%。

面积载负量和数值载负量可以相互换算。用 S 表示面积载负量，Q 表示数值载负量，P 表示单个符号与注记的平均面积，则有

$$S = Q \cdot P \tag{4-21}$$

面积载负量和数值载负量反映了地图内容的疏密程度，可以作为选取指标的单位。

地图作品应当满足既清晰又详细的要求，因此在讨论载负量时，必须分析和了解地图上最多能够表达多大的容量，每一个具体地区应该选择多大的容量，即确定地图的极限载负量和适宜载负量。

3）极限载负量

指地图可能表达的最大容量。极限载负量可以看作一个阈值，超过后读图就会产生困难。显然，极限载负量还会受印刷水平、地图设色、人的视觉等多种因素的影响。例如，单色图，各种线划相互混杂，读图效果较差，所以不可能表达更多的内容；如果是多色图，各要素的图形即使互相交织也很容易分辨，这时，地图的内容就可以表示得多一些。随着数字地图制图、数字印刷等技术的发展，地图上表达的内容会逐渐增多，但是由于人的视觉感受能力的限制，极限载负量的数值可以有限度地提高一些。统计实验表明，十万分之一地形图的极限载负量是 $24mm^2/cm^2$。

虽然极限载负量通常是以面积载负量为基础的，但由于各种比例尺地图的基本线划粗细、符号和注记的大小等都趋于稳定，地形图图式在短期内不会有很大的变化，用面积表达的极限载负量可以近似地转化为数值载负量的形式。

4）适宜载负量

适宜载负量是指适合地图用途并能反映制图区域特点的地图载负量，适宜载负量的大小因图因地而异。由于地图的用途、表示法和地区条件等存在差别，不能在所有的地图上都取极限载负量。为了反映它们之间的差别，就要根据具体的用途、比例尺和地区特点确定各图幅的适宜载负量。例如，长江下游平原是我国居民地密度最大的地区之一，该地区地图上居民地可取该比例尺的极限载负量，其他地区就不能采用同样的载负量标准，应当适当地降低其数值，确定各密度区的级别，从而定出图上适宜的载负。为此，在确定载负量时要顾及我国居民地总的分布规律，确定各个密度区的级别，从而定出图上适宜的载负量标准。

极限载负量和适宜载负量可以是面积载负量，也可以是数值载负量。研究载负量先从面积载负量入手，在此基础上确定出地图的适宜载负量，最后常采用数值载负量的形式表示适宜载负量。

2. 地图上面积载负量的量算

地图的载负量主要由居民地、水系、道路和境界等要素的符号和注记的面积组成。不同要素的面积载负量的计算方法不尽相同。居民地要分别计算符号和名称注记的面积，由于各级居民地符号和注记的大小不同，面积应分别按不同等级计算（在一个等级内平面图形的面积抽样取平均数）。道路以长度和线划粗细来计算面积。水系则只计单线河、渠及附属建筑物的符号的面积，水域面积只计水涯线、水系名称注记等的面积。境界线依总长和线粗来计算面积。地貌和有底色的植被面积作为地图上的背景看待，通常不计入地图的总载负量。

实践证明，一幅地图的总载负量中居民地所占的份额最大，其次是道路和水系，境界所占的比例一般都很小。随着居民地密度的增大，它在总载负量中所占的比例会越来越大，有时可达到70%～80%，因此研究地图载负量时，重点应该是研究居民地的载负量。

既然在不同的地区地图载负量是不同的，那么它们之间的差别就应该能够用视觉读图的办法区分开来，这样才有意义。这就产生了一个如何分级的问题。

人的视觉辨别图上内容多少的能力是有限的。当载负量的数值很接近时，人眼在图面上就不易区分。编图时，为了详细地表达制图区域，希望把级分得多一些（级差小一些），但若到了视觉不能辨别的程度时也就失去了分级的意义。所以，研究载负量分级，应当是研究视觉能够分辨的最小差别。

通过心理物理学的很多实验，测定出各种能被人的视力辨别清楚的载负量数值是一个等比数列，即

$$Q_{i+1} = Q_i / \rho \tag{4-22}$$

式中，Q_i 为第 i 级密度区的面积载负量，对于密度最高的地区，可取极限载负量；Q_{i+1} 为第 $i+1$ 级密度区的适宜载负量；ρ 为视觉辨认系数。

根据俄罗斯制图学者研究的结果，视力辨认系数应该为 1.5 左右。

我国制图学者的研究结果证明，当载负量基数不大时，1.5 的辨认系数是必要的，随着载负量基数的增大，不需要这样大的差别就可以被视力分辨出来。如果把分辨系数缩小，分级还可以多一些，有利于把地图内容反映得详细些，使制图物体的分布更接近于实地的情况。

根据表 4-3 查出应取的辨认系数值，依次算出其他各级的适宜载负量。

表 4-3　辨认系数的取值

上一级载负量	>20	15~20	10~15	<10
辨认系数 ρ	1.2	1.3	1.4	1.5

3. 地图极限载负量的确定

迅速而准确地确定新编图上的极限载负量是当前地图制图学理论研究的重要课题之一，现在还没有确切的计算方法，多数是根据试验和统计相结合的方法来确定，因此还是很不严密的。

地图上极限载负量的数值主要取决于地图比例尺，当然，地图用途、表示方法、地理区域特点、数字制图和地图印刷工艺等对它也会有一定影响。

根据我国制图工作者的试验和统计分析，可用图 4-9 反映极限载负量随地图比例尺的变化规律。

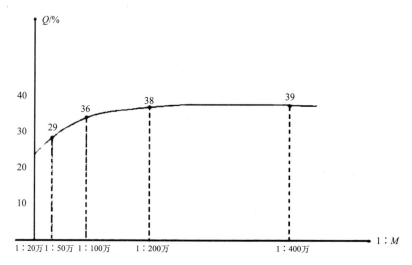

图 4-9　极限载负量随地图比例尺的变化规律

从图 4-9 可以看出以下规律。

（1）随着地图比例尺的缩小，极限载负量的数值会逐渐增加。

（2）载负量的增加有一定的限度。当比例尺小于 1∶100 万时，极限载负量的增加已缓慢下来，在 1∶200 万~1∶400 万时趋于常数。

（3）在面积载负量达到一个常数的条件下，通过改进符号设计，提高地图制图技术和地图印刷工艺，还可以有限度地提高载负量。

第五节　制图综合与地图精度的关系

一、制图综合中各要素空间关系的处理

制图综合需要解决地图的几何精确性和地理适应性之间的矛盾。地图的几何精确性，是指地图上要素的点位坐标的准确程度，随着地图比例尺的缩小，由于制图综合方法的运用等，地图的几何精确性相对降低。地理适应性，指地图上用图形符号所反映的地面要素（现象）空间分布及其相互关系与实地的相似程度，即地图模型与实地之间的相似程度。

在大比例尺地图上，图幅面积较大，地图上各要素的位置精度较高，比较准确地保持了地理适应性；随着比例尺的缩小，图形符号之间的间隔越来越小，甚至互相压盖，要素间的相互关系不清楚，这时就要采用制图综合（特别是其中的移位方法）来保持要素间相互关系的正确性，即地理适应性。这就是顾及物体间的地理适应性而部分地牺牲地图几何精确性的做法。

在小比例尺地图上，强调的是地理适应性。通常是通过保持主要地物的几何精确性而移动次要地物的位置来保持地理适应性。

移位的一般原则如下。

1）保证重要物体位置准确，移动次要物体

海、湖、大河流等大的水系物体与岸边地物发生矛盾时，海、湖等不位移。海、湖、河岸线与岸边道路发生矛盾时，保持岸线位置不动，平移道路；或保持岸线、道路走向不变，断开岸线。海、湖、河岸线与岸边人工堤发生矛盾，堤为主时，堤坝基线不动，堤坝基线代替岸线；岸线为主时，岸线不动，向内陆方向平移堤坝。

城市中河流、铁路与居民地街区矛盾时，河流、铁路位置不动，移动或缩小居民地街区；或河流不动，移动铁路和街区。高级道路（铁路、高速公路和高等级公路等）与居民地发生矛盾时，保持相离、相切、相接的关系，移动小居民地。

2）特殊情况下，要考虑地区特点、各要素制约关系、图形特征、移位难易等条件

峡谷中各要素关系处理，保持谷底河流位置正确，依次移动铁路、公路。位于等高线稀疏开阔地区的单线河与高级道路，应保持高级道路位置不动，而移动单线河。

沿海、湖狭长陆地延伸的高级道路与岸线的关系，应移动岸线，保持高级道路完整而准确地绘出。狭长海湾与道路、居民地毗邻时，应保持道路位置和走向及居民地位置不变，而平移河流，扩大海湾的弯曲。

海、湖、河岸线与独立地物的关系，应保持独立地物的点位准确，中断或移动岸线。

3）相同要素不同等级地物间关系的处理

同一平面上相交时，等级相同的高级道路，应断开高级道路交口内交叉边线；等级不同的高级道路，应保持高一级道路符号的完整连续，其他等级道路在交叉点处衔接；低级道路均以实线相交，并保持交点位置准确。

同一平面上平行时，高级道路及桥梁采用共边线的方法，或保持高一级道路不动，移动低一级的道路；相同等级的道路则视情况，移动一条，或者两条同时向两侧移动。

不同平面上相交时，位于上面的道路，不论等级高低，一律压盖下面的道路；对于立体

交叉的道路可作适当化简。

不同平面上平行时，保持高一级道路不动，移动低一级道路，或共边处理。

二、制图综合对地图精度的影响

地图上的图形是有误差的，根据大量的量测结果，地图上有明确点位的地物点中误差大约为±0.5mm。这些误差来自以下几个方面：制图资料（数据）的误差；转绘地图内容的误差；地图复制造成的误差；制图综合产生的误差。

其中，制图资料（数据）的误差视所使用资料的具体情况而定，若是国家基本地形图，或正规编绘的地图，其一般点位的误差可控制在±0.5mm以内。转绘地图内容的误差视使用的制图技术和方法而定，在数字地图制图中这两项误差反映在地图数字化和投影变换中，数字地图可以准确地再现，很少产生误差；采用地图数字出版技术，也会减少地图复制造成的误差，地图复制造成的误差主要来源于印刷材料、套印及纸张变形等。这里主要研究由制图综合产生的误差，这项误差在数字环境下也是不可避免的。

制图综合产生的误差包括移位误差和形状概括产生的误差。

1. 移位误差

在小比例尺地图上，很多事物（线状的和点状的）是用符号夸大表示的，夸大的结果是超出了事物本身应占有的位置，扩大到附近的空间。如果事物彼此不是靠近的，夸大并不影响地图内容的其余部分。但若选取的几个事物彼此相邻很近，为了分辨清楚，正确地表达各事物之间的关系，它们中的一个或几个需要从正确位置上移动，这种移位使得有些事物的绝对位置发生了改变。

有两种情况需要移位处理：一是为保持要素间的地理适应性；二是为强调某种特征。

1）为保持要素间的地理适应性而产生的移位

随着地图比例尺的缩小，河流、道路符号的宽度和独立符号的范围等逐渐变得不能依比例尺表示，即超过了实际占地范围。为了保持要素间的相互适应关系，相对次要的要素就要移位。这时，移位的大小同符号的尺寸有关。例如，位于公路旁边的居民地，当道路和居民地的符号都超过实地范围时，居民地就要向路旁移位。假定编图比例尺为1∶100万，公路宽度为0.4mm，居民地符号直径为1.2mm，公路旁的小居民地的移位就可能达到1.0mm。

类似的情况在其他要素的综合中，如居民地同境界线、河流间的关系处理，沿海岸、河流延伸的道路，当符号发生争位矛盾时，也都要进行这样的移位。

2）为强调某种特征而产生的移位

为了强调某种特征，有时要有意识地进行移位。例如，为了强调斜坡的特征而移动等高线，为了强调居民地内部的结构特征而移动街道，为了强调与等高线的适应关系而移动沼泽的范围线，为了强调海湾、海角、沙嘴的特征而移动海岸线的位置等。这些移位都使某些地物的绝对位置不可能确定，即破坏了地图的几何精度。但是经过概括却能正确地反映出事物间的相互关系，保持了区域的地理特征。

位移误差的大小，与地图比例尺及符号的尺寸有直接关系。比例尺缩小倍率大，位移误差大；反之，则位移误差小。在编图比例尺缩小一半的情况下，假若两种比例尺地图的符号尺寸是一致的，那么为保持要素间的地理适应性而进行的最大位移是符号中心间距的一倍。

用公式表示为

$$d = a\left(M_\mathrm{F} / M_\mathrm{A} - 1\right) \tag{4-23}$$

式中，d 为最大位移（mm）；a 为资料地图上符号中心间距（mm）；M_F 为新编图比例尺分母；M_A 为资料图比例尺分母。

移位方法主要用于解决保持要素间的地理适应性和强调某些特征，而这些问题又随着地图比例尺的缩小而变得越来越突出；所以，地图比例尺越小，位移误差越大。

2. 形状概括产生的误差

形状概括所产生的误差的大小，实际上就是化简地物碎部的程度，例如，河流、道路等线状地物的主要转折点，应满足一般地物点的精度要求，而微小碎部的弯曲则由于进行了化简而大大偏离了实地位置。一般情况下，编图时线状符号的弯曲小于规定的最小尺寸时，即可删除，弯曲特征点在图上已经消失，而且移动了很大距离。制图物体的形状概括，意味着不断改变图形的结构，这种改变涉及长度、方向和轮廓图形这三个指标。

1）长度的改变

概括线状符号上的弯曲，使线状物体的长度缩短，河流、道路、岸线等都会受到由概括引起长度缩短的影响。例如，对某区河流化简结果，1∶20 万比例尺地形图与 1∶10 万比例尺地形图相比，同一条河流长度缩短了 1.6%；在 1∶50 万地形图上同一条河流长度缩短可达 12.1%。

2）方向的改变

形状概括尽管要求保持制图综合前后图形的相似性，但是，在图形化简的部位，由于简化了图形，常常会引起方向的改变。例如，对河流、海岸线、道路等进行形状化简，删除小弯曲可导致局部位置方向的改变。

3）轮廓图形的改变

地图比例尺的缩小和制图综合的实施，会促使图上带有弯曲的复杂图形，朝向尽可能简单的轮廓转变，直到最后变成非常简略的图形，甚至用不依比例的点状符号表示，有时还因强调某些特征而把小弯曲加以夸大等。

长度、方向和轮廓图形的改变，无疑都对地图的几何精度产生影响。

地图上的等高线，经过综合产生了高程误差和平面位置误差。制图综合对等高线精度的影响与地图比例尺分母有密切关系，且符合比例尺分母的开方根规律。根据误差传播定律，在比例尺缩小一半的情况下，制图综合引起的等高线的高程误差接近于新编图等高距的四分之一。

第六节　制图综合自动化

一、计算机制图综合的发展轨迹

制图综合是地图制图的核心，也是地图学家创造性的劳动过程。传统意义上的制图综合需要制图人员丰富的智慧、经验和判断能力，并能运用相关的科学知识进行抽象的思维。这种经过许多代人的职业活动所获得的经验和技能已成为地图制图的理论基础。显然，这种建立在手工基础上的，需要一笔一笔绘制的制图综合，无疑是一种高强度的劳动。同时，由于人们主观因素的差异，制图综合风格各异，更具个性化。随着计算机技术的飞速发展，机助制图在地图制作中引起了革命性的变革。它以数据处理技术为基础，利用计算机加工制图数据，通过自动制图系统生产各种类型的地图。计算机制图技术的出现，极大地推动了地图学的发展，其显著的优点受到了人们的普遍承认。它的理论和方法也在不断地充实和完善。像传统制图综合一样，计算机制图综合是制图自动化的关键所在。它不仅能够缩短地图成图周期，而且还能提高地图的质量，并能克服因人而异的制图综合弊端，保证概括的科学性。

计算机制图综合是伴随着机助制图的发展而发展的。最早可追溯到 Perkal 和 Tobler 的工作。他们发表的论述客观化和数值化制图综合的论文，为后来的工作打下了初步基础。早期的工作多是基于单纯线状符号概括的程序和算法设计，如线形简化（删减细节）算法设计、线形平滑（柔缓尖硬折角）程序设计等。20 世纪 70～80 年代，随着卫星遥感图像处理技术和数字高程模型（digital elevation model，DEM）处理技术的发展，计算机制图综合的方法大大丰富。图像增强技术通过改变图像的频谱、结构，或对已分类专题图像进行简化、归并处理，或通过再取样和改变像元大小等来实现制图综合。

20 世纪 80 年代中后期，计算机制图综合引入了人工智能技术（如专家系统），该技术为模拟人类制图综合过程提供了可能。

20 世纪 90 年代，随着软硬件性能，特别是高级图形界面和并行处理等技术的迅猛发展，以及面向对象的操作系统逐渐繁荣，计算机制图综合实践技术得到了突飞猛进的发展，不少文献对此进行了报道。例如，德国汉诺威大学研究所开发的较大比例尺制图综合和自动设计模块的工作，以及他们欲集成分立制图综合模块以便实现复杂制图综合的实践，为德国发展大型计算机制图创造了条件。

伴随着计算机制图综合的成功尝试，20 世纪 90 年代从理论到操作层次的各种局部研究和开发也很活跃，研究的水平档次也有明显提高。很多研究都不同程度地采用了人工智能，尤其是专家系统的技术和思想。

展望未来，在计算机软硬件和更强有力的 GIS 绘图平台支撑下，采用自动化与半自动化（人机交互）相结合的计算机制图综合实践不断增加，将促进计算机制图综合技术的更快发展，也必将促进计算机制图综合理论的发展。这种理论和实践的不断进步，将促进自动化的概括模块的增多或完善，使用户在更优化的操作界面中，选取适合自己需要的控制方式、途径或阈值，方便高效地进行制图综合。然而，需要说明的是，自动化制图综合是一个相当复杂的问题，现在还很难找到一个通用的数学模式去描述，因此，不能期望在短期内就得到圆满的解决。但是，随着计算机智能模拟的发展和制图综合专家系统的研究，自动化概括技术和理论将会有突破性的进展。

二、计算机制图综合的原理

传统的制图综合是面对图形的综合，而计算机制图综合是面对制图数据的综合。它是建立在制图综合数学模式基础上的一种程序设计。

1. 制图对象的自动取舍

计算机根据数据选取模式对制图数据进行处理，并依据选取指标自动地选取地理环境中的主要对象，舍去次要的部分，这一过程称为制图对象的自动取舍。

如前所述，确定地图内容的选取标准通常有两种方法，即资格法和定额法。前者是解决"选哪些"的问题，后者是解决"选多少"的问题。解决上述问题的数学模式有多种，如图解计算模式、方根模式、等比数列模式、回归分析模式等。在这些取舍数学模式的基础上设计出的自动、半自动制图综合系统，提供了制图对象的自动取舍功能。事实上用户只需将资格法中所确定的指标和定额法中所确定的数量作为变量参数，通过人机交互方式，就能通过计算机完成制图对象的自动取舍。

2. 制图对象的自动概括

1）形状的自动概括

形状的自动概括是通过计算机去掉一线状符号和面状轮廓符号的小弯曲，重点反映它们的基本特征和典型特点。有时还把有重要意义的细部特征进行夸大或位移、合并等。

线状符号如河流、道路、等值线等，随着比例尺的缩小，弯曲也越来越小。为了突出显示其基本形状和轮廓，必须简化或舍去一些非制图对象特征的小弯曲。用计算机简化小弯曲的算法很多，如数字滤波法、道格拉斯（Douglas）法、数学曲线拟合、曲面拟合和矢距比较法等。有了简化小弯曲的算法设计模式，通过计算机程序设计就能实现自动简化线状符号的小弯曲。

自动夸大及位移也是计算机概括的任务之一，这是保留地物主要特征的重要手段。其基本思路是首先确定出需要夸大或位移的部位（图 4-10 中的 P_i 点），其次把带有夸大或位移特征符号的点所在的数据子集提取出来，找出该点及其前后两点组成的三角形，算出三角形顶角（带有特征符号的那个角）平分线的长度，再次在此长度靠顶角（P_i）一端的延长线上加一个定值 E，得到 U_j 点，最后计算出 U_j 点的坐标，并用它代替子集中的 P_i 点，这就可使局部小弯曲得到夸大。

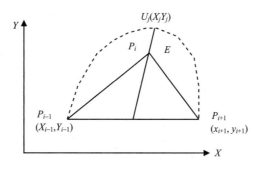

图 4-10　夸大小弯曲

连续夸大处理，就可构成位移。但图形位移方向的多样性会产生位移的不同算法设计。事实上，一旦完成了夸大及位移的算法设计，用计算机实现自动夸大及位移就是一件十分容易的事情。

当有些重要地物因比例尺缩小而无法显示时，可用夸大方法处理；如果只需要表示其分布特征，则可以用非比例符号代替。非比例符号的定位及自动绘制是通过取出构成该地物的坐标数据子集，算出子集数据的极值差 Δx、Δy 或该图形的面积 s，并与定值比较，符合规定则求出符号的中心位置，然后从符号库中调用相应的符号并自动绘制到该中心位置上。

编制地图时，图形合并是经常会遇到的。但并非所有的要素都可以合并，因此，进行要素的图形合并时，首先要判断清是否具备合并的条件。

用计算机实施自动合并，首先对输入的数据逐个判别（判别特征码），找出封闭图形，并记录其数量，计算距离小于定值的符号数量，估计合并成多少个，哪个和哪个合并更合适，当都能满足合并条件后，则可计算合并后的轮廓点位，实现图形合并。

2）计算机数量和质量特征的自动概括

关于制图对象的数量特征和质量特征的概括前面已作了介绍，这里主要介绍用计算机实现数量特征和质量特征自动概括的思路。用计算机进行数量特征概括时，需要先读出原资料图的级别数据，其次用增大的数量间隔（级别或特征码）代替原来的级别（或特征码），例如，原来的 2 级和 3 级需要合并，那就用"2"代替"2，3"。按照合并后的级差处理制图对象，就能实现数量特征的自动概括。

质量特征的自动合并比较简单，计算机只需对输入数据的质量特征进行识别，绘制新图所要求的质量符号即可。

3. 制图对象的自动简化

1）点删除

点删除是指简化线状要素和面状要素轮廓线的一串坐标，保留反映制图对象特征的点，删除次要的点。点删除的方法有二：一为在数据文件中每隔 n 个点保留 1 个点，即通过选取数据串第 1 个坐标点和每个第 n 点来建立新数据文件，也就是删除了 $(n-1)/n$ 的点，n 值越大，概括程度越强，简化越厉害。n 值根据地图用途来确定。二为在数据文件中随机保留每 n 个点中的 1 个点，即通过随机选择每 n 个点中的 1 个点来建立新数据文件，也是删除了 $(n-1)/n$ 的点。和第 1 种方法相比，前者选取的点是确定的，后者选取的点是随机的；两者的 n 值越大，概括的程度越大。

传统制图综合的线状要素简化主要依靠制图者的经验，即根据线状要素上点的重要性来决定取舍；而自动简化的点删除主要根据线状要素图形的尺寸，制图者的经验体现在开始建立的计算机文件中，数据文件形成后，计算机就会自动地执行简化操作。

2）制图要素删除

制图要素删除就是在新编地图中剔除某一类或几类不必要、不重要的制图要素。例如，在行政区域图上删除地貌要素，在人口分布图上删除植被要素等。删除在计算机操作中极为方便。在矢量数据中，每个要素在数据文件中是依重要性排序的，则可按照制图综合标准删除一些要素。如长度≤1cm 的河流、面积≤2mm^2 的湖泊、人行小路等，可全部删除。在栅格数据中，可建立必要的算法程序来删除栅格中的冗余数据，强化重要的像元数据，达到简化的目的。

3）平滑运算修改

当制图对象的转变或过渡出现不符合客观实际，发生"生硬变化"、平滑相连变成折角相连等时，则要调用滑动平均和曲面拟合等数据平滑运算处理程序进行平滑处理。例如，在栅格数据中，对已分级的像元进行平滑运算处理，就是将每个像元分别同它的邻近像元值进行比较，进而修改像元值使其和邻近像元值更加接近，达到简化栅格数据的目的。

三、计算机自动概括专家系统介绍

1. 专家系统

专家系统（expert system）是人工智能中最活跃的领域。它模拟人的思维过程并将专家知识赋予计算机。当计算机对问题求解时，就利用这些知识进行推理、证明，从而得到答案。

专家系统主要由特定领域的知识库和推理机所组成。专家系统主要构成如图 4-11 所示。

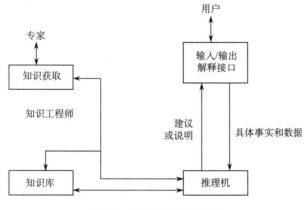

图 4-11　专家系统主要构成

知识库中存放着特定领域的专家知识，这些知识应当正确、完整和协调一致。推理机是根据解决的问题所设计的一种程序，它用来决定如何使用知识库中的知识，通过推理、证明而得到问题的答案。

解释接口是一个人-机对话的交互程序，用来解释提问的含义或推理路线。

知识获取是从专家那里获得知识。现在获取专家知识还离不开精通计算机的知识工程师，他们在专家系统的建立和维护过程中起着决定性的作用。

专家系统建立后，就具备了解决特定领域问题的能力。专家系统在工作过程中主要是知识库和推理机起关键作用，解决问题的全过程都是在推理机的控制下进行。

2. 自动概括专家系统简介

实现制图自动化，其中最关键的问题是制图对象的自动概括。制图综合是一项创造性的工作，人的经验和知识起着重要的作用。现在对自动概括的研究，只是在单要素的取舍、部分几何形状概括及类型的合并等方面做了一定的工作，但与手工概括水平相比还有很大差距。这主要是概括知识的复杂性、多样性，导致其无法用数学模式来描述。而制图综合专家系统则提供了解决这一问题的新途径。现在，地图自动概括需要智能化已得到共识，许多学者对制图综合知识进行了深入的研究和探讨，并把它们分为几何知识、结构知识和过程知识三部分。

制图综合的规则很难确定，其主要原因是制图综合强调艺术性，许多问题不易分解成逻辑规则；不同地图有不同的目的；需要强调的空间关系特征也不尽相同。因此，也就导致了制图综合知识的表达困难。尽管如此，许多学者仍在该领域进行了大胆尝试，如 David Forrest

的 Map Designer 就是一个基于专家系统的制图综合实验软件。

　　实践证明，完全基于知识的智能化地图自动概括是比较困难的，而人机交互则是一种比较好的方式。Keller 使用交互式方法利用线状地物概括时输入的参数，使计算机自动学习不同参数会得到什么样的结果，其进一步发展了一种基于事例（实）的推理方法。

　　要实现地图自动概括的智能化，必须有强大的智能数据库的支持。同时也要求制图综合知识与地理信息必须融合。ES 和 GIS 的结合可以通过文件交流和数据结构的统一来实现。

　　总之，制图综合的自动化是地图制图自动化发展的主要方向，而制图综合的专家系统为制图综合自动化的实现开辟了新途径。

复习思考题

1. 如何理解制图综合？制图综合的实质是什么？
2. 举例说明影响制图综合的因素。
3. 制图综合与地图精度有何关系？
4. 通过同一地区两幅不同比例尺地形图的比较，说明地图内容、地理要素形状、数量、质量特征有哪些变化。
5. 在制图综合中，形状简化常采用哪些方法？并举例说明。
6. 采用某一种制图综合方法，说明地图上居民地的制图综合过程。
7. 为什么说制图综合是一种主观性创造工作？
8. 计算机制图综合的基本思路是什么？
9. 制图综合为什么会成为计算机地图制图的"瓶颈"之一？
10. 计算机自动简化的原理是什么？

参 考 文 献

蔡孟裔, 毛赞猷, 田德森, 等. 2000. 新编地图学教程. 北京: 高等教育出版社.

崔伟宏. 1999. 数字地球. 北京: 中国环境科学出版社.

何宗宜, 宋鹰, 李连营. 2016. 地图学. 武汉: 武汉大学出版社.

胡圣武. 2008. 地图学. 北京: 清华大学出版社.

廖克. 2003. 现代地图学. 北京: 科学出版社.

龙毅, 温永宁, 盛业华. 2006. 电子地图学. 北京: 科学出版社.

陆权, 喻沧. 1988. 地图制图参考手册. 北京: 测绘出版社.

罗宾逊 A H, 塞尔 R D, 莫里逊 J L, 等. 1989. 地图学原理. 5 版. 李道义, 刘耀珍译. 北京: 测绘出版社.

汤国安, 赵牡丹. 2009. 地理信息系统. 2 版. 北京: 科学出版社.

王光霞. 2011. 地图设计与编绘. 北京: 测绘出版社.

王家耀. 1993. 普通地图制图综合原理. 北京: 测绘出版社.

王家耀, 孙群, 王光霞, 等. 2006. 地图学原理与方法. 北京: 科学出版社.

吴金华, 杨瑾. 2011. 地图学. 北京: 地质出版社.

张奠坤, 杨凯元. 1992. 地图学教程. 西安: 西安地图出版社.

张力果, 赵淑梅. 1985. 地图学. 北京: 高等教育出版社.

张荣群. 2002. 地图学基础. 西安: 西安地图出版社.

祝国瑞. 2004. 地图学. 武汉: 武汉大学出版社.

祝国瑞, 尹贡白. 1982. 普通地图编制. 北京: 测绘出版社.

Kraak M J, Ormeling F. 2010. Cartography: Visualization of Spatial Data. New York: Guilford Publication.

第五章　普通地图

本章要点

1. 掌握普通地图的定义、类型、内容、特征、查询，了解国家基础地理信息数据库。
2. 学会普通地图特别是地形图上自然地理要素和社会经济要素的表示方法。
3. 认识编制普通地图的重要信息源及普通地图对 GIS、数字地球的重要性。
4. 了解普通地图的用途。

第一节　普通地图概述

一、普通地图的定义与类型

普通地图是较全面而均衡地表示地表的自然、社会经济要素基本特征、分布规律及其相互联系的地图。各要素在地图上的详细程度、精度、完备性、概括性及其表示方法很大程度上取决于地图的比例尺。一般来讲，地图的比例尺越大，表示内容越详细。随着比例尺的缩小，内容的概括程度也越来越高。

普通地图按比例尺分类有大比例尺（大于等于 1∶10 万）、中比例尺（大于 1∶100 万，小于 1∶10 万）和小比例尺（小于等于 1∶100 万）普通地图之分。

按比例尺和内容的概括程度分类有地形图和地理图之分。

1. 地形图

地形图一般是指按照统一的大地控制基础、地图投影、分幅编号，统一的测（编）制规范、图式符号系统，统一的比例尺系列（我国规定为 1∶100 万、1∶50 万、1∶25 万、1∶10 万、1∶5 万、1∶2.5 万、1∶1 万和 1∶5000），统一组织测制的 1∶100 万和更大比例尺的普通地图。地形图覆盖了全国，可供各地区、各部门使用，是国家基本系列普通地图。除此之外，地质、石油、煤炭、水利、电力、交通、林业、农业、城建等行业部门，根据测量、勘测设计、规划的需要，也常测制 1∶1000～1∶5 万等比例尺的地形图。这些专业性地形图和国家地形图相比内容有所增减。

2. 地理图

地理图指相对概括地表示制图区的自然、社会经济要素的基本特征、分布规律及其相互关系的普通地图。地理图由较大比例尺的地图编制而成，它没有统一的地图投影和分幅编号系统，制图区域范围大小根据实际需要而定，幅面有大有小。地理图多用于研究区域的自然地理和社会经济的一般情况，也可作为编制专题地图的底图。通常，地理图的比例尺都小于1∶100 万，例如，全国地理图的比例尺常用 1∶150 万、1∶200 万、1∶250 万、1∶300 万、1∶400 万、1∶600 万等系列，但也有些省区县域地理图，比例尺大于 1∶100 万，在 1∶20

万～1∶75万。

二、普通地图的内容与特征

普通地图的内容包括数学基础、地理要素和图边要素，其中地理要素包含水系、地貌、土质植被、居民地、交通线、境界线和独立地物等。

普通地图除具有地图的一般特性外，地形图和地理图又具有各自的许多重要特征。

1. 地形图的特征

（1）完备、均衡性。对于地表的自然和社会经济要素，地形图能客观、较为完备和均等地表示其空间分布、相互联系的基本特征，反映制图区基础信息，供使用者了解和掌握某区域的自然、人文概况，不刻意突出或详细表达某单一要素。

（2）制图规范的一致性。地形图采用统一大地控制基础、地图投影（我国除 1∶100 万地形图采用等角圆锥投影外，其余皆采用高斯-克吕格投影）、比例尺系列、制图规范、符号系统、色彩设计等，因而具有较好的一致性，便于拼接和使用。

（3）系统性。由于国家地形图采用 8 种比例尺系列，构成较完整的系统，能详细或较概括地反映制图区概况，能基本满足不同用户对基础地理信息的地图使用要求。

（4）权威性。地形图一般由国家统一组织实施测（编）制，有科学、严密及严格的规范要求，所以具有权威性，为信息共享创造了基础条件。

（5）几何精度相对较高。国家基本比例尺地形图为国家提供基础地理信息数据，具有较高的几何精度。地形图内容的详细程度、精确性和概括性主要受比例尺制约。比例尺越大，所表示的内容越详细，精度越高，即可量测性越强，但概括性越弱；比例尺越小，所表示内容的概括性越强，精度越低，即可量测性越弱。故大、中比例尺地形图可量测性较强。

2. 地理图的特征

（1）数学基础因制图区域的空间特征不同而不同。地理图没有统一的数学基础，投影的选择与制图区域的形状、大小和位置有密切的关系，具体表现在比例尺灵活、地图投影多样，图幅范围大小不同。

（2）内容和表示方法因用途而异。具体表现在地图内容比较灵活，表示方法和图式符号不统一，重视反映区域的地理特征。

（3）概括程度较高。普通地图比例尺较小，概括程度比较高，适用于一般了解和掌握制图区的基本概况。

三、普通地图的用途

普通地图不但能广泛应用于国民经济建设、国防军事、科学研究、文化教育等领域，而且其空间信息的特点可在不同的行业部门发挥作用，特别是 GIS、GNSS、RS 和数字地球技术的飞速发展和普及，地图使用和制作越来越大众化，使得其应用领域越来越宽广。

地形图可用于编制地理图，普通地图可用于编制专题地图。由于不同比例尺普通地图内容的详细程度和概括程度不同，其应用范围和应用功能也不同。

1∶5000、1∶1 万、1∶2.5 万地形图，内容详细、精确，每幅图包括实地面积不大，主要用于工程建设、勘察设计、城市规划、农林生产建设、战斗战术设计、侦察作战等方面。

1∶5万、1∶10万地形图,内容较详细、精确,每幅图包括实地面积稍大,主要供规划设计、勘察选线、野外考察、地形研究、资源调查、战术演练、指挥作战等使用。

1∶25万、1∶50万地形图,内容较概括,每幅图包括实地面积较大,主要供区域规划、总体设计、道路选线、资源普查、战役战术指挥、多兵种协同作战等使用。

1∶100万地形图,内容相对概括,主要供国家、省(区、市)总体规划、产业布局、资源开发、开发建设、战略拟定、统帅指挥等使用。

小于1∶100万地理图,概括性强,主要用于一般参考、文化教育、战略方针确定、中远程导弹发射等。

第二节　自然地理要素的表示

自然地理要素包括水系(海洋和陆地水系)、地貌、土质和植被。

一、海洋

1. 海岸

海岸由三大构成部分:潮浸地带、沿岸地带和沿海地带。沿岸地带是指海水高潮线以上的陆上部分,主要用等高线和地貌符号表示。潮浸地带是指海水高潮线和低潮线之间的范围(也称干出滩),在地形图上要重点展示,以各种形式的黑色、点线、虚线等符号表示干出滩的分布范围、海岸性质、通航情况和登陆条件。海岸线是多年平均大潮高潮位所形成的水陆分界线,也是沿岸地带与潮浸地带的分界线,通常以蓝实线表示。沿海地带是指低潮线以下到波浪作用下限的海底狭长地带,常用符号重点表示该范围内的岛礁和海底地形,低潮线一般用黑点线概略表示,常与干出滩外边线大致重合(图5-1)。

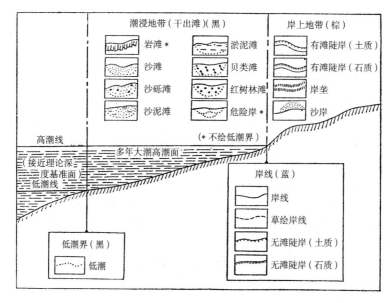

图 5-1　地形图上的海岸示意图

2. 海底地貌

海底地貌按其基本轮廓可分为大陆架、大陆坡和大洋底三部分。大陆架坡度平缓、宽度不一，地势起伏大，有沙洲、礁石、垄岗、溺谷、小丘、洼地等，深度一般在 100～200m。大陆坡坡度较大（最大达 20°以上），是大陆架向大洋底的过渡地带，深度一般在 200～2500m。大洋底地形起伏小（但有海底山脉、海岭等），深度一般在 2500～6000m，是海洋的主体部分。

海底地貌主要用水深注记、等深线和分层设色法来表示。海洋水深采用长期验潮数据求得的理论最低潮面即深度基准面起算，海水深度就是深度基准面至海底的深度。水深注记不标点位，而是用蓝色阿拉伯数字几何中心来代替。等深线是指以深度基准面为基础的等深点所连成的平滑曲线。等深线形式为蓝细实线或蓝点线符号。分层设色法是在相邻两条等深线之间涂以深浅不同的蓝颜色来表示海底起伏，深度越大，蓝色越深。

除海岸和海底地貌外，普通地图有时也表示潮流、海流、冰界、海底底质和航行标志等。

二、大陆水系

大陆水系是相对于海洋而言的，也称为水系，包括河流、运河、沟渠、湖泊、水库、池塘，泉、井、贮水池及水系附属物等。水系是重要的自然地理要素和水资源条件，它影响着地貌、土壤、植被、居民地、交通、工农业生产力的分布或配置，和人类生活密切相关，是地形的骨架和重要的方位判别物。

普通地图上水系表示的重点是反映出水陆交界线，即水涯线，表达水系的分布、类型、形态、数量特征、航运、沿岸状况和水系附属物等（图 5-2）。

1. 河流

地图上河流主要采用蓝色线状符号和注记来表示。图上河流粗大于 0.4mm 时，一般用依比例尺的蓝色双线符号表示；小于 0.4mm 时，用不依比例尺的蓝色单线符号表示。线状符号的中心线或边线表示河流的空间分布，线状符号的弯曲形状和相互关系表示河网类型，线状符号的粗细表示上下游、主支流关系，蓝色的实线、虚线、点线分别表示常流河、季节河和消失河段，数字、文字注记和点状符号表示河宽、深度、底质、流向、流速、水位点高程等，河流名称注记的字体及大小表示河流通航情况。双线河蓝色细实线表示河流常水位线，棕色虚线表示高水位线。

运河、引水渠、排水渠在地图上是以蓝色的平行双线或直线表示，并以粗细表示其主次等级。

2. 湖泊

在地图上，用蓝色水涯线和其内浅蓝色普染面状符号表示湖泊、水库、池塘的分布，用蓝色虚水涯线表示季节湖，用浅蓝色、浅紫色或文字注记分别表示淡水、咸水水质。

3. 水源地

水源地包括泉、井、贮水池等，地图上常用蓝色记号性点状符号表示其空间分布，用文字注记说明其有关性质。如"矿""温"分别表示矿泉、温泉。

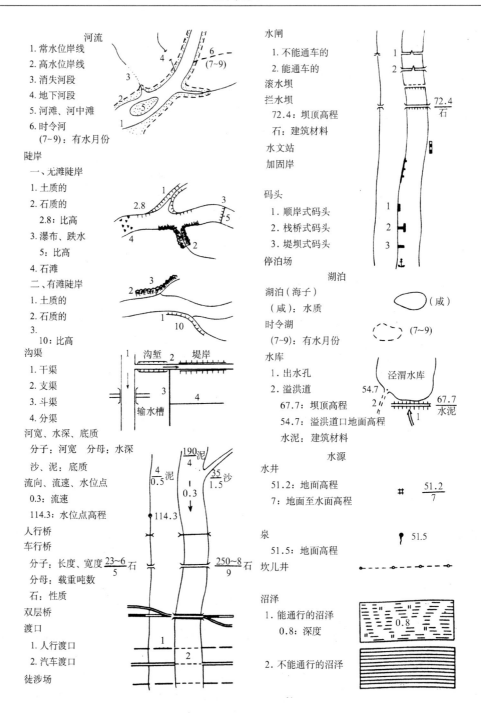

河流
1. 常水位岸线
2. 高水位岸线
3. 消失河段
4. 地下河段
5. 河滩、河中滩
6. 时令河
　(7~9): 有水月份
陡岸
　一、尤滩陡岸
　1. 土质的
　2. 石质的
　　2.8: 比高
　3. 瀑布、跌水
　　5: 比高
　4. 石滩
　二、有滩陡岸
　1. 土质的
　2. 石质的
　3.
　　10: 比高
沟渠
　1. 干渠
　2. 支渠
　3. 斗渠
　4. 分渠
河宽、水深、底质
　分子: 河宽　分母: 水深
　沙、泥: 底质
流向、流速、水位点
　0.3: 流速
　114.3: 水位点高程
人行桥
车行桥
　分子: 长度、宽度 $\frac{23\sim6}{5}$ 石
　分母: 载重吨数
　石: 性质
双层桥
渡口
　1. 人行渡口
　2. 汽车渡口
徒涉场

水闸
　1. 不能通车的
　2. 能通车的
滚水坝
拦水坝
　72.4: 坝顶高程
　石: 建筑材料
水文站
加固岸

码头
　1. 顺岸式码头
　2. 栈桥式码头
　3. 堤坝式码头
停泊场

湖泊
湖泊(海子)
　(咸): 水质
时令湖
　(7~9): 有水月份
水库
　1. 出水孔
　2. 溢洪道
　　67.7: 坝顶高程
　　54.7: 溢洪道口地面高程
　　水泥: 建筑材料

水源
水井
　51.2: 地面高程
　7: 地面至水面高程

泉
　51.5: 地面高程
坎儿井

沼泽
　1. 能通行的沼泽
　　0.8: 深度

　2. 不能通行的沼泽

图 5-2　地形图上的水系符号

4. 水系附属物

包括自然类,如瀑布、石滩等;水工建筑物类,如渡口、滚(拦)水坝、加固岸、码头、停泊场、防洪堤等。地图上常用半依比例尺线状符号或点状符号表示。

三、地貌

地貌是普通地图上重点表示的要素之一。它是指地表的高低起伏形态，也称地势或地形。地貌影响和制约着气候、水系、植被的形成和变化，对社会经济要素如居民地、交通线等的分布和发展影响很大，也是国防军事研究的重要对象之一。由于地貌具有三维立体形态，要在地图上能够确定地面上各点高程，判定地面坡向、坡形、坡度，显示地貌形态和分布特征并不是一件容易的事情。地貌表示常采用写景法、晕渲法、等高线法和分层设色法等方法。

1. 写景法

运用透视原理，以绘画写景形式表示地貌起伏及其相对位置的方法称为写景法。此法假定光线从图的左上方来，绘画者在图的南图廓上方绘制得到写景图（图5-3），属于示意性的表示方法。

图 5-3 写景法示例

一种利用计算机数字制图技术，基于等高线来自动绘制立体写景图的方法是地貌写景的现代手段。例如，利用计算机自动绘制连续、密集平行剖面所得写景图（图5-4），可避免绘画技能的影响，较为形象生动且提高了地貌表达精度。

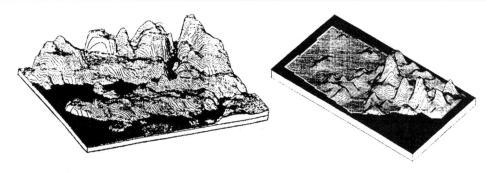

图 5-4　计算机连续剖面立体写景图

2. 晕渲法

晕渲法是假定光源照射地表产生阴影,利用墨色的浓淡或彩色的深浅显示坡面明暗变化,以表达地貌的起伏、分布和类型特征的方法(图 5-5),也称为阴影法。根据光源位置的不同,晕渲法可分为三种:光线垂直照射地面称为直照晕渲;光线斜照地面称为斜照晕渲;直照和斜照相结合的方法称为综合光晕渲。根据颜色不同,晕渲法可分为单色、双色和自然色晕渲。晕渲法显示地貌直观生动,立体感强,但不能量测坡度和高程。

图 5-5　晕渲法表示地貌示例

晕渲法立体效果较好,但手工绘制技术难度高,现在随着计算机制图技术的发展,已经实现了计算机自动晕渲。基于数字高程模型(DEM),计算出每个微小的地表单元的坡向、坡度及灰度值,然后输入到图形输出设备,由喷墨绘图机输出即可得晕渲图(图 5-6)。

3. 等高线法

等高线法是指利用等高线来表示地面的高低起伏及形态特征的方法。等高线是地面上高程相等的点所连成平滑曲线在水平面上的投影(图 5-7)。等高线法是表示地貌最常用的方法,我国地形图全部采用等高线法来表示地貌。

1)等高线类型与等高距

等高距是地图上相邻等高线的高程差。等高距的大小与地形图比例尺和地面起伏大小有关。

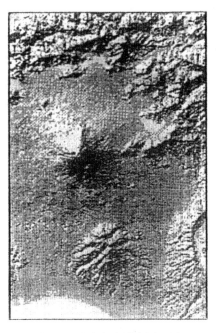

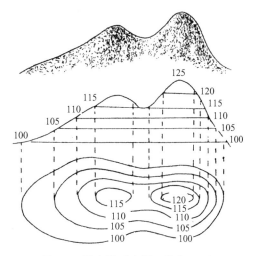

图 5-6 地貌自动晕渲图示例　　　　　图 5-7 等高线示意图（单位：m）

一般，比例尺大而地面起伏平缓，则等高距小；反之，则等高距大。等高距通常可按 0.2mm 乘以比例尺分母求得，高山区等高距一般增大一倍。在国家基本比例尺地形图中，各种比例尺图幅都有规定的等高距，称为基本等高距，如表 5-1 所示。

表 5-1 国家基本比例尺地形图等高距

比例尺	等高距/m	
	平原	高山
1：1 万	2.5	5
1：2.5 万	5	10
1：5 万	10	20
1：10 万	20	40
1：25 万	50	100
1：50 万	100	200

地图上的等高线分为首曲线、计曲线、间曲线和助曲线四种类型。

（1）首曲线（基本等高线）是按照地形图所规定的等高距绘制的等高线，在图上用细实线表示。

（2）计曲线（加粗等高线）是为了计算高程的方便加粗描绘的等高线，一般每隔 4 条（或 3 条）基本等高线绘制一条计曲线。

（3）间曲线（半距等高线）是按规定等高距的 1/2 高程加绘的长虚线。

（4）助曲线（辅助等高线）是按规定等高距的 1/4 高程加绘的短虚线。

间曲线和助曲线用来表示基本等高线之间的局部地貌形态，是对基本等高线的补充。

2）等高线的特征

（1）在同一条高等线上，各点的高程均相等。

（2）等高线是闭合曲线。

（3）等高线不能相交和重合，只在陡坡或悬崖处才出现重叠或相交，可用地貌符号表示。

（4）等高线越稀，斜坡越平缓；等高线越密，斜坡越陡峻。两条等高线间距离最短的方向，是最大坡度方向。

（5）等高线与分水线或集水线垂直相交。

3）地貌基本形态及其等高线组合图形

地貌由山顶、凹地、山脊、山谷、鞍部和坡面等基本形态组合而成。

（1）山顶、凹地。山顶的等高线是一组内高外低的闭合曲线，示坡线指向外侧。山顶按形状可分为：①尖山顶，等高线为尖角状，且内密外疏；②圆山顶，等高线为浑圆状，且内疏外密；③平山顶，顶部平缓，等高线内极疏外极密（图5-8）。凹地的等高线也是一组闭合曲线，但内低外高，示坡线指向内侧（图5-9）。

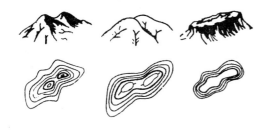 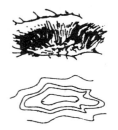

图 5-8　山顶形状及等高线图形特点　　　　图 5-9　凹地形状及等高线图形特点

（2）山脊、山谷。山脊指从山顶向山脚延伸的凸起部分。山脊的等高线为一组凸向低处，依分水线对称的曲线。山脊依外形分为：①尖山脊，等高线呈尖角状；②圆山脊，等高线约呈圆弧状；③平齐出脊，等高线约呈疏密悬殊的矩形状（图5-10）。

图 5-10　山脊形状及等高线图形特点

山谷是两个山脊间的低凹部分。山谷的等高线正好与山脊相反，等高线向高处凸出，依集水线对称。按形状山谷分为：①V形谷，等高线呈"V"字形；②U形谷，等高线呈"U"

字形；③槽形谷，等高线呈"槽"形（图 5-11）。

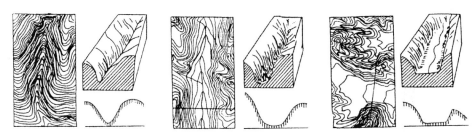

图 5-11 山谷等高线图形特点

（3）鞍部。鞍部是两山顶间的低地，形状似马鞍。由一对表示山脊的等高线和一对表示山谷的等高线组成。有时绘有示坡线（图 5-12）。对称鞍部的山脊、山谷分别两两对称；不对称鞍部则不一定对称。

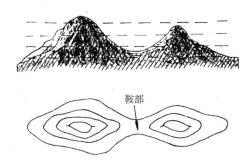

图 5-12 鞍部及其等高线图形

（4）坡面。坡面是倾斜的地表面，又称为斜坡或山坡。山脊或山谷的两个侧面就是坡面。坡面的等高线图形由一系列呈直线状的等高线组合而成。按形状分为：①均匀坡，坡面倾斜基本一致，等高线间隔大致相等；②凸形坡，坡面倾斜为上缓下陡，等高线为上疏下密；③凹形坡，坡面倾斜为上陡下缓，等高线则上密下疏；④阶形坡，坡面倾斜陡缓相间，等高线间隔疏密相同（图 5-13）。坡向常根据高程点注记，河、湖位置，水流方向，等高线注记（字头指向高处）来判定。

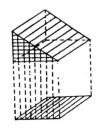 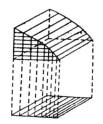 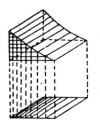 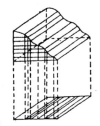

图 5-13 坡面及其等高线图形

4）地貌符号与注记

由于受比例尺的限制，有些微地貌形态无法用等高线表示，地形图上常用地貌符号来辅助表达特殊地貌，如土堆、坑穴、溶斗、岩峰、崩崖、滑坡、陡崖、梯田、冲沟、陡石山、露岩地等（图5-14）。

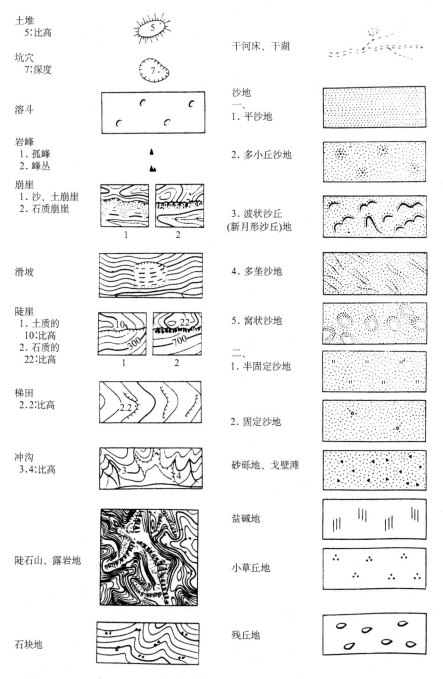

图5-14　地形图上的地貌与土质符号

地貌注记有黑色高程点注记、棕色等高线说明注记和黑色地貌名称注记。

4. 分层设色法

分层设色法是指在地图上等高线间普染不同深浅的各种颜色来表示地貌高低起伏的方法。图上由不同的高程带构成色层变化，色调和颜色的变化是根据色彩视觉感受特点，按照越高越亮或越高越暗的原则来配设的。后者常由蓝色，绿色，黄、橙色，棕、紫、灰色等系列，分别表示海洋，平原，低山丘陵和高山、极高山等。

分层设色法的颜色变化可弥补等高线法立体感较差的不足，常用于普通地图特别是中、小比例尺地理图上的地貌表示，并多和晕渲法配合使用。

四、土质、植被

土质是指地表覆盖层的表面性质。如石块地、沙地、沙砾地、戈壁滩、盐碱地、小草丘地、残丘地等。在地形图常用地类界、填充符号、底色和说明注记表示（图 5-14）。地类界是指地表覆盖物的类别界线，图上常用黑色点线绘制。填充符号和底色是指在地类界表示的范围内填充一些符号或者颜色来说明其种类和性质。说明注记是指在大面积的土质和植被范围内加注文字或数字注记，以说明其质量和数据特征。

植被是指地表的植物覆盖层的总称。其表示方法和土质类似。植被是重要的生物资源，包括森林、草地、经济林、经济作物地、耕地等，图 5-15 显示了部分植被符号。

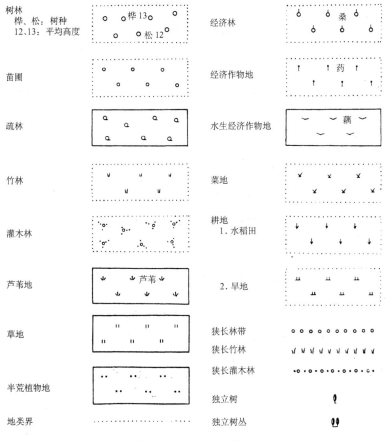

图 5-15　部分植被符号

第三节　社会经济要素的表示

一、居民地

居民地是人类生活居住和进行各种社会经济活动的聚集地，是重要的社会经济要素，其对于国民经济建设、文化科技、教育、国防军事等均具有重要意义。普通地图上要求表示出居民地的分布、类型、外围或街区形状、建筑物质量特征、行政等级及人口数等。

1. 居民地的分布

由于比例尺大小变化和居民地规模及其集中、分散程度的不同，普通地图上既可以用依比例尺的真形面状符号表示居民地的分布（如大、中比例尺地形图上的城市、集镇以及乡村）；也可以用不依比例尺的定位点状符号位置表示居民地的分布（如比例尺小于 1∶100 万普通地图上的圈形符号）。

2. 居民地的类型

我国居民地按政治、经济地位，人口数量，居民职业，建筑物规模及其质量等，常分为城市、集镇和村庄三种：城市是指县级及其以上政府驻地，包括直辖市、省（自治区）辖市、地区（自治州、盟）辖市，县、市、旗政府驻地等；集镇是乡镇级政府驻地，还包括农场、集市、厂区、度假区等；村庄是指农村散列式居民地。

城市、集镇和村庄三种居民地类型，在地图上以其本身图形来区分，以名称注记的字体、字级来辅助表示，如粗等线体（黑体）、中等线体、细等线体分别表示城市、集镇和村庄。

特殊居民地如窑洞、蒙古包、棚房等，在地图上以黑色定位点状符号来表示（图 5-16）。

图 5-16　特殊居民地符号

3. 居民地的形状

居民地的形状主要由外部轮廓和内部结构构成，普通地图上要尽可能依比例尺表示出居民地的真实形状。

居民地的外部轮廓主要由街道网和居民地边缘建筑物构成。随着比例尺缩小，居民地外部形状将由详细过渡到概略，城市形状可用简单外廓表示，小比例尺地图居民地形状则无法显示，只能用图形符号来表达。

居民地的内部结构主要依据街道网图形、街区形状、广场、水域、绿地、空旷用地等来表达。街道网图形构成了居民地的主体结构，在大比例尺地形图上详细表示，即以黑色平行双线符号显示。街区是指街道、河流、道路和围墙等所包围的、由建筑区和非建筑区构成的小区。在地图上要尽可能地依比例尺绘出街区界线，并填充45°斜晕线。

4. 建筑物质量特征

地图上根据不同比例尺，用依比例、半依比例、不依比例符号和填充晕线、颜色等方法，尽可能详尽地表示建筑物的质量特征。例如，在≥1:10 万比例尺地形图上，用依比例、半依比例和不依比例的黑块符号表示普通房屋。在≥1:5 万比例尺地形图上，用依比例交叉晕线符号或不依比例记号符号表示有方位意义的突出房屋；用依比例细廓线交叉晕线符号表示10 层以上的高层建筑区（图 5-17）。

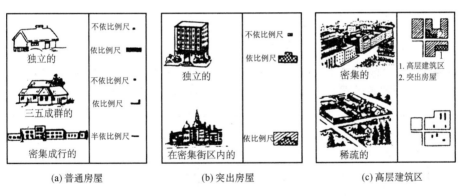

图 5-17　部分居民地符号

随着地图比例尺的缩小，表示建筑物质量特征的可能性随之减少。例如，在 1:10 万比例尺地形图上开始不区分建筑物质量，全部用街区黑块表示，在 1:50 万、1:100 万地形图及更小比例尺普通地图上，除主要城市用填绘晕线或颜色的概略轮廓图形表示外，其他居民地均用圈形符号来表示，无法区分居民地建筑物质量特征。

5. 居民地行政等级

居民地按行政意义分级称为行政等级，在一定程度上反映了居民地的政治、经济和文化等方面的意义。我国居民地行政等级是国家规定的"法定"标志，表示居民地驻有某一级行政机构。

我国居民地的行政等级分为：①首都所在地；②省、自治区、直辖市人民政府驻地；

③地级市、省辖市、地区自治州、盟人民政府驻地；④县（县级市、区）、自治县、旗人民政府驻地；⑤镇、乡人民政府驻地；⑥村民委员会驻地。

　　地图上表示行政等级的方法较多。例如，可用地名注记的字体、字级来表示，也可用居民地圈形符号的形状、尺寸变化来表示（小比例尺图常用），还可用名称注记下方加绘辅助线来区分。图5-18是表示居民地行政等级的几种常用方法。

	用注记(辅助线)区分		用符号及辅助线区分		
首都	⬜⬜⬜	等线	★ (红)	★ (红)	
省、自治区、直辖市	⬜⬜⬜	等线	● (省)	(省辖市) ◎ ◎	✦
自治州、地区、盟	⬜⬜⬜	等线	● (红)	(辅助线)	◉ 📷
市	⬜⬜⬜	等线			
县、旗、自治县	⬜⬜⬜	中等线	●	⊙	◉
镇	⬜⬜⬜	中等线			⊙
乡	⬜⬜⬜	宋体			
自然村	⬜⬜⬜	细等线	○	○	○

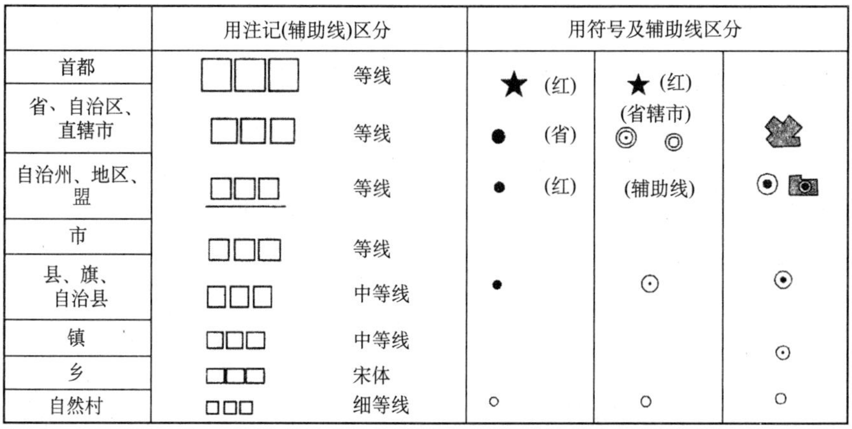

图5-18　表示居民地行政等级的几种常用方法

6. 居民地人口数

　　地图上居民地人口数多采用名称注记字体、字级或圈形符号形状、大小变化来表示。在小比例尺地图上，人口数通常用圈形符号形状和大小的变化表示，在大比例尺地图上居民地人口数一般用字体和字级表示。图5-19是表示居民地人口数的几种常用方法。

用注记区分人口数		用符号区分人口数		
(城镇)	(农村)			
北京 100万以上	沟帮子	100万以下		100万以上
长春 50万~100万	茅家埠 ⎫ 2000以上	50万~100万	◉	30万~100万
锦州 10万~50万	南坪 ⎫ 2000以下	◉ 10万~50万	●	10万~30万
通化 5万~10万	成远	◉ 5万~10万	◉	2万~10万
海城 1万~5万		⊙ 1万~5万	◉	5000~2万
永陵 1万以下		○ 1万以下	○	5000以下

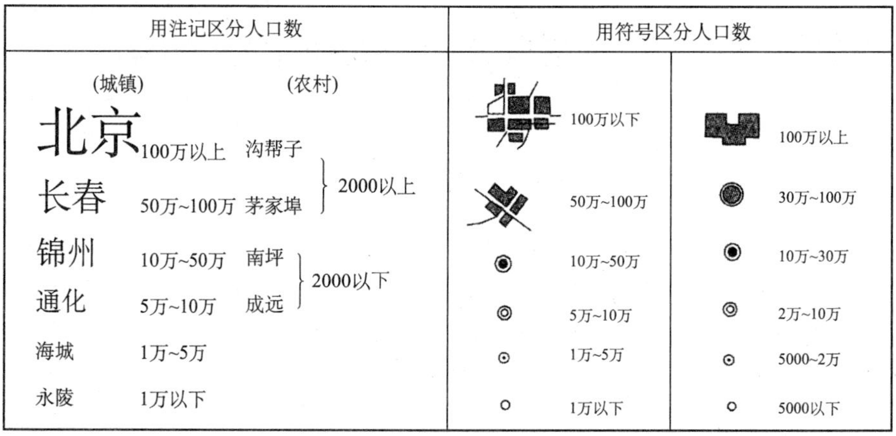

图5-19　表示居民地人口数的几种常用方法

二、交通线

　　交通线是重要的社会经济要素，是各种交通运输线路的总称。包括陆地交通、水上交通、空中交通和管线运输等。普通地图上主要用半依比例线状符号的形状、尺寸、颜色和注记表示交通线的分布、类型和等级、形态特征、通行状况和运输能力等。

1. 陆地交通

陆地交通即通常所称的道路，主要包括铁路、公路和其他道路。

1）铁路

大、中比例尺地形图上，铁路用黑白相间的黑色线状符号表示：复线铁路符号加双竖线，窄轨铁路符号变细，建筑中的铁路符号无黑节。小比例尺地图上，铁路多采用黑色实线和虚线符号（建筑中）表示（图 5-20）。

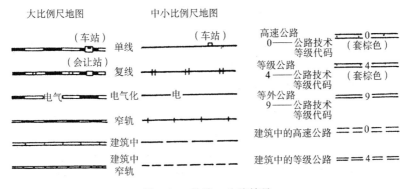

图 5-20　铁路、公路符号

2）公路

大、中比例尺地形图上，公路用半依比例平行双线符号表示，用尺寸、颜色和说明注记表示公路类别及等级（图 5-20），还用不同符号表示路堤、路堑、涵洞、隧道等道路附属设施。公路符号中的说明注记表示公路技术等级，如"0、1、2、3、4、9"等代码分别表示高速、一级、二级、三级、四级公路和等外公路（包括专用公路）。

小比例尺地图上，仅以粗、细实线颜色符号表示主要、次要公路。

3）其他道路

其他道路是指公路级别以下的机耕路（大车路）、乡村路、小路、时令路等，在地形图上分别用黑色的粗实线、粗虚线、短虚线和点线表示。

小比例尺地图上，其他道路仅以粗实线和虚线分别表示大路、小路。

2. 水上交通

水上交通分为江河航线和海洋航线。

地图上多用带箭头的短线表明河流通航起讫点等；小比例尺图上有时还标明定期、不定期通航河段。

海洋航线仅在小比例尺地图上表示，用点状符号表示航线港口位置，用蓝色虚线表示航线。

3. 空中交通

在普通地图上，空中交通是由图上表示的航空站体现出来的，一般不表示航空线。我国规定地图上不表示航空站和任何航空标志，而国外地图上一般都较详细地表示。

4. 管线运输

管线运输主要包括运输管道、高压线路和通信线路。

运输管道用小圆加直线符号表示，用说明注记表明其性质，如"水""油""气"分别表示输水、输油、输气管道。现在我国地形图上仅表示地面上的管道。

在大比例尺地形图上，高压线路用点加带箭头的直线状符号表示，有方位意义的电线杆要绘出其位置。

通信线路用点和直线符号表示，一般仅绘出主要线路，同时要显示有方位作用的电线杆。

三、境界线

境界线是区域范围的分界线，包括政区界和其他地域界。政区是政治行政区划的简称，它包括政治区划和行政区划两种。政治区划主要指国家领土的划分，其界线即为国界。行政区划是指国内行政区域的划分，其界限统称为行政区划界。其他地域界包括开发区界、保税区界、自然文化保护区和禁区界等。

地图上用不同结构、不同粗细和不同颜色的点线符号，反映出境界线的等级、位置及与其他要素的关系。境界线大多数用对称性的线状符号来表示，只有一些独立区域界（如保护区、河流流域界等）才使用不对称的方向性符号，如图5-21所示。主要境界线还可用加绘色带（晕边）来强调表示。境界线在转折和交互处必须表现为实线段或点，如果有两级以上行政界线重合，只表示较高一级界线。

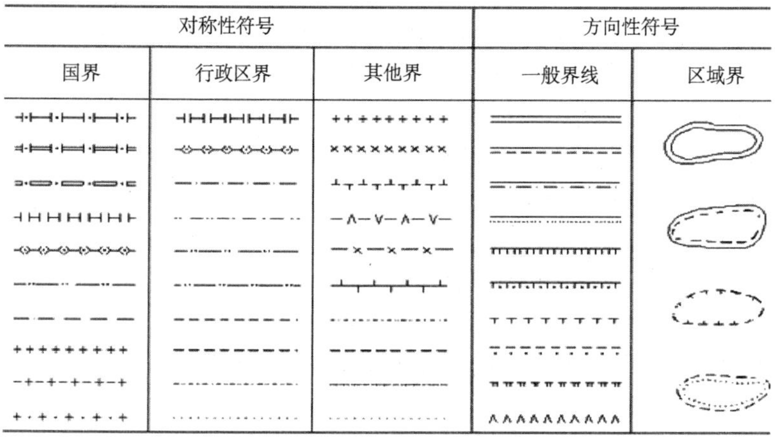

对称性符号			方向性符号	
国界	行政区界	其他界	一般界线	区域界

图 5-21　表示境界的符号示例

国界是表示国家领土归属的界线。国界的表示必须根据国家正式签订的边界条约或边界议定书及其附图，按实地位置在图上准确绘出，并在出版前按规定履行审批手续，批准后方能印刷出版。我国地图上的国界用工字形短粗线加点的连续线状符号表示，未定界仅用粗虚线表示。省、自治区、直辖市界用一短线、两点的连续线表示；地区、地级市、自治州、盟界用两短线、一点的连续线表示；县、自治县、旗、县级市界用一短线、一点的连续线表示。当境界线以河流或其他线状地物中心线为界，且该地物为单线符号时，境界线要沿地物两侧间断交错绘出，每段绘 3～4 节。其他界线一般用带齿的虚线符号表示。

四、独立地物

独立地物是指地面上独立存在且具有一定方位作用的重要地物。独立地物由于形体较小，在地图上无法用依比例尺的真形符号表示，常以不同形状的点状符号表示其分布、类别及性质（图 5-22）。

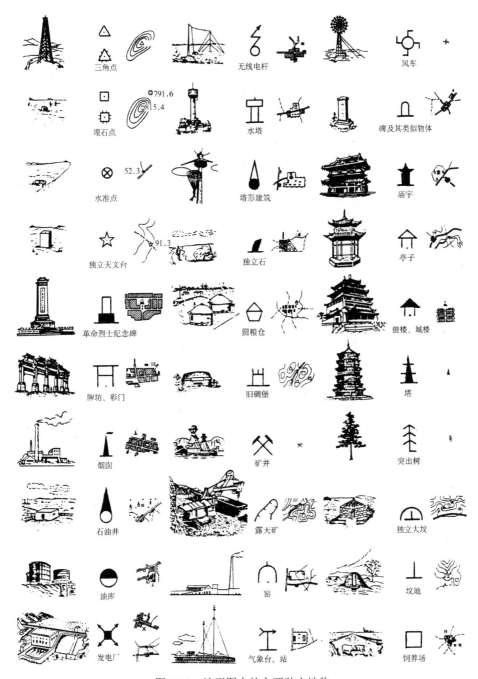

图 5-22　地形图上的主要独立地物

在地图上，独立地物必须精确地表示其实际位置，所以独立地物的符号都规定了符号的定位点，便于定位。当独立地物符号与其他符号抢位时，一般保持独立地物符号位置的准确，其他地物符号移位绘出。街区中的独立地物符号，一般可以中断街道线、街区留空绘出。

第四节　地形图的分幅和编号

对于一个确定的制图区域而言，如果要求的地图内容比较概略，就可以采用较小的比例尺，有可能将整个区域绘于一张图纸上；如果要求地图内容表达详细，就要采用较大的比例尺，这样就不可能将整个制图区域绘制在一张图纸上。特别是对于国家基本比例尺地形图，更不可能将辽阔的区域测绘或者编制在一张图纸上。加之，受印刷设备的限制，地图幅面不可能过大。因此，为了不重测（编）、漏测（编），以及印刷、保管、使用的方便，就需要将制图区域按照一定的规律划分成若干块，这就是地图分幅。对同一制图区域来说，比例尺不同，划分的图幅数量不同。为了科学地反映不同比例尺地图之间的层次包含关系和相同比例尺地图之间的邻接关系，并能快速地检索查找到所需的某地某种比例尺的地图，以及便于地图的分发、保管和使用，需要将地图按照一定的规律进行编号。总之，为了便于编图、测图、印刷、保管和使用地图，必须对地图进行分幅和编号。

一、地图的分幅

地图通常有两种分幅形式，即矩形分幅和经纬线分幅。

1. 矩形分幅

用矩形的图廓线分割图幅，相邻图幅间的图廓线都是直线，矩形的大小根据图纸的规格、用户使用的便利性及编图的需要确定。挂图、地图集中的地图多用矩形分幅。

矩形分幅分为拼接的和不拼接的（图 5-23），拼接使用的矩形分幅是指相邻图幅有共同的内图廓线，使用时可以按其共用边拼接起来。大型挂图和工程上使用的大比例尺地形图等大多采用这种分幅形式；不拼接的矩形分幅是指图幅之间没有共用边，每幅地图都有各自的制图主区，各分幅图之间常有一定的重叠，有时还可以根据主区的大小变更地图的比例尺。地图集中的分幅地图通常采用这种分幅方式。

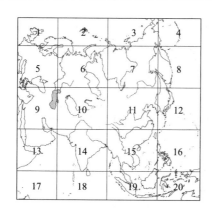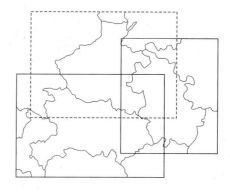

图 5-23　地图的矩形分幅

矩形分幅的主要优点是：图幅间结合紧密，便于拼接使用（不拼接的除外）；各图幅面积相对平衡，有利于充分利用图纸和印刷的版面；可以使图廓线有意识地避开重要的地物，以保持其图形的完整性。其主要缺点是：制图区域只能一次投影，变形较大；图廓线没有明确的地理概念，图幅的地理位置不明显。

2. 经纬线分幅

图廓线由经线和纬线组成，大多数情况下表现为上下图廓为曲线的梯形，又称为梯形分幅。它是当前世界各国地形图和大区域的中小比例尺分幅地图多采用的主要分幅形式。我国的基本比例尺地形图就是以国际 1∶100 万地图为基础，按经纬线分幅的。

经纬线分幅的主要优点是：每个图幅都有明确的地理位置和范围概念；可分开多次投影，变形较小。其缺点是：图廓线为曲线时拼接不便；高纬地区图幅面积缩小，不利于纸张的使用和印刷；常会破坏重要地物的完整性。

二、地图编号

每个图幅用一个特定的号码来标识，称为地图的编号。地图的编号应具有系统性、逻辑性和唯一性等特点，常见的地图编号方法有以下几种。

1. 行列式编号法

将图幅区域划分为若干行和若干列，并相应地按照序数和字母顺序编上号码。列的编号可以自左向右，也可以自右向左；行的编号可以自上而下，也可以自下而上。图幅的编号则用"行号-列号"或"列号-行号"的形式唯一标记。

2. 自然序数编号法

将分幅地图按自然序数的顺序编号，一般是自左向右，自上而下，也可以用别的排列方法，如自下而上，自右到左；顺时针，逆时针等。小区域的分幅地图常用自然序数编号法。

3. 行列-自然序数编号法

行列-自然序数编号法是行列式和自然序数编号法相结合的编号方法，即在行列编号的基础上，用自然序数或者字母表示详细划分后的较大比例尺图幅的代码，两者结合构成分幅图的编号。世界各国的地形图多采用这种方法编号。

4. 图廓点坐标公里数编号法

图幅编号一般按照西南角图廓点的坐标公里数编号，按纵坐标 x 在前，横坐标 y 在后，组成图幅编号，即"x-y"的顺序编号。这种编号方法主要用于工程用大比例尺地形图的编号。

三、我国基本比例尺地形图的分幅和编号

我国基本比例尺地形图的分幅和编号都是在 1∶100 万比例尺地形图的基础上进行的。1991 年我国制定了《国家基本比例尺地形图分幅和编号》，在此以前，1∶100 万地形图采用行列式编号（列号在前，行号在后），其他比例尺地形图都是在此基础上加上自然序数来编号；

1991 年以后制作的地形图，1∶100 万仍然采用行列式编号法，其他比例尺编号在此基础上再叠加行列号生成。

1. 1991 年前我国地形图分幅编号

地形图查询依据地形图图幅编号进行。我国每一种基本比例尺地形图都规定有图廓大小，且都有相应号码标志，基本比例尺地形图采用经纬线分幅（梯形分幅），并规定了相应编号。

我国 1∶100 万～1∶5000 地形图的旧的分幅编号系统如图 5-24 所示。其分幅编号系统是以 1∶100 万地图为基础，划分出 1∶50 万、1∶25 万、1∶10 万 3 种比例尺，称为一级延伸系统；再以 1∶10 万地图为基础，划分出 1∶5 万、1∶1 万两种比例尺，称为二级延伸系统；又以 1∶5 万和 1∶1 万地图为基础，分别划分出 1∶2.5 万和 1∶5000 两种比例尺，称为三级延伸系统。

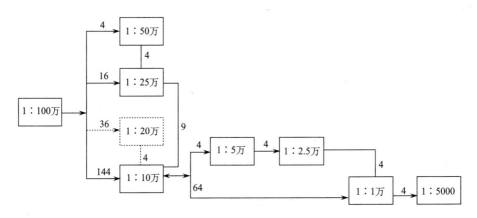

图 5-24　我国基本比例尺地形图旧的分幅和编号系统

1）1∶100 万地形图的分幅和编号

分幅为纬差 4°，经差 6°。国际统一规定：从赤道起，向两极每隔纬差 4°为一列，依次以 A、B、C、D、…、V 表示；由经度 180°起，从西向东，每隔经差 6°为一行，依次用 1、2、3、4、…、60 表示（图 5-25）。编号以它的"横列号-纵行号"表示。如 J-50。

2）1∶50 万，1∶25 万和 1∶10 万地形图的分幅和编号

1∶50 万地形图分幅、编号。分幅为纬差 2°，经差 3°，一幅 1∶100 万地形图划分为 4 幅 1∶50 万地形图。编号是在 1∶100 万地形图的图号后面，分别加上 A、B、C、D（图 5-26），如 J-50-A。

1∶25 万地形图分幅、编号。分幅为纬差 1°，经差 1°30′，一幅 1∶100 万地形图划分为 16 幅 1∶25 万地形图。编号是在 1∶100 万地形图的图号后面，分别加上[1]、[2]、[3]、…、[16]，如 J-50-[2]。

1∶10 万地形图分幅、编号。分幅为纬差 20′，经差 30′，一幅 1∶100 万地形图划分为 144 幅 1∶10 万地形图。编号是在 1∶100 万地形图的图号后面，分别加上 1～144，如 J-50-5。

3）1∶5 万、1∶2.5 万、1∶1 万和 1∶5000 地形图的分幅和编号

1∶5 万地形图分幅、编号。分幅为纬差 10′，经差 15′，一幅 1∶10 万地形图划分为 4 幅 1∶5 万地形图。编号是在 1∶10 万地形图的图号后面，分别加上 A、B、C、D（图 5-27），

如 J-50-5-B。

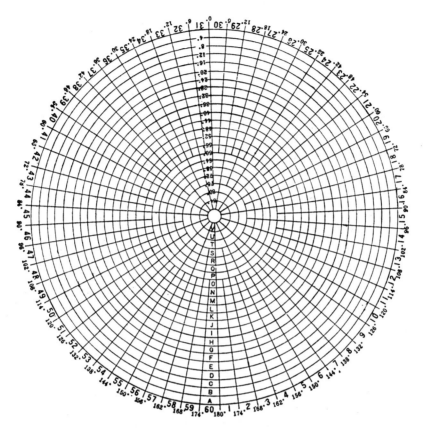

图 5-25 1:100 万比例尺地形图的分幅和编号

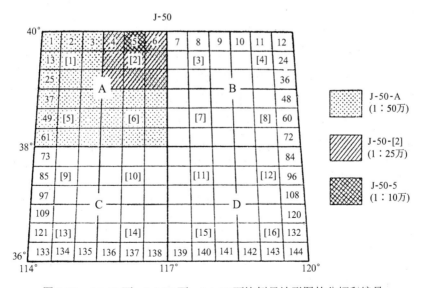

图 5-26 1:50 万、1:25 万、1:10 万比例尺地形图的分幅和编号

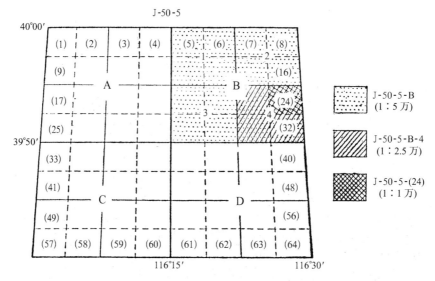

图 5-27　1∶5 万、1∶2.5 万、1∶1 万比例尺地形图的分幅和编号

　　1∶2.5 万地形图分幅、编号。分幅为纬差 5′，经差 7′30″，一幅 1∶5 万地形图划分为 4 幅 1∶2.5 万地形图。编号是在 1∶5 万地形图的图号后面，分别加上 1、2、3、4，如 J-50-5-B-4。

　　1∶1 万地形图分幅、编号。分幅为纬差 2′30″，经差 3′45″，一幅 1∶10 万地形图划分为 64 幅 1∶1 万地形图。编号是在 1∶10 万地形图的图号后面，分别加上（1）、（2）、…、（64）。如 J-50-5-（24）。

　　1∶5000 地形图的分幅、编号。分幅为纬差 1′15″，经差 1′52.5″，每一幅 1∶1 万地形图分为 2 行 2 列，共 4 幅 1∶5000 地形图。编号是在 1∶1 万地形图后面，分别加上小写的英文字母 a、b、c、d。如 J-50-5-（24）-a。

　　上述地形图的分幅和编号，常制成地形图分幅和编号接合表，以便查询。

　　2. 1991 年实施的国家地形图分幅编号

　　从 1991 年起，新测制和更新的地形图，都须按《国家基本比例尺地形图分幅和编号》实施分幅编号。2012 年更新了国家标准。新国家标准和以前分幅编号规定相比，分幅仍以 1∶100 万地形图为基础，经差、纬差没有改变，但分幅方法变为：7 个系列比例尺地形图均由 1∶100 万地形图划分而成；过去的纵行、横列改为横行、纵列；编号仍以 1∶100 万地形图为基础，加上比例尺代码，续接各相应比例尺的行、列数字码。即 1∶50 万～1∶5000 地形图编号均由 5 个元素 10 位码构成：前 3 位为 1∶100 万地形图编号，第 4 位为比例尺代码（用 B、C、D、E、F、G、H 分别代表 1∶50 万、1∶25 万、1∶10 万、1∶5 万、1∶2.5 万、1∶1 万和 1∶5000 比例尺），第 5～7 位是图幅行号数字码，第 8～10 位是图幅列号数字码（图 5-28）。

　　1∶100 万地形图。分幅仍按国际 1∶100 万地图分幅标准划分，即一幅标准分幅纬差 4°，经差 6°；纬度 60°～76°情况下纬差 4°，经差 12°；纬度 76°～88°情况下纬差 4°，经差 24°。编号由该图所在的行号（字母码）和列号（数字码）构成，例如，西安所在的 1∶100 万地形图图号为 I49。

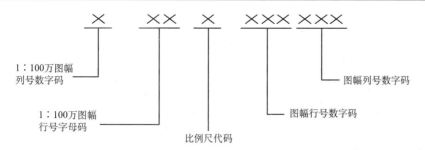

图 5-28　1：50 万—1：5000 地形图图号组成

　　1：50 万地形图。每幅 1：100 万地形图分为 2 行 2 列，共 4 幅该图，该图每幅纬差 2°，经差 3°，比例尺代码为 B，行、列号数字码从上到下，从左到右分别为 001～002（图 5-29），编号如 I49B001001。

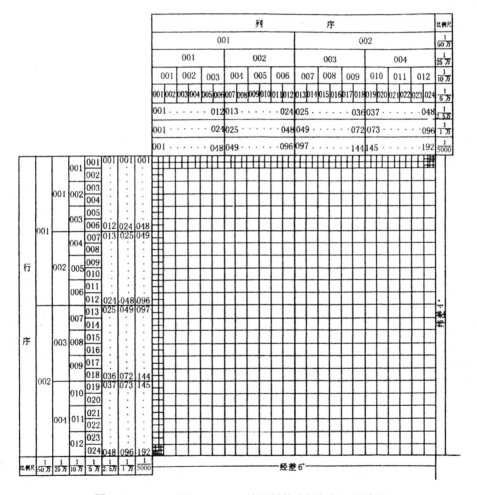

图 5-29　1：100 万～1：5000 地形图的分幅与行、列编号

　　1：25 万地形图。每幅 1：100 万地形图分为 4 行 4 列，共 16 幅该图，其每幅纬差 1°，经差 1°30′，比例尺代码为 C，行、列号数字码从上到下，从左到右分别为 001～004，编号

如 I49C002001。

　　1:10 万地形图。每幅 1:100 万地形图分为 12 行 12 列共 144 幅该图,其每幅纬差 20′,经差 30′,比例尺代码为 D,行、列号数字码从上到下,从左到右分别为 001～012,编号如 I49D006002。

　　1:5 万地形图。每幅 1:100 万地形图分为 24 行、24 列共 576 幅该图,其每幅纬差 10′,经差 15′,比例尺代码为 E,行、列号数字码 001～024,编号如 I49E011004。

　　1:2.5 万地形图。每幅 1:100 万地形图分为 48 行、48 列共 2304 幅,其每幅纬差 5′,经差 7′30″,比例尺代码为 F,行、列号数字码从上到下,从左到右分别为 001～048,编号如 I49F021008。

　　1:1 万地形图。每幅 1:100 万地形图分为 96 行、96 列共 9216 幅,其每幅纬差 2′30″,经差 3′45″,比例尺代码为 G,行、列号数字码从上到下,从左到右分别为 001～096,编号如 I49G042015。

　　1:5000 地形图。每幅 1:100 万地形图分为 192 行、192 列共 36864 幅,其每幅纬差 1′15″,经差 1′52 5″,比例尺代码为 H,行、列号数字码从上到下,从左到右分别为 001～192,编号如 I49H084030。

　　8 种比例尺地形图及其相互关系详见表 5-2。

表 5-2　8 种比例尺地形图及其相互关系

比例尺	纬差	经差	行数	列数	图幅数量关系							比例尺代码	行号(数)字码	列号数字码	编号示例 ϕ:34°15′24″ λ:108°55′45″
1:100 万	4°	6°	1	1	1							A、B、…、V	1、2、…、60		I49
1:50 万	2°	3°	2	2	4	1						B	001～002	001～002	I49B001001
1:25 万	1°	1°30′	4	4	16	4	1					C	001～004	001～004	I49C002001
1:10 万	20′	30′	12	12	144	36	9	1				D	001～012	001～012	I49D006002
1:5 万	10′	15′	24	24	576	144	36	4	1			E	001～024	001～024	I49E011004
1:2.5 万	5′	7′30″	48	48	2304	576	144	16	4	1		F	001～048	001～048	I49F021008
1:1 万	2′30″	3′45″	96	96	9216	2304	576	64	16	4	1	G	001～096	001～096	I49G042015
1:5000	1′1.5″	1′52.5″	192	192	36864	9216	2304	256	64	16	4	H	001～192	001～192	I49H084030

注:示例为西安所在地的不同比例尺地形图编号。

3. 地形图分幅编号的计算

1)查询地形图编号

在实践中,往往知道某地地理坐标,需查询其 1:100 万地形图编号,计算公式为

$$\left.\begin{array}{l} a = \left[\varphi / 4°\right] + 1 \\ b = \left[\lambda / 6°\right] + 31 \end{array}\right\} \qquad (5\text{-}1)$$

$$\text{(西经范围用 } b = 30 - \left[\lambda / 6°\right])$$

式中，a 为 1：100 万图所在纬度带字符相对应数字码；b 为 1：100 万图所在经度带数字码；λ 为某点经度；φ 为某点纬度；[　]为数值取整数。

知道一幅图的 1：100 万比例尺地形图编号，求其余各种比例尺地形图的行、列编号，计算公式为

$$
\left.\begin{aligned}
c &= 4°/\Delta\varphi - \left[(\varphi/4°)/\Delta\varphi\right] \\
d &= \left[(\lambda/6°)/\Delta\lambda\right] + 1
\end{aligned}\right\} \tag{5-2}
$$

式中，c 为所求地形图行号数字码；d 为所求地形图列号数字码；φ、λ 为某点纬度、经度；$\Delta\varphi$ 为所求地形图纬差；$\Delta\lambda$ 为所求地形图经差；[　]为数值取整数；（　）为整除后，商取所余经、纬度数。

例：已知西安市中心区 $\varphi=34°15'24''$，$\lambda=108°55'45''$，用公式法求其所在 1：100 万、1：25 万和 1：5 万比例尺地形图编号。

1：100 万地形图编号：按式（5-1）得

$$a = \left[34°/4°\right] + 1 = 9 \quad（即字符为 I）$$

$$b = \left[108°/6°\right] + 31 = 49$$

西安所在 1：100 万地形图编号为 I49。

1：25 万地形图编号：按式（5-2）得

$$c = 4°/1° - \left[（34°15'24''/4°）/1°\right] = 4°/1° - \left[2°15'24''/1°\right] = 002$$

$$d = \left[（108°55'45''/6°）/1°30'\right] + 1 = \left[0°55'45''/1°30'\right] + 1 = 001$$

西安所在 1：25 万地形图编号为 I49C002001。

1：5 万地形图编号：按式（5-2）得

$$c = 4°/10' - \left[（34°15'24''/4°）/10'\right] = 4°/10' - \left[2°15'24''/10'\right] = 011$$

$$d = \left[（108°55'45''/6°）/15'\right] + 1 = \left[0°55'45''/15'\right] + 1 = 004$$

西安所在 1：5 万地形图编号为 I49E011004。

2）查询地形图经纬度

已知图幅编号，该图西南图廓点经纬度计算公式为

$$
\left.\begin{aligned}
\lambda &= (b-31) \times 6° + (d-1) \times \Delta\lambda \\
\varphi &= (a-1) \times 4° + (4°/\Delta\varphi - c) \times \Delta\varphi
\end{aligned}\right\} \tag{5-3}
$$

式中，λ、φ 分别为图幅西南图廓点经度、纬度；a 为 1：100 万图所在纬度带字符所对应数字码；b 为 1：100 万图所在经度带数字码；c、d 分别为所求比例尺地形图的行、列号数字码；$\Delta\varphi$、$\Delta\lambda$ 分别为所求比例尺地形图的纬差、经差。

例：已知西安所在的 1：10 万地形图的编号为 I49D006002，求其西南图廓点的经纬度。

$$a=9,\ b=49,\ c=006,\ d=002,\ \Delta\varphi=20'\ \Delta\lambda=30'$$

$$\lambda = （49-31）\times 6° + （2-1）\times 30' = 108°30'$$

$$\varphi = （9-1）\times 4° + （4°/20'-6）\times 20' = 34°$$

西安所在地 1：10 万地形图西南图廓点经纬度分别为 108°30′ 34°。

第五节　国家基础地理信息数据库

一、概况

传统的纸质型地图作为基本图件和基础地学信息，在国民经济建设、科学研究、文化、教育、国防军事等行业部门和领域发挥着重要的作用，并将在今后相当长的时间内持续得到应用。但面对新世纪信息社会的到来，随着计算机技术、信息传输技术、对地观测技术、互联网技术、信息共享技术等的飞速发展，纸质型地图作用的发挥在一定程度上受到限制。如查询检索、快速量测、有效阅读、模拟表达、空间分析、知识挖掘、科学决策等，借助计算机技术更能高效、科学地进行这些操作。为此，国家在 20 世纪末加快了对国家基础地理信息数字化的研究，成立了国家基础地理信息中心，旨在科学地进行国家基础地理信息的汇集、建库、更新、维护、分发等，方便、高效地为用户服务；其基本任务是建设和维护国家基础地理信息地图数据库、影像数据库、大地数据库和专题应用数据库，提供数字和模拟产品的管理和服务等。

地图数据库包括：线划地图数据库、数字高程模型数据库、数字栅格地图数据库、数字正射影像数据库和地名数据库。

影像数据库包括：基础航空摄影数据库和卫星遥感影像数据库。航空摄影是获取基础地理信息的主要手段，可用来测制和更新国家基本比例尺地形图，成为建立和更新国家基础地理信息系统数据库的主要数据源，也是一种重要的基础测绘成果。现在基础航空摄影数据库的数字产品主要有航片扫描数据，彩色、黑白数字影像图等。卫星遥感影像数据实时性强，覆盖面宽，其几何分辨率和光谱分辨率不断提高，已成为获取和更新基础地理信息的重要手段。"九五"期间，我国已获取了全色波段地面分辨率为 15m、多光谱波段地面分辨率为 30m 的卫星影像和全色波段地面分辨率为 10m、多光谱波段地面分辨率为 20m 的卫星影像，可提供遥感影像数据信息。

大地（测绘基准）数据库包括以下内容。

（1）国家平面控制网。是确定地表的地形、地物平面位置的坐标体系，按控制等级和施测精度可分为 1、2、3、4 等 4 级网。现在分为 1954 年北京坐标系和 1980 年西安坐标系两套成果。

（2）国家高程控制网。是确定地表的地形、地物海拔高程的坐标体系，按控制等级和施测精度分为 1、2、3、4 等 4 级网。现在使用的是 1985 年国家高程基准（国家水准原点设在山东青岛黄海验潮站）。

（3）国家重力基本网。是确定我国重力加速度数值的坐标体系。该成果在研究地球形状、精确处理大地测量观测数据、发展空间技术等方面有着广泛的应用。现在使用的是 1985 年国家重力基本网。

（4）国家高精度卫星定位基本网。是利用卫星定位技术建立起来的新一代精确定位和导航的空间定位坐标体系。现在使用的是国家高精度卫星定位控制网，包括 A 级网、B 级网和用于动态导航服务系统的全球导航卫星系统跟踪站。

（5）专题应用数据库主要是为满足国民经济建设、生产、生活、科研、教学、商业等各行业部门和领域对专题性地理信息的需求而建立的数据库，提供专题影像数据、电子地图等。

二、国家基础地理信息系统地图数据库产品

1. 数字线划地图

数字线划地图（digital line graphic，DLG）是现有地形图基础地理要素的矢量数据集，且保存各要素间的空间关系和相关的属性信息及位置坐标等。

该图种可通过地形图或专题地图经扫描矢量化，后进行编码、编辑处理；计算机数字测图；数字摄影测量工作站测图；影像跟踪矢量化等 4 种方法得到。数字线划地图可用来分别提取属性数据、分层叠加地理要素信息、据矢量对象查询属性、据属性查询矢量对象、创建专题属性、绘制专题地图等，并具有易于更新、编辑的特点。我国现在已完成全国 1∶400万、1∶100 万、1∶25 万数字线划地图和局部地区 1∶5 万数字线划地图。

2. 数字栅格地图

数字栅格地图（digital raster graph，DRG）是纸质地形图的数字化产品。每幅图经扫描、几何纠正、图幅处理及数据压缩处理后，形成在内容、几何精度和色彩上与地形图保持一致的栅格文件。

该图种是将纸质模拟地图经扫描仪数字化后，通过图幅度定向、几何纠正（仪器误差、图纸变形等）、灰度或色彩统一、坐标变换、整饰处理等过程，最终变成数字栅格地图。

利用数字栅格地图可查询点位坐标、元数据信息和偏角信息，据坐标确定目标点，量算任意折线距离和任意多边形面积，量测坡度、行程，进行图幅拼接和裁切处理，统计图幅中各种颜色（区域）所占比例等。我国现在已完成全国 1∶10 万、1∶5 万和局部区域 1∶1 万数字栅格地图。

3. 数字正射影像图

数字正射影像图（digital orthophoto map，DOM）是利用数字高程模型，对扫描处理后的数字化航空像片或遥感影像（单色、彩色），经逐像元纠正，再进行影像镶嵌，按图幅范围剪裁生成影像数据，该图种大都带有公里网、图廓整饰和注记。

该图种可利用数字摄影测量工作站直接获得，也可利用基于数字高程模型的单像片数字微分纠正法得到。我国现在已完成局部区域 1∶1 万数字正射影像图，正在建设全国 1∶5 万数字正射影像数据库。

4. 数字高程模型

数字高程模型（DEM）是用于显示区域地面高程建立在高斯投影平面上规则格网点平面坐标（x，y）及其高程（z）的数据集。其水平间隔可随地貌类型的不同而改变，根据不同的高程精度可分为不同的等级产品。该图种可用航空立体像片或航天立体影像作为信息源，通过解析摄影测量或数字摄影测量处理直接生成 DEM；还可用地形图作为原始信息，通过等高线扫描数字化、扫描误差纠正（括图纸变形）、等高线矢量化，经高程赋值、三角网生成、内插计算后建成 DEM。

利用数字高程模型可进行高程、坡度、坡向分析，量测坐标、距离、面积、体积，进行通视性判别，生成剖面图、等高线，叠加相关矢量数据和影像数据等。其由于三维立体效果好，成为地貌表示的最好方法之一，受到世界各国的普遍重视。我国现在已完成全国 1∶100 万、1∶25 万 DEM 和 80%区域 1∶5 万 DEM 及局部地区 1∶1 万 DEM。

以上 4 种产品统称为地图 4D 产品。在生产制作过程中，地图扫描误差纠正、图纸线划矢量化、影像正射纠正与拼接、多重数据叠加分析与信息提取等为其技术重点。

复习思考题

1. 什么是普通地图?其内容构成、类型及其特征是什么?

2. 普通地图和航空像片、卫星像片的主要区别是什么?

3. 在地形图上如何表示自然地理要素?

4. 为什么说等高线是表示地貌最好的方法之一?等高线有何特点?

5. 在普通地图上如何表示社会经济要素?

6. 简述普通地图的用途。

7. 1991 年以后，我国基本地形图如何进行分幅编号?试计算某地 E108°52′45″, N36°20′36″ 的 1∶10 万、1∶5 万比例尺地形图的编号。

8. 在普通地图上辨认方向的方法有哪几种?

9. 国家基础地理信息数据库的主要信息源有哪些?

10. 简述地图 4D 产品，其具有哪些功能。

参 考 文 献

蔡孟裔, 毛赞猷, 田德森, 等.2000. 新编地图学教程. 北京: 高等教育出版社.

何宗宜, 宋鹰, 李连营. 2016. 地图学. 武汉: 武汉大学出版社.

胡圣武. 2008. 地图学. 北京: 清华大学出版社.

廖克. 2003. 现代地图学. 北京: 科学出版社.

龙毅, 温永宁, 盛业华. 2006. 电子地图学. 北京: 科学出版社.

马永立. 1998. 地图学教程. 南京: 南京大学出版社.

王家耀, 孙群, 王光霞, 等. 2006. 地图学原理与方法. 北京: 科学出版社.

尹贡白, 王家耀, 田德森, 等.1991. 地图概论. 北京: 测绘出版社.

张奠坤, 杨凯元.1992. 地图学教程. 西安: 西安地图出版社.

张继贤. 1998.4D 技术用于土地资源遥感动态监测. 遥感信息, (3): 9-11.

张荣群. 2002. 地图学基础. 西安: 西安地图出版社.

祝国瑞. 2004. 地图学. 武汉: 武汉大学出版社.

第六章 专题地图

本章要点

1. 掌握专题地图、地图集、电子地图集的定义、分类及其基本特征。

2. 深入了解并学会专题要素的12种表示方法，能够进行专题地图的基本设计。

3. 认识专题要素的基本特征，理解专题地图表示方法和其所表示的专题要素特征的关系。

4. 了解专题地图表示方法和地图符号视觉变量间的关系。

第一节　专题地图概述

一、专题地图定义与基本特征

专题地图是指突出而尽可能完善、详尽地表示制图区内的一种或几种自然或社会经济（人文）要素的地图。专题地图的制图领域宽广，凡具有空间属性的信息数据都可用其来表示。其内容、形式多种多样，能够广泛应用于国民经济建设、教学和科学研究、国防建设等行业部门。

专题地图和普通地图相比，具有如下特征。

（1）地图内容主题化。专题地图突出表达了普通地图中的一种或几种要素，有些专题地图的主题内容是普通地图中所没有的要素。

（2）主题要素特殊化。普通地图强调表达制图要素的一般特征，专题地图强调表达主题要素的重要特征，且尽可能完善、详尽。

（3）地图功能多元化。专题地图不仅能像普通地图那样，表示制图对象的空间分布规律及其相互关系，而且能反映制图对象的发展变化和动态规律。如动态地图（人口变化）、预测地图（天气预报）等。

（4）表达形式多样化。一个国家的普通地图，特别是地形图，往往都有规范的图式符号系统，但专题地图却由于制图内容广泛，除个别专题地图外，大体上没有规定的符号系统，表示方法多种多样，地图符号可自己设计创新，其表达形式多种多样、丰富多彩。

（5）表示内容前瞻化。普通地图侧重客观地反映地表现实，而专题地图取材学科广泛，许多编图资料都由相关的科研成果、论文报告、研究资料、遥感图像等构成，能反映学科前沿信息及成果。

二、专题地图的基本类型

专题地图取材范围广泛、制图内容丰富、表现形式多样，按照不同的分类方法可划分为不同的基本类型。

1. 按内容性质分类

专题地图按内容性质分类可分为：自然地图、社会经济（人文）地图和其他专题地图。

（1）自然地图。反映制图区中的自然要素的空间分布规律及其相互关系的地图称为自然地图。主要包括：地质图、地貌图、地势图、地球物理图、水文图、气象气候图、植被图、土壤图、动物图、综合自然地理图（景观图）、天体图、月球图、火星图等。

（2）社会经济（人文）地图。反映制图区中的社会、经济等人文要素的地理分布、区域特征和相互关系的地图称为社会经济地图。主要包括：人口图、城镇图、行政区划图、交通图、文化建设图、历史图、科技教育图、工业图、农业图、经济图等。

（3）其他专题地图。不宜直接划归自然或社会经济地图的，用于专门用途的专题地图。主要包括航海图、宇宙图、规划图、工程设计图、军用图、环境图、教学图、旅游图等。

2. 按内容结构形式分类

专题地图按内容结构形式分类可分为分布图、区划图、类型图、趋势图和统计图。

（1）分布图。是指反映制图对象空间分布特征的地图，如人口分布图、城市分布图、动物分布图、植被分布图、土壤分布图等。

（2）区划图。是指反映制图对象区域结构规律的地图，如农业区划图、经济区划图、气候区划图、自然区划图、土壤区划图等。

（3）类型图。是指反映制图对象类型结构特征的地图，如地貌类型图、土壤类型图、地质类型图、土地利用类型图等。

（4）趋势图。是指反映制图对象动态规律和发展变化趋势的地图，如人口发展趋势图、人口迁移趋势图、气候变化趋势图等。

（5）统计图。是指反映不同统计区制图对象的数量、质量特征，内部组成及其发展变化的地图。

三、专题地图的构成要素

任何一幅专题地图基本上是由主题要素和底图要素（地理地图）两个层面构成，较复杂的专题地图则由两个以上的层面构成，即最主要的主题要素在第一层平面，次要主题要素在第二层面，更次要主题要素在第三层面，依次类推，地理底图则处底层平面。专题地图的层面太多会影响到地图的清晰性和图面感受效果；太少虽简单明了，但图面传输的信息量减少；只有主题要素而没有地理底图要素的专题地图是不完整的专题地图。

1. 地理底图

地理底图是表达专题内容的地理基础，在地图上起控制作用，反映制图对象的相对地理位置，以及制图对象与地理环境之间的关系，是专题地图的基础要素。

1）地理底图的作用

在编制专题地图时，地理底图是建立专题地图的"骨架"，是确定专题要素的控制系统。专题地图是反映某专题要素的空间分布特征及规律的图形表示，有些专题要素本身并不具有空间特征，只有将它们以地图符号的形式落实到具有地图基本特性的地理底图上时，才显示专题要素的空间特征。地理底图的数学基础，例如，地理坐标或平面直角坐标系、比例尺，以及地理底图所选取的地理要素，如水系、居民点、交通网、境界线、地貌等，都可以为专题要素的定位提供依据。

在使用专题地图时，地理底图被用于地图的定向和专题要素的定位，并说明现象的分布与周围环境的关系，从而揭示现象的分布规律。

2）地理底图的分类

工作底图。又称为编稿用底图，内容比较详细，是有利于转绘专题内容的原始图，可以是地形图、普通地理图或者影像地图等。

出版底图。又称为印刷成图底图，这是正式出版的底图，由工作底图经过制图综合获得，图上只表示与专题要素关系密切及能确定其地理位置的内容。

3）地理底图的特点

不同的专题地图，地理底图内容不尽相同。一般来说，经纬网、水系、居民地、境界线等是所有底图都要表示的，但详略不同。地图内容的选取与概括程度，不仅与地图的比例尺、用途、区域地理特征有关，而且与专题内容的种类、特点及所采用的表示方法等有密切的关系。

由于专题地图的内容涉及广泛，当某一专题地图的主题所要求表示的要素与地理底图中某种要素一致时，地理底图要素也就成了专题要素。例如，地势图中的专题要素是水系、表示地貌形态起伏的等高线、少量的居民地及境界线，那么这些原作为地理底图的要素在地势图中就是专题要素。

地理底图内容容量不能干扰专题要素。底图符号和注记的规格不宜繁杂，在保证足够的数学精度的前提下，图形的综合程度宜适当加大；底图的用色宜浅淡，色数要少，工作底图更以单色（如浅蓝、钢灰、淡棕）为好。

2. 专题要素

专题地图的类型虽然很多，但其内容都是由地理基础和专题要素组成的。地理基础是由普通地图内容要素组成的。如水系、植被、境界、居民地、交通、地貌等，通常用浅淡颜色表示。地图上表示哪些地理基础和表示的详细程度如何，是根据专题地图的主题、用途、比例尺和区域特点的不同而确定的。

专题要素是专题地图的主题内容，从资料来讲，一是将普通地图内容中一种或几种要素显示得比较完备和详细，而将其他要素放在次要位置或省略，如交通图的交通要素；二是普通地图上没有的和地面上看不见的或不能直接量测的要素，如气候图、游客密度图、古遗址图和经济效益图上的专题要素。

专题要素是专题地图的主体，根据地图主题和用途要求的不同，在不同的专题地图中，其容量、精确程度、复杂程度等都有很大差异，专题要素特征主要表现在以下方面：空间分布特征、时间特征、质量和数量特征。

1）专题要素的空间分布特征

专题要素的空间分布特征有三点：一是呈点状分布或在实地占面积不大，如居民点、采矿点、控制点等；二是呈带状分布，如道路、河流、田坎等；三是呈面状分布，可分为连续而布满制图区的，如地貌、气候等；间断呈片状分布的，如城区、湖泊、公园、森林等；大范围内呈分散分布的，如动物、人口等。其中点状分布和面状分布是相对而言的，如城市，在全国城镇分布图上，诸城市可能成为点；而在某城市地图上，该城市又变为面。

2）专题要素的时间态特征

专题要素的时间态特征主要有三点：一是限定在某特殊时刻的，如截至某一日期的行政区划状况或工业产值，可以有历史、现状和未来三种状况。二是表示某一段月份内、年份内的，如 2~10 月的游客数，2000~2003 年各年度的经济总收入等。三是某年度内的周期性变化，如某年内各月的气温变化、降水变化等。

3）专题要素的质量和数量特征

质量特征反映专题要素的类别和性质特征，数量特征反映专题内容大小、长短、多少等用数量表达的特征。不论哪一种专题要素，都可以有一个或几个质量和数量特征，它的空间特征和时间特征也是以一定的数量和质量表示在图上的。

质量特征和数量特征在某些特定情况下可以相互转化。例如，居民地按人口数分级，1 万~5 万人口分为其中一级，从表现形式上看，这是数量特征，而作为居民地中的一级，它又反映了其质量特征。

第二节　专题地图的基本表示方法

大千世界，凡具有空间特征的信息资料及事物现象，都可用专题地图的形式来表达。专题地图种类繁多、复杂多样，其专题要素可被表示的特征主要有：专题要素的空间分布特征，如铁路线分布、城市分布等；专题要素的质量特征（类别、性质），如小麦地、稻地等；专题要素的数量指标，如亩产、总产量等；专题要素的内部组成，如农作物中优良、一般和低产品种的构成比重；专题要素的动态变化，如制图区内小麦总产的年度变化；专题要素的发展趋势，如小麦产量预测等。专题地图的符号图形回答：这是什么？在哪里？有多少？构成怎样？过去和现在怎样？将来怎样等问题。

一、点状要素的表示方法：定点符号法

点状要素常用定点符号法表示，简称符号法。它是用各种不同形状、大小、颜色和结构的符号，表示专题要素的空间分布及其数量和质量特征。通常符号的位置表示专题要素的空间分布，形状和颜色表示质量的差别，大小表示数量的差别，结构符号表示内部组成，定位扩展符号表示发展动态。

1. 符号的形状

符号按其形状可分为几何符号、文字符号与艺术符号三种（图 6-1）：一是几何符号，其图形简单、绘制方便、定位准确、区别明确、所占面积小、大小易于比较，因此使用较广。但简单的几何图形太少，难以反映种类繁多的地理要素，且缺乏真实感。二是文字符号，是用专题要素的首字母或简注汉字作为符号，能望文生义，不需查找图例。但很多要素名称的首字母常是相同的，因此容易混淆，且定位也不精确。三是艺术符号，可分为象形符号和透视符号两种。象形符号是用简单而形象的图形来表示景物，简单明确，容易记忆和理解。透视符号是按事物的透视关系绘制而成，形象生动，通俗易懂，直观鲜明，引人注目。但这两种符号图形所占面积较大，一般在图上较难确定其准确位置。且难比较图形面积大小，反映

数量较为困难。

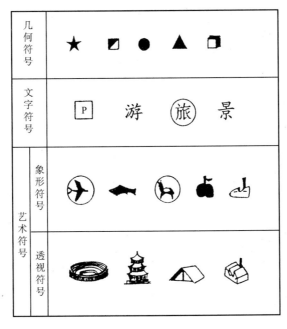

图 6-1 符号的类型

2. 符号的大小

1）比率符号与非比率符号

符号的大小与所示专题要素的数量有一定比率关系的，称为比率符号。符号的大小与专题要素的数量无比率关系的，则称为非比率符号。

2）绝对比率符号与条件比率符号

比率符号又可分为绝对比率符号和条件比率符号两种（图 6-2）。绝对比率符号是指符号面积的大小与所示事物的数量成正比关系。其易于比较事物的大小。但当两个数量相差极为悬殊时，会使大符号太大，或小符号过小。若使最小符号明显易读，则最大符号可能因尺寸过大而影响其他事物的表示；反之，小的符号就难以绘制和阅读。

条件比率符号是指符号面积的大小与所示专题要素的数量之间成一定比率关系，但两者之比不等于符号面积之比，而是为绝对比率加上某种函数关系的条件，使最小符号清晰易读，最大符号不过分突出，整个图幅内容能相互协调。

3）连续比率与分级比率

无论是绝对比率或条件比率，其符号大小的变化，都可以是连续的或分级的。

连续比率是指只要有一个数量，就必然有一个一定大小的符号与其对应，即符号大小与它所代表的数量都是连续的。若每个连续比率符号的面积与它所代表的数量成绝对正比关系，则称为绝对连续比率；为绝对连续比率加上某种条件，则称为条件连续比率。采用连续比率可直接在图上根据符号的大小求出相应事物的数量，但计算麻烦，绘制困难。实际作业中，常采用分级比率。

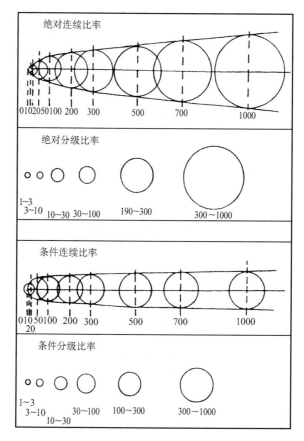

图 6-2　符号的比率

　　分级比率是对所示事物的数量进行分级，使符号的大小在一定区间内保持不变。绝对分级比率符号的面积与数量的分级平均值（或极限值）成绝对正比关系。实际作业中，多采用条件分级比率。条件分级比率符号的面积与数量的分级平均值（或极限值）具有函数关系。

　　用分级比率对所示专题要素的数量进行分级，图例相应简化。因此，较易确定相应符号大小，也方便了读者。同时，在一定时期内还能保持地图的现势性。但不能表示出同一级别内所示要素在数量上的差别。

　　级别划分有等差分级和等比分级等。常用等差分级，即分级间距完全相等，而且每级下限全为整数。等比分级是各级间距成倍地增加，即成等比级数。也有把等差分级和等比分级结合成任意分级的。采用哪种分级方法，要由所示事物数量的实际情况决定。应当指出，符号大小是由事物数量的相对关系确定的，并不是根据比例尺来表达。

　　3. 符号的颜色

　　符号的不同形状和颜色都可以反映所示事物的质量，但是，由于颜色的差别比形状的差别更明显，因此，最好用不同的颜色来表示事物最主要、最本质的差别，而用符号的形状来表示次要的差别。例如，用红色和绿（黑）色分别表示人文和自然景点，而以符号的不同形状表示相应不同景物。

4. 符号的结构

符号按其结构的繁简程度，可分为单一符号、组合符号和扩张符号等。

组合结构符号是将符号划分为几个部分，以反映所示专题要素的内部结构（图6-3）。

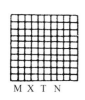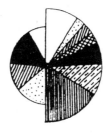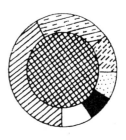

图6-3 组合结构符号

如表示某一城市人口的符号，就可根据城市人口的性别构成比重来分割圆，用圆内部的分割比率表示性别组成。圆形符号和环形符号最易分割，常被采用。定位扩张符号用以反映事物的发展动态。常用外接圆、同心圆与其他同心符号，并配以不同的颜色，来表示各个不同时期事物的数量发展（图6-4）。

图6-4 定位扩张符号

5. 符号的位置

在专题地图中采用定点符号法时，关键在于定位，为此，应该特别注意以下几点。

（1）必须准确表示出重要的地理基础要素（河流、道路、居民点等）。这些地理要素不仅有利于符号的定位，而且更能准确地反映专题要素的地理分布特征。

（2）使用几何符号可以准确定位。当图上某处符号过于密集，即使符号相互重叠，也不会产生疑义，为清晰显示较小的符号，较大符号的颜色应具有较高的透明度，或者采用冷暖色方法，必要时可以加扩大图（附图）表示。

（3）当几种不同的符号位于同一点、产生不易定位及符号重叠时，可用小符号压大符号，或将各个符号化为一个组合符号表示。如果一些现象因为指标不一而难以合并，则可将各现象的符号置于相应定位点的周围。

二、线状要素的表示方法：线状符号法

线状或带状分布要素，如交通路线、客流路线、水系、断层线、境界线、岸线、地质构造线、气象上的锋等，一般采用线状符号法表示（图6-5）。通常用颜色和图形表示线状要素的质量特征。例如，用颜色区分不同的旅游路线、不同时期内的客流路线、不同的江河类型等；用符号粗细表示等级差异。用线状符号表示要素的位置时，有三种不同的情况：一是严格定位的，线状符号表示在现象的中心线上，如海岸线、陆上交通线、地质构造线等；二是不严格定位的，如航空线，只是两点间的连线；三是线状符号的一边沿实际位置描绘，另一边向内或向外扩展，形成一定宽度的色带，如海岸类型、境界线色带等。用符号的长短表示专题要素的数量，例如，用公路符号的长短表示公路的长度。线状符号法常用来编制水系图、交通图、地质构造图、导游图及路线图等。

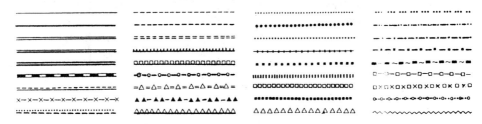

图 6-5　线状符号

三、面状要素的表示方法

面状要素按空间分布特征可归纳为三种形式：一为布满制图区的要素，可用质底法、等值线法和定位图表法表示；二为间断呈片状分布的要素，可用范围法表示；三为离散分布的要素，常用点值法、分级比值法、分区统计图表法表示。

1. 质底法

质底法又称为底色法，是在区域界线或类型范围内普染颜色或填绘晕线、花纹，以显示布满制图区域专题要素的质量差别，常用于各种类型图和区划图的编制，如地貌类型图、农业区划图、气候类型图等。

编图时，首先要按所示内容的性质，进行分类和分级（分区）；其次在图上勾绘出各分区界线；最后在各分区界线内据拟定的图例符号表示出各类型或各区划的分布（图 6-6）。

质底法按面状符号分类分区界线的准确程度，可分为精确质底法和概略质底法两种。行政区划图、地貌类型图、地质图、气候区划图、农业区划图等常用精确质底法表示。概略质底法的图斑轮廓线，可用网格线的变化来表示面状要素的分布，其符号轮廓呈直角状，仅能表示事物的相对分布范围，如土地利用图、土壤类型图等（图 6-7）。质底法的特点：一是所表示专题要素布满制图区域；二是符号不能重叠，故难以表达事物现象的渐进性和渗透性。

2. 等值线法

等值线是连接某种专题要素的各相同数值点所成的平滑曲线，如等高线、等温线、等降水量线、等海深线等，常用于表示地面上连续分布而逐渐变化的专题要素，并说明这种要素在地图上任一点的数值和强度，它适用于表示地貌、气候、海滨等自然现象。

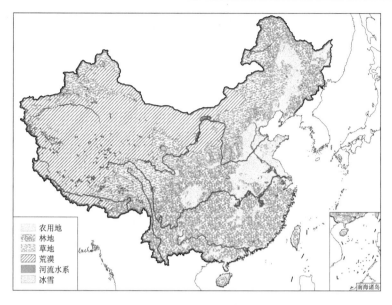

图 6-6 质底法示意图

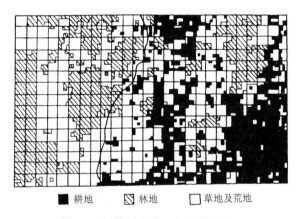

■ 耕地　▨ 林地　□ 草地及荒地

图 6-7 网格质底法（土地利用图）

编图时，首先据某要素同一的质和量，在地图上，把各地较长时间观测记录的平均数值标定于相应各测点；其次在各测点之间，用比例内插法找出等值点，并把等值点连成平滑曲线，即得等值线；最后在等值线上加上数值注记，就可显示其数量指标（图 6-8）。

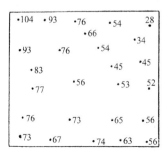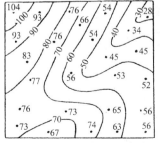

图 6-8 等值线的绘制

为了反映要素的发展趋势及增强质和量的明显性，可在等值线图上进行分层设色或加绘晕线，颜色由浅到深、由明到暗、由暖到寒（晕线由细渐粗、由疏渐密）变化，就可反映出要素逐渐发展变化的特征。等值线的数值间隔最好保持一定的常数，以利于依据等值线疏密程度判断要素急剧或和缓的变化特征。

3. 定位图表法

定位图表法是把某些地点的统计资料用图表的形式绘在地图的相应位置上，以表示该地某种专题要素的变化。

常用柱状图表中的符号高度（长短）或曲线图表表示专题要素的数量变化（图6-9）。如各月或各年度风向、风力的变化，降水量、气温变化等，均可采用这些图表。

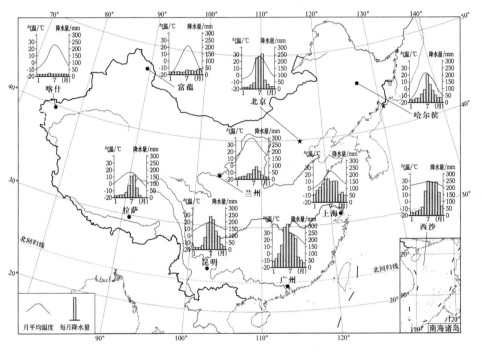

图6-9　定位图表法（中国气候示意图）

可用玫瑰图表中的符号指向和长度表示专题要素的方向和数量或频率、强度变化。例如，风向图，用线条指向（南、北、东、西等方向）表示不同风向，用线条长度表示风的稳定性（各方向风的频率），用线条上的短线表示风力大小。

定位图表法仅用来表示周期性发生的专题要素，如水文的季节变化、气候变化、交通监理站的客流变化、游客数的季节（月份）变化等。

定点符号法和定位图表法都是表示定位于点的专题要素，其区别如下。

（1）定点符号法是表示某一特定时刻或有限时期内发展变化的专题要素特征，而定位图表法则是表示周期性发生的专题要素变化。

（2）定点符号法是以面积大小来说明所示专题要素的数量，用形状和颜色表示其质量；而定位图表法则是用方向线的长短、指向、位置等来表示出专题要素的频率、方向与大小。

4. 范围法

间断成片状分布专题要素（如森林、资源、煤田、石油、某农作物、自然保护区等）的表示常采用范围法。范围法（区域法）是用轮廓界线来表示制图区内间断而成片状分布专题要素的区域范围，用颜色、晕线、注记、符号等整饰方式来表示事物类别；用数字注记表示数量（图 6-10）。

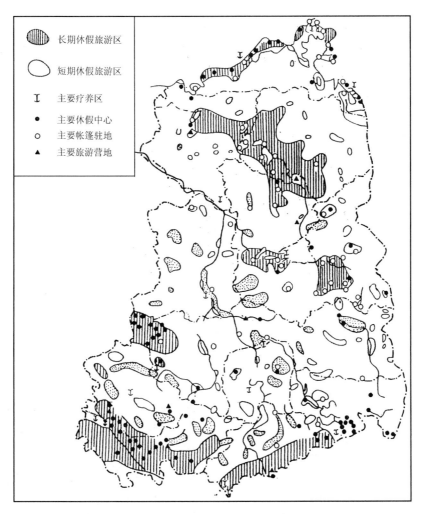

图 6-10　范围法（旅游区分布示意图）

范围法分精确范围法和概略范围法两种。精确范围法有明确的界线。概略范围法是用虚线、点线表示轮廓界线，或以散列的符号、文字或单个符号表示事物的大致分布区域。

范围法可在同一幅图上表示几种不同事物，若各事物相互重叠时，可将不同色彩或晕线的符号叠置，因而此法可表达事物现象的渐进性和渗透性。范围法清晰易读，既可表示专题要素的空间分布，又可表示其性质、类别，较为常用。范围法和质底法的区别是：前者所表达事物未布满制图区，符号可以重叠；后者所表达事物布满了制图区，符号不能重叠。前者侧重表达事物的分布范围；后者侧重表达事物的质量特征。

5. 点值法

在图上用一定大小、相同形状的点子表示专题要素的数量、区域分布和疏密程度的方法称为点值法（点数法）。

该法用于表示分布不均匀的专题要素，如人口分布、资源分布、农作物分布、森林分布等。

布点之前，先要确定点子的大小和每点代表的数值。确定的原则是最稠密处，点可以几乎相接但不重叠；最稀疏处，也有点的分布。确定点值的方法是：首先，在图内选定一个密度最大的小范围，并在其中紧密地均匀布点（点直径≥0.4mm，才能在图上明显表示；点的间隔应≥0.2mm）；其次，用该范围内的专题要素总量除以其中的点数，得出每点所代表的数值，并取整即得点值。确定点值也可采用数值计算法，例如，密度最大区专题要素数量为 A，密度最大区点数为 N，密度最大区图上面积为 P（mm^2），点的直径为 d（mm），则计算点值 S（取整）的公式为

$$S=A/N=A(d+0.2)^2/P \tag{6-1}$$

如果遇到专题要素分布密集与稀疏特别悬殊的地区，可考虑采用两种不同点值的点，两种点面积之比最好能与点值之比一致，以便于比较。每一个统计区所布设的点子数，用其数量指标除以点值即可求得。对点特别密集的地区也可采用扩大图的形式表示。点值法有两种布点方法：一种是均匀布点法，即在一定的统计单位（省、市、县区、乡）内均匀布点；另一种是定位布点法，即按专题要素的实际分布情况布点（图 6-11）。

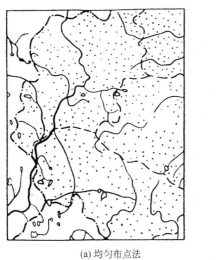
(a) 均匀布点法

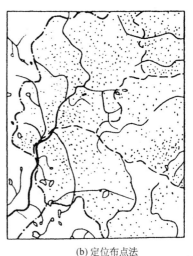
(b) 定位布点法

图 6-11　均匀布点法和定位布点法的比较

使用均匀布点法时，可在某一统计区内按其点数均匀布点。这种方法当统计区较小或专题要素分布均匀时比较精确。为避免与地理基础要素发生矛盾，图上除大的水系外，小河流、地貌、小居民地与交通网等皆应舍去。使用定位布点法时，可先按专题要素的分布情况，在图上划分出次级区域界线，然后布点，清绘时再将小区域界线去掉，以提高布点精度。为了说明点子分布与地理基础的关系，应尽可能地在图上将底图要素以浅淡的颜色表示，以达到衬托目的，并表示出专题要素和地理基础的相互关系。

用点值法编绘的地图，也可用不同的颜色或不同形状的点分别表示几种专题要素的分布情况。若图上所表示的几种专题要素在地理分布上有明显的区域性和地带性，分布区不重叠，互不干扰，可用不同颜色的点分别表示其分布范围，能获得很好的效果。

质底法和范围法主要表示专题要素的分布和质量特征，点值法既可表示专题要素的分布，又可表示专题要素的数量指标，故点值法是质底法和范围法的进一步发展。

6. 分级比值法

分级比值法（分级统计图法），是把整个制图区域按行政区划（或自然分区）分成若干小的统计区；然后按各统计区专题要素集中程度（密度或强度）或发展水平划分级别，再按级别的高低分别填上深浅不同的颜色或粗细、疏密不同的晕线，以显示专题要素的数量差别。同时，还可用颜色由浅到深（或由深到浅），或晕线由疏到密（或由密到疏）的变化显示出要素的集中或分散的趋势。

分级比值法只能显示各个统计区间的差别，而不能表示出同一统计区内部的差别。所以，分级统计的统计区越大，反映的要素特征也就越概略；统计区越小，反映的要素特征就越接近实际情况。

分级比值法一般只能用于表示要素的相对数量指标。计算相对数量指标时，一般是将各统计区内某项数量绝对指标除以该统计区另一项数量绝对指标，得出数量相对指标。如人口密度，就是人口数除以统计区面积；劳动效率，就是劳动总收入除以职工总数；饭店客房利用率，就是被利用床位数除以总床位数。该法常用来编制资源密度图、沟谷密度图、劳动效率图、交通密度图、渠网密度图等（图 6-12）。

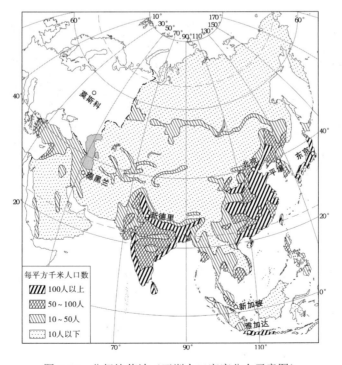

图 6-12　分级比值法（亚洲人口密度分布示意图）

分级比值法图上级别的划分，取决于编图目的、地图用途、专题要素的分布特点和指标的数值。级别划分可采用等差分级（如0～10、10～20、20～30等），等比分级（如5～10、10～20、20～40等），还可采用逐渐增大分级（如0～20、20～50、50～100等）或任意分级（如0～20、20～25、25～30等）等。

可按同一主题、同一分级标准以及同一色级，编绘几幅不同年份的分级比值地图，以反映专题要素的发展动态。

网格分级比值法是以网格作为基本制图单元，分别求出每个网格内专题要素的相对数值，再进行分级，整饰成图。该法的图斑都为直角折线状，制图精度相对较低。还有一种用厚度表示的立体分级比值图，分级不同，图面效果不同，和用颜色显示的色级比值图相比，可形成不同的图面效果（图6-13）。

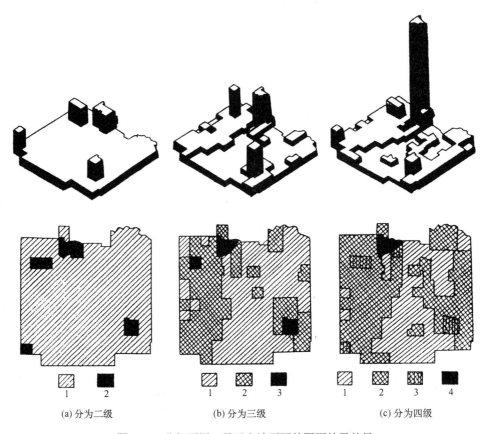

图6-13 分级不同、显示方法不同的图面效果差异

分级比值法的优点是对编图资料要求不高，能保持较长时间的现势性，故应用极广。其缺点是不能反映各级别内部的数量差异。该法和质底法的区别是：质底法表示的重点是用颜色表示要素的质量特征；分级比值法则强调用颜色表示要素的相对数量指标。

7. 分区统计图表法

分区统计图表法是把整个制图区域分成几个统计区（按行政区划单位或自然分区），在每个统计区内，按其相应的统计数据，设计出不同形式的统计图形，以表示各统计区内专题要素的总和及其动态。可用来编制资源图、统计图、经济收入图、经济结构图等。

采用分区统计图表法可显示专题要素的绝对数量、内部结构和发展动态。通常以符号大小或相同符号个数显示数量；以符号结构显示内部组成；以扩张图形的大小及其颜色，或柱状图形、曲线图形等显示专题要素的发展动态（图6-14）。

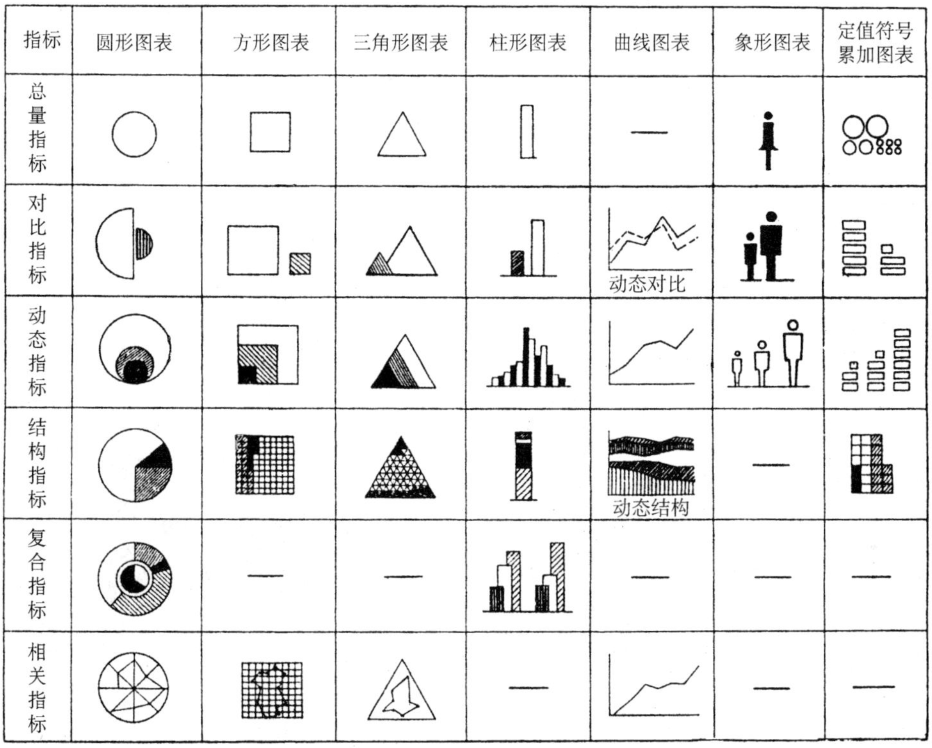

指标	圆形图表	方形图表	三角形图表	柱形图表	曲线图表	象形图表	定值符号累加图表
总量指标	○	□	△	▯	—	👤	○○○ ○○○
对比指标					动态对比		
动态指标							
结构指标					动态结构		
复合指标		—	—		—	—	
相关指标				—		—	

图6-14 各种统计图表示例（据俞连笙和王涛，1995）

统计区界线是重要的地理基础要素之一，必须清楚绘出；其他要素如水系、道路、居民地和地貌等，应尽量删减（图6-15）；还可注出各统计区的名称和统计数据。

分区统计图表法和定点符号法中所用的图形可能完全一样，但在意义上有本质差别，分区图表法反映的是一个统计区内的要素，而定点符号法反映的则是点上的要素。

分区统计图表法是以统计资料为基础的表示方法，可反映各统计区间的差别，但不能反映每个统计区内部的数量差别。制图时常用分级比值法作为背景，用分区统计图表法作为主题，两种方法配合使用，可使它们的优缺点得以互相弥补，效果较好。

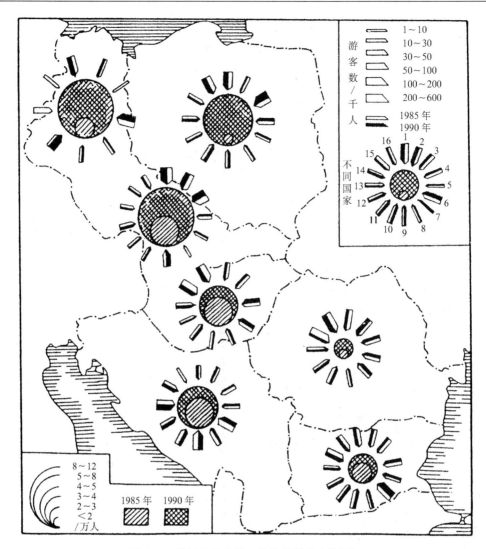

图 6-15　分级比值表法（接待旅游者人数图）

第三节　专题地图的其他表示方法

专题地图除了前面介绍的十种表示方法外，还有一些较为复杂的表达手段和方法，以突出表示某一类专题要素或者专题要素的某一类特征。

一、移动要素的表示方法——动线法

移动要素（如货物流、客流、气团移动路线、交通车流等）的表示方法，常采用动线法。动线法是用各种不同形状、颜色、长度、宽度的箭形符号（图 6-16）表示专题要素移动的方向、路线、数量、质量、内部组成及发展动态的方法（图 6-17）。

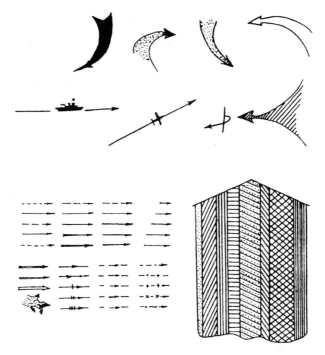

图 6-16　简单和复杂箭形符号

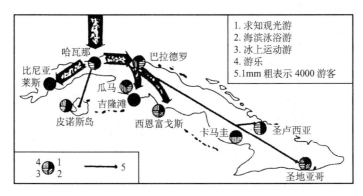

图 6-17　动线法（古巴旅游流分布示意图）

一般用箭形符号的尖端表示运动的方向，如客流流动方向；用箭形符号的粗细表示强度、速度或数量，如旅客年流量、游客数量；用箭形符号的颜色或形状表示类别性质，例如，用红色符号表示国内游客流量，用蓝色符号表示国外游客流量；用箭形符号的长短表示其稳定性，如气团发生频率；用箭形符号的位置表示运动路线、轨迹，如人口迁移路线；用箭形符号的分割组合带表示其内部组成，例如，用箭形符号的分割比例表示旅游流的男女构成等。

移动路线有精确与概略之分，前者表示其具体运动路线，后者仅表示出运动的方向和起讫点，看不出具体运动轨迹。运动路线描绘的精确程度，是由地图比例尺、用途、专题要素性质和资料详细程度决定的。

二、内部结构的表示方法——三角形图表法

三角形图表法的成图是一种类似于质底法的地图，但其主要揭示事物现象的内部结构特征，这种图的分区范围是各行政单元或统计区，三角形图表是作为图例形式出现的。

把正三角形的每条边均匀地分为十等分，每一等分表示占有该边总量的 10%，依逆时针（或顺时针）注百分比数值，并连接成网。图 6-18（a）中的点位坐标 A：Ⅰ～18%，Ⅱ～27%，Ⅲ～55%；B：Ⅰ～19%，Ⅱ～72%，Ⅲ～9%。如职工文化素质图，Ⅰ 表示大专以上文化程度，Ⅱ 表示中等文化程度，Ⅲ 表示中等以下文化程度。该图设计过程如下。

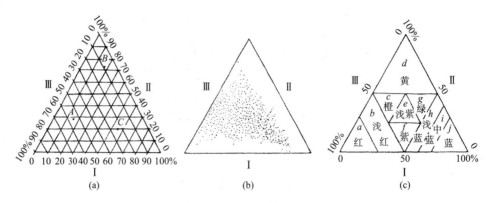

图 6-18　三角形图表的设计

第一步，把各行政区统计的三项不同指标值（各类人员的不同比重），用点表示于图内。每一个点代表一个行政区，把每个行政区都点入三角形内[图 6-18（b）]。

第二步，表内点的分布是不均匀的，可按点的分布情况对三角形图表进行分区（分类型）。一般，对点子分布稠密的区域，分区可细一点（分区小），点子分布稀疏的区域，分区可粗一点（分区大），可能的情况下，要尽可能将点群（各行政区）的特征差异显示得细致些。图 6-18（c）共分为 10 个区，各区特征为：

a. Ⅲ≥70　　　　　　　　　　　　　（Ⅲ级绝对多数型）

b. 70＞Ⅲ≥50　　　　　　　　　　　（Ⅲ级多数型）

c. Ⅰ＜25，Ⅱ、Ⅲ＜25　　　　　　（Ⅱ、Ⅲ级相同，Ⅰ级少数型）

d. Ⅱ≥50　　　　　　　　　　　　　（Ⅱ级多数型）

e. 50＞Ⅰ、Ⅱ、Ⅲ≥25　　　　　　（Ⅰ、Ⅱ、Ⅲ级同数型）

f. Ⅰ、Ⅲ＜50，Ⅱ＜25　　　　　　（Ⅰ、Ⅲ级同数，Ⅱ级少数型）

g. Ⅰ、Ⅱ＜50，Ⅲ＜25　　　　　　（Ⅰ、Ⅱ级同数，Ⅲ级少数型）

h. 60＞Ⅰ≥50　　　　　　　　　　　（Ⅰ、Ⅱ级同数，Ⅲ级少数型）

i. 70＞Ⅰ≥60　　　　　　　　　　　（Ⅰ级多数型）

j. Ⅰ≥70　　　　　　　　　　　　　（Ⅰ级绝对多数型）

图 6-18（a）中 A 点分在 b 区，B 点分在 d 区。分区后，即对各区计颜色。三个角顶区可分别设以红、黄、蓝色，中间各区则视其与角顶靠近的程度，设计成接近于该角顶颜色的色调。

第三步，按各点（行政区）在图表中的位置，依其所在分区的颜色，在底图上对各点所

对应的行政区内分别着色即可。例如，图中 A 为浅红色；B 为黄色。

这种表示方法对专题要素的内部结构剖析较为深刻。例如，上例中的蓝表示中等以下文化程度绝对多数型，说明该行政区的企业职工文化素质偏低，需提高。红、蓝分别表示大专以上、中等文化程度绝对多数型，分别说明文化素质较好、尚可等。

三角形图表法常用来分析经济产业结构、发展特征、环境特征（如优、中、劣）、资源特征、人口组成特征（如国籍、职业、年龄、文化层次特征）等。该法中作为图例的三角形图表制作较复杂，非专业人员不易看懂，且直观性、联想性不是很强，但其是结构分析的较好方法。

三、金字塔图表法

由表示不同现象或同一现象的不同级别数值的水平柱叠加组成的图表，其形状一般呈下大上小，形似金字塔，故称为金字塔图表。

金字塔图表常用于表示不同年龄段人口数，也可用于表示人口的婚姻状况、受教育程度，还可以表示经济结构等其他专题现象。它可以用水平柱长表示数量特征，颜色表示质量（类别）差异，并反映现象的结构特征，如图 6-19 所示。

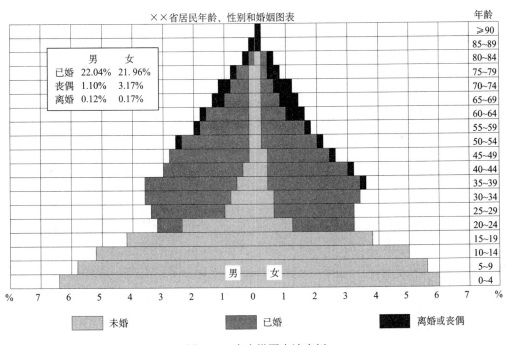

图 6-19　金字塔图表法实例

图表可以表示整个区域的指标，置于地图幅面的适当位置，也可以作为分区统计图表放在各区划单位内。金字塔图表对剖析社会经济现象的结构、数量和质量的对比都比圆形或方形的结构深入得多，所以是专题地图中使用较多的一类统计图表。

第四节　专题地图表示方法的比较和配合

一、表示方法和专题要素特征的关系

专题要素表示方法是制图对象图形表达的基本方法,是对制图对象实质的科学处理技能,是图形思维方法在专题地图领域的具体体现。专题要素表示方法通常要求直观地显示制图对象的空间地理分布特征、质量特征、数量特征、内部组成特征及动态变化特征,其中空间地理分布特征是最基本的内容。

专题要素表示方法是依据地图语言去完成制图对象具体的图形表达,是利用地图符号视觉变量去显示专题要素的特征。

专题要素表示方法如何表达专题要素特征,可用表 6-1 来归纳总结。

表 6-1　专题要素表示方法一览表

表示方法	空间地理分布特征	质量特征	数量特征	内部组成特征	动态变化特征
定点符号法	符号定位点	颜色、形状、网纹	尺寸、纯度、亮度、网纹	结构符号	定位扩张符号
线状符号法	符号定位线	颜色、形状	尺寸	分割带	虚实线变化、颜色变化
质底法	图斑轮廓线、类型区界线	颜色、网纹	数字注记	数字注记	颜色和网纹叠合
等值线法	等值线位置	颜色	等值线及注记	—	不同颜色等值线比较
定位图表法	符号定位点	颜色、形状方向	尺寸	颜色、网纹	曲线、柱状网表
范围法	图斑或图斑轮廓线、符号位置	颜色、网纹	数字注记	数字注记	颜色、网纹变化
点值法	点群的位置	颜色、形状	点的数量	—	—
分级比值法	图斑轮廓线、类型区界线	颜色和网纹叠合	颜色、网纹	—	颜色和网纹叠合
分区统计图表法	—	形状、颜色	尺寸、符号数量	结构符号金字塔图表	扩张符号、曲线、柱状图表
动线法	符号定位线	形状、颜色方向	尺寸	分割带	符号长度、方向
三角形图表法	—	—	—	颜色、网纹	—

注:有下划线者为表示方法的主要技法。

二、表示方法的配合

现代专题地图往往是两种以上表示方法配合使用(图 6-20),以提高图面表达效果和增加传输信息量。

表示方法配合的基本原则如下。

(1)在图上呈点状符号的表示方法和呈面状符号的表示方法能够配合,如点符号法、位图表法、分区统计图表法分别和范围法、质底法、分级比值法较易配合。

(2)图上呈点状符号的表示方法和呈线状符号的表示方法能够配合,如定点符号法和线状符号法的配合(图 6-20);定位图表法和线状符号法的配合;分区统计图表法和线状符号法的配合；点值法和线状符号法的配合等。

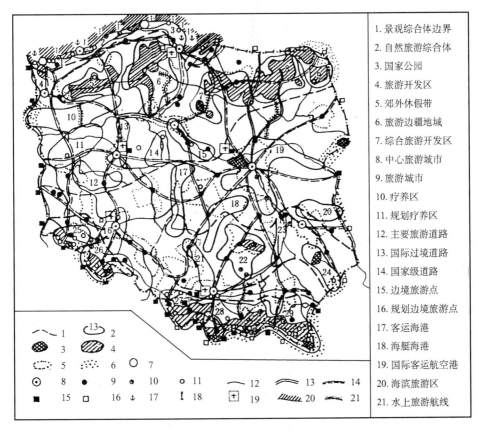

1. 景观综合体边界
2. 自然旅游综合体
3. 国家公园
4. 旅游开发区
5. 郊外休假带
6. 旅游边疆地域
7. 综合旅游开发区
8. 中心旅游城市
9. 旅游城市
10. 疗养区
11. 规划疗养区
12. 主要旅游道路
13. 国际过境道路
14. 国家级道路
15. 边境旅游点
16. 规划边境旅游点
17. 客运海港
18. 海艇海港
19. 国际客运航空港
20. 海滨旅游区
21. 水上旅游航线

图6-20 定点符号法、线状符号法和范围法的配合示意图

（3）图上呈线状符号的表示方法和呈面状符号的表示方法能够配合，如线状符号法分别和质底法、范围法、分级比值法等的配合。

一般，图上呈点状符号的表示方法不易互相配合，如定点符号法分别和定位图表法、分区图表法不易配合；定位图表法和分区统计图表法不易配合，但定点符号法和点值法却易配合。

图上呈线状符号的表示方法不易互相配合，如等值线法和等值线法、等值线法和动线法、等值线法和线性符号法就较难配合。

图上呈面状符号的表示方法不易互相配合（除非一个用底色，另一个用晕线、花纹）。如质底法和分级比值法、质底法和范围法、范围法和分级比值法就不易配合，这是图面争位矛盾引起的。

三、表示方法的比较

上述 12 种表示方法，有的在形式上相似，有的在名称上相近，但实际上都有本质的区别。现在对它们进行简要分析比较，以便能更好和更准确地应用。

1. 定点符号法和定位图表法

这两种表示方法都表示定位于点上的现象，符号和图表都要求按定位点配置。它们的区别在于定点符号法表示定位于该点上的某一具体时刻或某一时间段的量值，点与点是独立的，互不关联的。定位图表法反映的是该点周围区域面状现象的空间变化，是一种周期性数据且必须有多个这样的点来共同反映布满制图区域的现象特征。

2. 定点符号法和分区统计图表法

定点符号法与分区统计图表的形状可以完全一样，其符号比率的计算也可以完全一样，但它们的内涵不一样。定点符号代表的是局限于该点上的数据，它必须严格定位在这个点上，有多少个点就有多少个符号，符号多时会相互重叠；分区统计图表表示的是所代表区域内数量的总值，正因为如此，一个区域单元内只可能有一个这样的图表，它只要配置于该区域范围内的任一适当位置即可。

3. 线状符号法和动线法

线状符号法与动线法均可用线状符号表示定位于线（或两点间）的专题要素。其区别在于：第一，线状符号法是表示实地呈线状分布的静态现象，动线法则反映专题要素运动或发展的动态现象。第二，线状符号法一般反映现象的质量特征，如海岸类型、道路种类等；动线法则常用复杂的"带"表示现象的质量和数量特征。第三，线状符号的结构一般比较简单，能精确定位；动线法的结构有时很复杂，定位不够精确，甚至在表示面状现象（如大气变化）时并无定位意义。

4. 范围法和质底法

范围法和质底法都是在图斑范围内用颜色、网纹、符号等手段显示其质量特征。它们的差别是：质底法表示的是布满全区的面状分布现象，图面没有空白，图斑也不可能有交叉和重叠；范围法表示的是各自独立的一种或几种间段成片分布现象，没有这些现象的地方出现空白，现象有重叠分布的，图斑也就会产生重叠和交叉。

5. 点值法和分级比值法

点值法和分级比值法都可以用来表示分散分布现象的集中程度和发展水平。其本质区别在于：点值法能较好地表示分散分布现象的地理分布特征，能反映现象的绝对指标；分级比值法能简单而鲜明地反映地区间的差别，尤其是反映各区域经济现象的不同发展水平，能得到各地区简单的相对数量指标的概念。

6. 分区统计图表法和分级比值法

分区统计图表法和分级比值法均是以统计资料为基础的表示方法。它们都能反映区划单元之间的数量差别，但不能反映每个区划单元内部的具体差异。其主要不同在于区域划分上：分区统计图表法的分区比较固定，例如，以某一级行政区域为划分依据；分级比值法则是以相对数量指标的分级为划分依据的，各级所包括的分区数目不一定等同且不固定，当分级改变后，各级的范围也随之改变。

第五节 地 图 集

一、地图集的定义和特点

1. 地图集的定义

地图集是根据制图目的和用途，按照统一的设计模式及规范制作而成的系列地图的集合。它可综合反映世界、国家或区域的自然条件、资源环境、人文社会、经济发展、国防军事、历史文化等要素，为用图者传输大量的综合信息，满足其地图使用要求。

一部成功的地图集，必须是在深入地研究制图区域的基础上才能编制完成，它是图幅所表达区域相关各学科科学研究深度和广度及其研究成果的综合反映。地图集之所以受到世界各国的重视和关注，是因为一个国家编制的世界地图集、国家大地图集是度量这个国家科技文化发展水平的标志之一，也是反映这个国家地学研究理论和技术的综合成果之一。我国的地图集编制在世界上处于一流水平，1949 年后相继出版了一大批国家系列地图集和世界地图集。

编制地图集，特别是大型地图集，是一项极其复杂而艰辛的系统工程，需要众多学科人员的交叉融合和相互配合。地图集并不是各种地图的简单相加，而是根据制图目的和用途，按照共同的主题和编图要求、科学的结构体系、系统的表示方法、严密的图幅顺序，将相互联系、统一协调、同一规范的系列地图有机地组合在一起的地图系统。地图集各幅地图所采用地图投影相近或相同，比例尺相同或成一定倍数，内容具有逻辑性和系统性，主题选择具有完整性，编排顺序具有连贯性和因果关系，图例设计具有统一性特点。各幅图的图幅大小、图面设计、文字说明、地名索引及图集装帧设计等，都是按照同一标准和规范统一设计的，能够反映一定的特色。现代地图集的发展趋势之一是其选择内容越来越广泛，在注意了地图集反映国家或区域基础信息的同时，也强调了其实用价值，因而涌现了各种各样不同类型的地图集，如资源开发、老年人、军官、疾病分布、投资环境、环境质量、濒危动植物分布地图集等，在国民经济建设、教育科技、国防军事等领域发挥着越来越大的作用。

2. 地图集的特点

1）整体的政治思想性

一个国家所编制地图集，在一定程度上反映了这个国家对国际政治、外交事务的立场和态度，故地图集具有政治色彩。如国家关系（特别是国境线）、历史事件、社会制度等，都会在地图集中有所体现。政治思想性是度量地图集质量的重要标准之一。

2）内容的科学性

地图集分别由诸多地图构成，每幅图内容的科学性是决定地图集质量的关键，故图幅内容选题应恰当，编图资料具有权威性、准确性，可信度较高，能反映当代学科的客观实际和研究水平。

3）分幅内容的完整性

根据制图目的和用途，图幅内容选题应具有完整性和系统性，能综合反映制图区相关专题的全部内容，不漏编重要的相关地图。

4）表达形式的艺术性

表达形式的艺术性也是评价地图集质量的重要因素之一。地图集既是科学著作，也是艺术产品。地图集设计艺术性的高低、直接影响到地图集内容的表达效果。表达形式的艺术性包括符号系统可视化程度，图面整饰、配置的合理性，色彩设计对比协调性，装帧的精美性等。

5）图幅间内容的统一性

地图集内容要能正确反映制图区事物现象相互联系、相互依存及影响的规律，各幅图内容之间必须能够相互补充、彼此关联、统一协调并具有可比性和逻辑系统性。地图集统一性的保障措施有：采用地图投影不多、不乱，比例尺易于比较，同类事物采用共同表示方法，地图综合指标一致，资料截止时间相同，地图整饰方法一致，采用统一的地理底图等。

6）资料的现势性

地图的现势性是评价地图集质量优劣的重要标志之一。只有选用最新的、同一时期的资料，才能充分体现地图集的使用价值和现实意义。

二、地图集的基本类型

地图集类型多样、种类繁多，通常有许多分类方法。

1. 按制图区分类

世界地图集。反映整个世界及其构成的地图集。常由序图（有些还介绍地球有关知识）、分洲及分国地图构成。

国家地图集。反映一个国家的地图集，常表示该国的自然概况、社会经济、文化等特征。

区域地图集。反映世界局部区域（如大洲、大洋）或一个国家一、二、三级行政区（如省、市、县）、地理单元地图集等。

城市地图集。反映城市及其所辖郊县的地图集。

2. 按地图集内容分类

普通地图集。以普通地图为主，供使用者获取制图区地理概况的地图集。通常由序图（制图区总体概况，有时还增加部分专题地图）、基本地图（基本制图单元普通地图）、文字说明、统计图表、影像照片、插图（地图的辅助表达手段，常融入地图中）、地名索引（查阅地名工具）等部分构成。

专题地图集。主要反映专题内容的地图集。专题内容可进一步分为自然地图集、社会经济地图集。

自然地图集是指主要反映自然要素的地图集。按内容又可分为专题型自然地图集和综合型自然地图集。前者偏重某一自然要素的表达，如气候地图集、地质地图集、土壤地图集、生物地图集、水文地图集、海洋地图集等；后者则包含各种自然要素图组，例如，把地质、地貌、水文、气候、土壤、生物、海洋等图组，集于一本地图集。

社会经济地图集是指主要反映社会经济、人文要素的地图集。按内容也可分为专题型、综合型社会经济地图集。前者由单一人文要素表达，如人口地图集、政区地图集、历史地图集、经济地图集、环境地图集、交通地图集等；后者是包括各种社会经济要素的地图集，应包含行政区划、人口、工业、农业、交通、商业、服务业、邮电通信、综合经济等图组。

综合性地图集。集普通地图、自然地图和社会经济地图于一体的地图集。其特点为内容复杂、图种很多、系统完整，可综合反映制图区的自然和社会经济概貌。

3. 按地图集用途分类

教学地图集。用于配合教学的地图集，其特点是简明扼要、色彩艳丽醒目。

参考地图集。按参考对象又可分为：供一般读者使用，用于了解一般地理概况、检索查阅地名的一般参考地图集；供科技人员使用，用于科研性质的科学研究参考地图集。一般多指专题型自然地图集和专题型社会经济地图集。

军事地图集。用于军事部门研究政治、军事形势、历史战争等，为国防建设服务。

其他地图集。如用于旅游的地图集。常详细表示旅游景区（点）分布、交通线、餐饮住宿设施及娱乐场所等，其特点是印刷精美、开本不大、色彩悦目、图文照结合。

另外，还有按地图集开本分类。如 4 开本（393.5mm×546mm）、8 开本（273mm×393.5mm）、16 开本（196.75mm×273mm）、32 开本（136.5mm×196.75mm）、64 开本（98.38mm×136.5mm）等地图集。

三、电子地图集

电子地图（第八章详述）通俗理解可以认为是电子介质上显示的地图，具有可视化的特点，如计算机屏幕地图、大屏幕投影地图等。

电子地图集是按照统一设计原则和编排体系制作的系列电子地图的集合。

1. 电子地图集的特点

应用的扩展性。随着计算机技术和信息技术的飞速发展，传统的纸质文本型地图集应用受到一定限制，而电子地图集除具有传统地图集的阅读、查询、检索、分析、量算等功能外，还可以用来进行分析模拟、虚拟现实、三维立体显示、知识挖掘等信息、知识深加工，并使上述功能更深入化、更科学化。

应用的便捷性。电子地图集除具有使地图应用更深入、更广泛化的特点外，还可以使地图使用更方便、更快捷，如能快速地进行空间分析、决策对策、规则设计、信息查询检查、信息发布、宣传教育等。

形象生动性。电子地图集能够活泼、形象生动地显示地学相关信息，使地图可视化特点进一步加强。

动态性。电子地图集超越了文本型地图集的静态地图形式，能够把不断变化的客观世界，实时、动态地以地图形式表示出来，如动画地图、闪烁地图、渐变地图等。

交互性。电子地图集具有交互性，可实现查询、分析等功能，还可以进行辅助阅读、辅助决策等。

超媒体集成性。电子地图集能够集图形、影像、图表、文字、声音、动画和视频于一体，采用多媒体电子地图，以视觉、听觉等感知形式，直观、生动、形象地表达空间信息，增加了地图表达地学信息的介质媒体形式。

2. 电子地图集的类型

电子地图集除具有按制图区、内容、用途等分类的地图集类型外，还可以按信息源进行分类。

1）文本源电子地图集

是在文本型地图集的基础上，利用数字化仪器进行图数转换，从而得到数字地图，成为可在屏幕上显示的电子地图集。

2）数据库源电子地图集

基于地图数据库或 GIS 地理数据库，在计算机软硬件支持下的电子地图集，功能较强，常具有地图显示、专题图制作、辅助功能、分析应用等模块。

3）遥感影像源电子地图集

基于遥感影像信息源，在图像处理系统支持下获得数字地图，成为屏幕显示电子地图集，常有专题型电子自然地图集等。

4）数字测图源电子地图集

数据源是基于数字测图系统，在测量获得数字地图的基础上，设计制作成的电子地图集，常有小区域电子普通地图集、自然地图集等。

复习思考题

1. 从专题地图的定义分析，其具有哪几层含义？
2. 专题地图、专题要素各具有哪些特征，两者的关系是什么？有哪些区别？
3. 定点符号法如何表示专题要素的空间分布，数量、质量特征，内部组成及其发展动态？
4. 定点符号法、定位图表法、分区统计图表有哪些区别？
5. 线状符号法和动线法有哪些区别？
6. 范围法和点值法有哪些区别？
7. 质底法和分级比值法有哪些区别？
8. 表达专题要素质量特征的主要表示方法有哪些？
9. 表达专题要素数量指标的主要表示方法有哪些？
10. 专题地图表示方法和地图符号视觉变量有何相互关系？
11. 电子地图的定义、基本特征是什么？如何按信息源进行分类？
12. 地图集的定义是什么？有什么基本特征？如何按用途、内容进行分类？

参 考 文 献

陈毓芬. 2001. 电子地图的空间认知研究. 地理科学进展, (增刊): 63-68.

何宗宜, 宋鹰, 李连营. 2016. 地图学. 武汉: 武汉大学出版社.

胡圣武. 2008. 地图学. 北京: 清华大学出版社.

黄仁涛, 庞小平, 马晨燕. 2003. 专题地图编制. 武汉: 武汉大学出版社.

廖克. 2003. 现代地图学. 北京: 科学出版社.

龙毅, 温永宁, 盛业华. 2006. 电子地图学. 北京: 科学出版社.

马耀峰. 1995. 符号构成元素及其设计模式的探讨. 测绘学报, (4): 259-266.

马耀峰. 1996. 旅游地图制图. 西安: 西安地图出版社.

马耀峰. 1997. 专题地图符号构成元素的研究. 地理研究, (3): 309-315.

马永立. 1998. 地图学教程. 南京: 南京大学出版社.

齐清文, 池天河, 廖克, 等. 2001. 中国国家自然地图集电子版的设计和研制. 地理科学进展, (增刊): 39-45.

王光霞, 游雄, 於建峰, 等. 2011. 地图设计与编绘. 北京: 测绘出版社.

王家耀, 孙群, 王光霞, 等. 2006. 地图学原理与方法. 北京: 科学出版社.

王英杰, 余卓渊, 严虹, 等. 2001. 中国区域发展电子地图集设计. 地理学报, (增刊): 64-72.

王宇翔, 张燕. 2001. 分布式电子地图服务. 地理学报, (增刊): 56-63.

吴金华, 杨瑾. 2011. 地图学. 北京: 地质出版社.

尹贡白, 王家耀, 田德森, 等. 1991. 地图概论. 北京: 测绘出版社.

俞连笙, 王涛. 1995. 地图整饰. 2 版. 北京: 测绘出版社.

张奠坤, 杨凯元. 1992. 地图学教程. 西安: 西安地图出版社.

张荣群. 2002. 地图学基础. 西安: 西安地图出版社.

祝国瑞. 2004. 地图学. 武汉: 武汉大学出版社.

Kraak M J, Ormeling F. 2010. Cartography: Visualization of Spatial Data. New York: Guilford Publication.

第七章　地图设计与制作

本 章 要 点

1. 掌握地图编制的一般过程；普通地图的设计原理；专题地图编制的方法。
2. 认识现代地图制作与传统地图制作的异同点。
3. 了解地图的常规制作方法。
4. 一般了解地图的印制过程。

第一节　地图编制的一般过程

地图分为实测地图和派生地图。实测地图是指利用经纬仪、全站仪及现代航测等测量工具开展外业测量而得到的实测原图（如地形图）；派生地图是利用已有地图和编图资料，采用编绘的方法制成的地图。一般而言，地图编制的过程可分为地图设计、原图编绘、制印准备和地图印刷四个阶段（图 7-1）。

图 7-1　地图制作的主要过程框图

一、地图设计

地图设计又称为编辑准备，它是地图制作的龙头，是保证地图质量的首要环节。地图设计是根据地图用途和用户的要求，按照视觉感受理论和地图设计原则，对地图的技术规格、总体构成、数学基础、地图内容及表示方法、地图符号与色彩、制作工艺方案等进行全面的规划，实际上是地图的创作过程，是整个地图生产全过程的准备工作，是地图制图人员在制图业务准备阶段的所有构思过程的总称。地图的用途和要求是地图设计的主要依据。

地图设计涵盖的任务主要包括：确定地图生产的规划与组织，根据使用地图的要求确定地图内容，各种地理现象和物体在地图上的表示方法和使用符号的设计，制图资料的选择、分析和加工，制图数据的处理，制图综合原则和指标的确定，地图的数学基础设计，图面设计和整饰设计等。

地图设计的主要内容包括地图设计准备、地图的总体设计、地图表示内容设计、地图表示方法设计和地图生产工艺设计。地图设计的过程主要包括：明确任务和要求，搜集、选择和分析资料，研究区域特征，确定地图内容，地图总体设计，地图符号和色彩设计，地图内容综合指标的拟定，编图技术方案和生产工艺方案设计，地图设计的试验工作，汇集成果和设计文件的撰写。

1. 地图设计准备

编图资料的搜集与整理。地图资料是制作新地图的基础，对编图的质量影响很大。编图资料主要有地图资料、影像资料、各种相关的统计数据资料和研究成果等。编图资料按照利用程度的不同，又分为基本资料、补充资料和参考资料。基本资料是编制地图的主要依据，利用率最高；补充资料和参考资料主要用来弥补基本资料的不足。

编图设计人员应当根据制图的要求编写资料搜集目录清单，然后指派专人领取、搜集或购买所需资料并进行分类、编目建档。

编图资料的分析。资料搜集工作完成后，就要对资料进行分析和评价。首先应分析评价制图资料的政治性，即资料反映的观点、立场有无原则性错误；其次对资料的现势性、完备性、可靠性与精确性进行分析研究，并确定出资料利用的程度。

制图区域和制图对象的分析。地图是表现和传输制图区域特定地理要素的信息模型。由于制图区域和制图对象千变万化，制图区域的特点和制图对象的分布规律各不相同。要使地图真实地模拟出客观实际，就必须深入地分析研究制图区域的地理特征和制图对象的分布特点。通过特征研究才能科学地选择信息，恰当地对制图对象进行分类、分级，有效地选择地图概括和表示方法，并最终设计出高质量的地图产品。

2. 地图总体设计

地图的总体设计即基本规格的设计，主要包括地图数学基础、分幅、图面配置等内容的设计。

地图的数学基础的设计，包括选择地图投影和确定比例尺。地图投影的选择主要取决于制图区域的地理位置、形状和大小，同时也要顾及地图的用途。地图投影选定后，还要进一步确定地图上经纬线的密度，并依据地图投影公式计算经纬网交点坐标，或直接在地图投影坐标表中查取。比例尺的选择不仅要考虑制图区域的形状、大小和地图内容精度的要求，而且还要顾及地图幅面大小的限制。通常地图比例尺计算公式为

$$\frac{1}{M} = \left[\frac{d_{\max}}{D_{\max}} \right] \tag{7-1}$$

式中，$D_{\max}$ 为制图区域南北或东西实地长度的最大值；$d_{\max}$ 为地图幅面长或宽的较大值；[ ] 为取整。一般 M 要为 10 的整倍数。

比例尺确定后，就可以根据地图幅面的长宽选择纸张的规格。图集或插图多选用 4 开~64 开幅面的纸张；挂图等多选用全开至数倍全开幅面的纸张拼接而成。

3. 地图表示内容设计

地图表示内容设计是对客观世界和制图对象的认识阶段，主要采用模型化方法，根据不同需求对制图对象进行抽象概括，确立地图的科学内容。在缩小的地图模型上，需要根据地图的用途要求、制图区域特点和地图比例尺等条件，充分发挥人的认识能力、分析能力和概括能力，从语义上对客观事物和现象进行选择、处理和分类分级，确定地图上要表达的内容及其详细程度，即表示哪些内容，用什么方法表示，哪些内容用主图表示，哪些内容用附图

表示，哪些内容用文字说明等。

4. 地图表示方法设计

地图表示方法设计是对地图表示内容的形式化设计阶段，主要采用符号化方法，对制图对象进行图形化处理，建立地图的整体面貌。如何将各种物体和现象用地图符号表达出来，如何运用色彩学理论设计符号和图面，如何运用制图技术和工艺来保证制图效果等问题，都需要在这一阶段得到解决。符号是地图内容的图形表达，地图内容和形式的设计要达到协调完美，除了要对表示方法有深刻了解外，还要能熟练地设计和恰当地运用各种符号。此时，制图人员的符号设计能力、地图美学修养、制图经验和技巧、制图技术水平及能力起到关键性作用。因此，如何将制图对象客观、准确、形象、直观地表示出来，一直是地图设计研究的核心问题。

5. 地图概括指标的设计

地图概括指标的设计，主要是确定各要素的取舍指标和图形简化标准。例如，图上选取大于 1cm 长的河流；在全国政区图上只选取县级以上的居民点等。图形简化标准就是确定图形简化的原则和尺度，例如，规定内径小于 0.5cm 的弯曲海岸线进行舍弯取直，但有时为了保持要素的主要特征，对某些小的弯曲往往还要进行扩大表示。

6. 地图图幅配置设计

图面配置设计是指在地图上如何合理安排主图、附图、图表、图廓、图名、图例、比例尺及文字说明等的位置和大小。配置原则是既要充分地利用地图幅面；又要使图面配置在科学性、艺术性和清晰性方面相互协调。

图面配置设计之后，还要通过试编样图，进一步检查验证设计思想的可行性。样图可选择典型地区按不同的设计方案编图，经综合评估后，选出最佳方案作为正式编图时的参考用图。

7. 地图生产工艺设计

地图生产工艺设计是根据地图用途、地图精度、地图制作时间和经费等各种要求，对地图编绘方法、出版和印刷工艺方案进行的设计。现在编图方法主要采用数字编图制图方法，出版和印刷主要有胶片输出、晒版及印刷工艺流程，计算机直接制版及印刷工艺流程，计算机数字印刷工艺流程等三种工艺方案。

8. 编写地图设计书

编写地图设计书（也称为编图大纲）就是把地图设计思想具体化。设计书是地图生产过程中的指导性文件，其主要内容包括：编图目的任务，编图资料的分析、处理及应用，制图区域地理特征，地图幅面，地图内容及其图面表现形式，地图的数学基础，地图概括方法及指标，地图符号系统，地图配置方案，地图生产工艺流程及综合样图等。

二、原图编绘

编绘原图是原图编绘阶段的最终成果，它集中体现了新编地图的设计思想、主题内容及其表现形式。地图编绘既不是各种资料的拼凑，也不是资料图形的简单重绘，原图编绘是地图编绘最关键的阶段。编绘原图就是根据地图的用途、比例尺和制图区域的特点，将地图资料按编图规范要求，经综合取舍在制图底图上编绘的地图原稿。传统原图编绘手段的工作流程见图7-2。

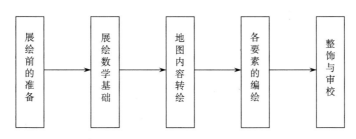

图7-2 传统原图编绘手段的工作流程

现代科学技术的迅猛发展完全改变了传统的地图制图系统。从20世纪50年代航空摄影测量技术的形成和发展，到70年代人造卫星升空和90年代全球定位系统（GPS）的广泛应用，人类观察认知地球的模式根本上发生了改变。遥感技术的进步，使人们已经达到实时获取多维空间信息的水平。GPS、RS和GIS的集成，从根本上改变了人们对空间信息认知的方法。随着空间技术、计算机技术和信息网络技术的发展，传统的地图制图技术已经发生了革命性的变革。计算机制图编辑设计与自动制版印刷一体化生产体系基本上解决了各类地图的自动编绘与快速成图的方法，实现了从传统手工制图到全数字化地图制图的转变，并出现了多媒体电子地图、三维虚拟电子地图与网络地图等新形式。计算机制图技术与地理信息系统的结合，使得地图作为空间信息的载体，在图形表达形式，以及信息传输、存储、转换和显示等方面表现出了巨大的优势，已经成为分析评价、预测决策、规划管理的重要手段。在不同领域得到越来越广泛的应用。

长期以来，地图都是靠手工方法制作的。航空摄影测量的发展，只减少了野外的测图工作，但是地图的绘制还是靠手工。刻图法诞生后，虽缩短了成图周期，可是建立图形的方法并没有从根本上改变，依然是手工作业。1958年，世界上第一台数控绘图机问世，第一次从计算机控制的绘图机笔下绘出了地图，从此计算机地图制图便进入了一个崭新的时代。

计算机地图制图具有如下优点。

（1）地图可以分要素用数码形式存储在磁带和磁盘中，不但节省了大量地图的存储空间，而且便于随时提取、更新、处理和应用。

（2）地图内容转绘、地图投影绘制及转换、比例尺变换等各项编绘技术都能采用数字处理方法，这比手工制图法容易得多。

（3）手工作业很难解决曲线内插、主体图形的表示和许多比较复杂的专题图表，运用数学方法都可方便解决，并能用计算机实现。

（4）可以绘制各类型地图，如立体图、晕渲图、组合符号图、地形图、透视图等，减轻了制图人员的劳动强度，提高了地图的精度，简化了成图工艺，缩短了成图周期。

我国制图自动化研究始于20世纪70年代初期，80年代逐步推广应用。现在自动编绘各种统计地图、土地利用图、土壤图、交通图、海图等问题已基本解决，能够用于正常生产的地形图自动制图系统也已投入使用。

我国计算机制图技术研究虽然时间较短，但取得了明显进展。自行研制的数字化仪和数控绘图机已经开始生产。电子分色扫描数字化仪和扫描绘图机已经研究成功。自动绘图基本软件的研制和自动化制图实验已取得了较好成果，其中利用统计资料自动制图的软件已经建立并开始使用，建成了部分专题数据库，同时，正在着手研制综合数据库。我国计算机地图制图正在蓬勃发展。

计算机地图制图系统和传统地图制图相比，在地图制作过程、工艺方案、制图精度、成图周期等方面都产生了巨大的变革。

传统地图制作过程由编辑准备—原图编绘—制印准备—地图制印四个阶段构成；而计算机制图系统由编辑准备—数据获取—数据处理和编辑—图形输出（地图制印）四个阶段构成。此部分内容将在第八章详述。

三、制印准备

如要获得大量纸质复制地图，则需进行制版印刷。制印准备阶段的最终成果是完成出版原图到清绘（或刻绘）原图的过程。出版原图（印刷原图）就是根据编图大纲和图式规范的要求，采用清绘或刻绘方法制成的复制地图的原图。制印准备是为大量复制地图而进行的一项过渡性工作。一般编绘原图的线划和符号质量达不到印刷出版要求，故需要将它清绘或刻绘制成出版原图，才能进行制版印刷。

出版原图的制作。一般是首先把编绘原图或实测原图照像制成底片，其次将底片上的图形晒蓝于裱好的图板、聚酯片基或刻图膜上，经过清绘或刻图，并剪贴符号与注记，制成出版原图。

为了提高线划质量，减少绘图误差，便于地图清绘，对于内容复杂和难度较大的图幅，通常按成图比例尺放大清绘。制印时，再用照像方法缩至成图尺寸。

出版原图可用一版清绘或分版清绘。单色地图和内容简单的多色地图通常采用一版清绘，即将地图全部内容绘制在一个版面上；内容复杂的多色地图常采用分版清绘，即将地图内容各要素，根据印刷颜色及各要素的相互关系，分别绘于几块版面上（如水系蓝版，等高线棕版，居民地、注记黑板等），制成几块分要素出版原图。

一版清绘在制版印刷时需将出版原图复照的底片翻制几张相同的底片，再在每张底片上进行分色分涂（涂去不需要的要素，留下需要的要素），得到分色底片。然后根据分色底片分别制版套印，这种方法多用于内容简单的多色地图。

分版清绘的主要目的是减少制印时分涂的工作量，这种方法常用于内容复杂的多色地图。制印多色地图时，还需要制作分色参考图，作为分版分涂的依据。分色参考图分为线划分色参考图和普染色分色参考图，通常是用出版原图按成图比例尺晒印的蓝图或复印图来制作。

和传统地图制印相比，计算机地图制印工艺省掉了印刷原图制作工序。四色分色胶片即为印刷原图，其可用来在自动制版机上快速制成印刷金属版，然后在四色平版印刷机印刷成品地图。计算机直接制版系统的发展将计算机编辑处理的地图数据直接输出到印刷版上，省掉了胶片输出过程，精度和效率更高。

四、地图印刷

地图印刷是利用出版原图进行制版印刷，以便获得大量的印刷地图多采用平版印刷。其制印过程包括照像、翻版、分涂、套拷、晒版、打样等。具体内容详见本章第四节。

第二节　普通地图设计

普通地图是以同等详细程度表示地面各种自然要素和社会经济要素的地图，主要表示水系、地貌、土质植被、居民地、交通线、境界线和独立地物等地理要素。普通地图在经济建设、国防和科学文化教育等方面发挥着重要的作用。按比例尺和表示内容的详细程度，普通地图分为地形图和地理图两类，两者在地图设计和制作上有所不同。

一、国家基本比例尺地形图的设计

地形图在各个国家都是最基本、最重要的地图资料，都已在各自国家内部系列化、标准化，并在世界范围内趋向统一。我国现在国家基本比例尺地形图包括 8 种系列，分别为 1：100 万、1：50 万、1：25 万、1：10 万、1：5 万、1：2.5 万、1：1 万及 1：5000，局部地区还有 1：2000、1：1000 和 1：500 的大比例尺地方实测地形图。

我国基本比例尺地形图是具有统一规格，按照国家颁发的统一测制规范制成的。它具有固定的比例尺系列和相应的图式图例。地图图式是由国家测绘主管部门颁布的，关于制作地图的符号图形、尺寸、颜色及其含义和注记、图廓整饰等有一系列技术规定。

国家基本比例尺地形图分别采用两种地图投影。大于或等于 1：50 万比例尺地形图采用高斯-克吕格投影，1：100 万比例尺地形图采用双标准纬线等角圆锥投影。

大比例尺地形图（1：5000～1：5 万）一般采用实测或航测法成图，其他比例尺地形图则用较大比例尺地形图作为基本资料经室内编绘而成。

客观地反映制图区域的地理特点，是编绘地图内容的根本原则。而地形图的不同用途则是确定反映地理特点详细程度的主要依据。国家基本地形图比例尺系列，就是依据国家经济建设、国防军事和科学文化教育等方面的不同需要而确定的。

由于现代地形图系列化、标准化程度的提高，在数学基础、几何精度、表示内容及其详尽程度等方面，国家统一颁发了相应比例尺地形图的不同"规范"和"图式"规定。因此，各部门在设计和测制地形图时，都要遵循地形图的"规范"和"图式"规定，它是制作地形图的主要依据。

二、普通地理图的设计

地理图是侧重反映制图区域地理现象主要特征的普通地图。虽然地理图上描绘的内容与地形图相同，但地理图对内容和图形的概括综合程度比地形图大得多。地理图没有统一的地图投影和分幅编号系统，其图幅范围是依照实际制图区域来决定的。例如，按行政单元绘制的国家、省（区、市）、市、县地图；或按自然区划，如长江流域、青藏高原、华北平原等编制的地图。由于制图区域大小不同，地理图的比例尺和图幅面积大小不一，没有统一的规定。

1. 普通地理图的设计特点

普通地理图一般区域范围广，比例尺较小，对地理内容往往进行了大量的取舍和概括，所以地理图反映的是制图区域内地理事物的宏观特征，地理图的设计强调的是地理适应性和区域概括性。

由于地理图应用范围广，对地图的要求也不相同，在符号和表示方法设计方面具有各自的相对独立性，即每一种图都有自己的符号系统、投影系统、分幅和比例尺及不同的图面配置，具有灵活多样的设计风格。

由于地理图制图区域范围大，涉及资料多，精度各异，现势性不一，设计时应精选制图资料，并确定其使用程度。

2. 普通地理图的设计准备

在地理图设计之前，首先要深入领会和了解地图的用途和要求；分析和评价国内外同类优秀地图，吸取有益的经验；在此基础上对制图资料进行分析研究，确定出底图资料、补充资料和参考资料，并在研究制图区域地理特征的基础上，确定出内容要素表示的深度和广度以及内容的表示方法等。

3. 普通地理图的内容设计

在设计准备完成之后，就要具体地设计地图的开幅、比例尺、分幅；选择和设计地图投影；确定各要素取舍的指标；设计图式、图例；确定图面配置；制定成图工艺，进行样图试验，最后编写出普通地理图设计大纲。

第三节　专题地图设计

一、专题地图设计的一般过程

专题地图的种类繁多，形式各异，与普通地图相比，它的用途和使用对象有更强的针对性，要求更具体。因此，对编辑准备工作来说，首先应研究与所编地图有关的文件；明确编图目的、地图主题和读者对象。

在明确编制专题地图的任务后，首先拟订一个大体设计方案，并绘制图面配置略图，经审批同意后，即可正式着手工作。

在广泛收集编图所需要的各种资料的基础上，进行深入的分析、评价和处理。通过详细研究制图资料和地图内容特点，进行必要的试验，并对开始的设计方案进行补充、修改，制定出详细的编图大纲，用以指导具体的地图编绘工作。

编图设计大纲的主要内容如下。

（1）编图的目的、范围、用途和使用对象。

（2）地图名称、图幅大小及图面配置。

（3）地理底图和成图的比例尺、地图投影和经纬网格大小。

（4）制图资料及使用说明。

（5）制图区域的地理特点及要素的分布特征。

（6）地图内容的表示方法、图例符号设计和地图概括原则。

（7）地图编绘程序、作业方法和制印工艺等。

二、专题地图的资料类型及处理方法

1. 专题地图的资料类型

专题地图的内容十分广泛，所以编绘专题地图的资料也很繁多，但概括起来，主要有地图资料、遥感图像资料、统计与实测数据、文字资料等。

（1）地图资料。普通地图、专题地图都可以作为新编专题地图的资料。普通地图常作为编绘专题地图的地理底图，普通地图上的某些要素也可以作为编制相关专题地图的基础资料。地图资料的比例尺一般应稍大或等于新编专题地图的比例尺，且新编专题地图的地图投影和地理底图的地图投影应尽可能一致或相似。对于内容相同的专题地图，同类较大比例尺的专题地图可作为较小比例尺新编地图的基本资料。例如，中小比例尺地貌图、土壤图、植被图等可作为编制内容相同的较小比例尺相应地图的基本资料，或综合性较强的区划图的基本资料。

（2）遥感图像资料。各种单色、彩色、多波段、多时相、高分辨率的航片、卫片都是编制专题地图的重要资料。随着现代科技的发展，卫星遥感影像的分辨率越来越高（现在我国民用卫片的地面精度可达到1m），现势性也是其他资料所无法比拟的，因此，遥感资料是一种很有发展前途的信息源。

（3）统计与实测数据。各种经济统计资料，如产量、产值、人口统计数据等；各种调查和外业测绘资料；各种长期的观测资料，如气象台站、水文台站、地震观测台站等的实测数据都是专题制图不可缺少的数据源。

（4）文字资料。包括科研论文、研究报告、调查报告、相关论著、历史文献、政策法规等，是编制专题地图的重要参考文献。

2. 专题地图资料的加工处理

资料的分析和评价。对搜集到的资料进行认真分析和评价，确定出资料的使用价值和程度，并从资料的现势性、完备性、精确性、可靠性、是否便于使用和定位等方面进行全面系统的分析评价，使编辑人员对资料的使用做到心中有数。

资料的加工处理。编制专题地图的资料来源十分广泛，其分级分类指标、度量单位、统计口径等都有很大的差异性，需要把这些数据进行转换，变成新编地图所需要的数据格式这一过程称为资料的加工处理。

资料处理通常有以下几种方式：①由一种量度单位转换成另一种量度单位。例如，把"亩"换成"公顷"。②数量指标的改变。例如，把总产值改为人均产值；把月产量改为年产量等。③改变分类标准。例如，水浇地、旱地合成为耕地。④改变数量分级指标。例如，居民点按人口数分级的变化。把各种数据资料换算成统一的度量系统，如长度、面积、重量、浓度、统一时间等。⑤计算制图对象数量的绝对指标或相对指标。例如，按行政单元计算人口总数或人口密度等。

三、专题地图的地理基础

地理基础，即专题地图的地理底图，它是专题地图的骨架，用来表示专题内容分布的地理位置及其与周围自然和社会经济现象之间的关系，也是转绘专题内容的控制和依据。

地理底图上各种地理要素的选取和表示程度，主要取决于专题地图的主题、用途、比例尺和制图区域的特点。例如，气候与道路网无关，因此，每天新闻联播后的天气预报图上，就不需要把道路网表示出来；平原地区的土地利用现状图，无须把地势表示出来；随着地图比例尺的缩小，地理底图内容也会相应地概括减少。

普通地图上的海岸线、主要的河流和湖泊、重要的居民点等，几乎是所有专题地图上都要保留的地理基础要素。

专题地图的底图一般分为两种，即工作底图和出版底图。工作底图的内容应当精确详细，能够满足专题内容的转绘和定位。相应比例尺的地形图或地理图都可以作为工作底图。出版底图是在工作底图的基础上编绘而成的，出版底图上的内容比较简略，主要保留与专题内容关系密切、便于确定其地理位置的一些要素。

地理底图内容主要起控制和陪衬作用，并反映专题要素和底图要素的关系。通常底图要素用浅淡颜色或单色表示，并置于地图的"底层"平面上。

四、专题地图内容的设计

1. 表示方法的选择

专题地图的内容十分复杂，几乎所有的自然和社会经济现象都能编绘成专题地图。专题地图既能表示有形的事物，又能表示无形的现象；既能表示现在的各种事物，又能表示过去和将来的事物；既能表示出事物现象的数量、质量和空间分布特征，又能展现出事物内在的结构和动态变化规律。由于地图内容的千变万化，专题地图在展现专题内容时，就要采用各种不同的表示方法。由此，每幅专题地图都有自己独特的表现形式和符号系统。

表示方法的选择受到多方面因素的影响，如专题内容的形态和空间分布规律、制图资料和数据的详细程度、地图的比例尺和用途，以及制图区域的特点等都会对表示方法的选择产生影响。但其中最主要的因素是专题内容的形态和空间分布规律。

2. 图例符号设计

在地图上，各种地理事物的信息特征都是用符号表达的，它是对客观世界综合简化了的抽象信息模型。地图符号中所包含的各种信息，只有通过图例解译出来才能被人们所理解。通过地图来了解客观世界，就必须先掌握地图图例的内涵。所以，地图图例是人们在地图上探索客观世界的一把钥匙。

图例是编图的依据和用图的参考，所以在设计图例符号时，应满足以下要求。

（1）图例必须完备，要包括地图上采用的全部符号系统，且符号先后顺序要有逻辑连贯性。

（2）图例中符号的形状、尺寸，颜色应与其所代表的相应地图内容一致。其中，普染色面状符号在图例中常用小矩形色斑表示。

（3）图例符号的设计要体现出艺术性、系统性、易读性，并且容易制作。

3. 作者原图设计

由于专题地图内容非常广泛，其编制离不开专业人员的参与。当制图人员完成地图设计大纲后，专业人员依据地图设计大纲的要求，将专题内容编绘到工作底图上，这种编稿图称为作者原图。专业人员编绘的作者原图一般绘制质量不高，还需要制图人员进行加工处理，将作者原图的内容转绘到编绘原图上，最后完成编绘原图工作。

对作者原图的要求主要有如下几点。

（1）作者原图使用的地理底图、内容、比例尺、投影、区域范围等应与编绘原图相适应。

（2）编绘专题内容的制图资料应翔实可靠。

（3）作者原图上的符号图形和规格应与编绘原图一致，但符号可简化。

（4）作者原图的色彩整饰尽可能与编绘原图一致。

（5）符号定位要尽量精确。

4. 图面配置设计

一幅地图的平面构成包括主图、附图、附表、图名、图例及各种文字说明等。在有限的图面内，合理恰当地安排地图平面构成的内容、位置和大小称为地图图面配置设计。

国家基本比例尺地形图的图面配置与整饰都有统一的规范要求，而专题地图的图面配置与整饰则没有固定模式，因图而异，往往由编制者自行设计。

图面配置合理，就能充分地利用地图幅面，丰富地图的内容，增强地图的信息量和表现力。反之，就会影响地图的主要功能，降低地图的清晰性和易读性。因此，编辑人员应当高度重视地图图面的设计。

图面配置设计应考虑以下几个方面的问题。

（1）主图与四邻的关系。一幅地图除了突出显示制图区域外，还应当反映出该区域与四邻之间的联系。例如，河北省地图，除了利用色彩突出表示主题内容外，还以浅淡的颜色显示了北京、天津、辽宁、内蒙古、山西、河南、山东和渤海等部分区域。这对于了解河北省的空间位置，进一步理解地图内容是很有帮助的。

（2）主图的方向。地图主图的方向一般是上北下南，如果遇到制图区域的形状斜向延伸过长，考虑到地图幅面的限制，主图的方向可作适当偏离，但必须在图中绘制明确的指北方向线。

（3）移图和破图廓。为了节约纸张，扩大主图的比例尺和充分利用地图版面，对一些形状特殊的制图区域，可采用将主图的边缘局部区域移至图幅空白处（图 7-3），或使局部轮廓破图框（图 7-4）的方法。移图部分的比例尺、地图投影等应与原图一致，且二者之间的位置关系要十分明晰。另外，破图廓的地方也不宜过多。

（4）图名。图名能反映一幅地图的中心内容，应放在醒目的位置上，例如，图幅上中位置常在北图廓线上方，也可在其下方，或位于图廓内的左上方或右上方。

（5）图例和比例尺。图例一般安排在图幅的左下方或右下方；比例尺大多采用数字比例尺和直线比例尺两种形式表达，一般安排在图名或图例的下方。

（6）附图和附表。附图和附表用以补充主题内容，或扩大显示主图中的某些重要部分。附图和附表的位置安排要合理，与主图的配合要协调，往往配设在面积较大的非制图区处，但不能影响制图区内容的表达。

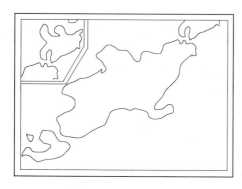 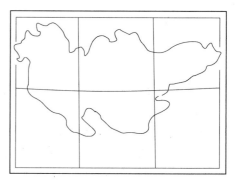

图 7-3　移图的处理　　　　　　　　　图 7-4　破图廓的处理

5. 地图的色彩与网纹设计

色彩对提高地图的表现力、清晰度和层次结构具有明显的作用，在地图上利用色彩很容易区别出事物的质量和数量特征，也有利于事物的分类分级，并能增强地图的美感和艺术性；网纹在地图中也得到了广泛的应用，特别是在黑白地图中，网纹的功能更大，它能代替颜色的许多基本功能；网纹与彩色相结合，可以大大提高彩色地图的表现能力，所以色彩和网纹的设计也是专题地图的重要内容之一。

地图的设色与绘画不同，它与专题内容的表示方法有关。例如，呈面状分布的现象，在每一个面域内颜色都被视为是一致的、均匀布满的。因此，在此范围内所设计的颜色都应是均匀一致的。

专题地图上要素的类别是通过色相来区分的。每一类别设一主导色，例如，土地利用现状图中的耕地用黄色表示，林地用绿色表示，果园用粉红色表示等；而耕地中的水地用黄色表示，旱地用浅黄色表示等。

表示专题要素的数量变化时，对于连续渐变的数量分布可用同一色相的亮度变化来表示，例如，利用分层设色表示地势的变化；对相对不连续或是突变的数量分布，可用色相的变化来表示，如农作物亩产分布图、人口密度分布图等。

色彩的感觉和象征性是人们长期生活习惯的产物。利用色彩的感觉和象征性对专题内容进行设色，会获得很好的设计效果。

总之，为使专题地图设色达到协调、美观、经济适用的目的，编辑设计人员对色彩运用应有深入的理解、敏锐的感觉和丰富的想象力，能针对不同的专题内容和用图对象，选择合适的色彩，以提高地图的表现力。

第四节　地图的制版印刷

地图的制版印刷是地图制图过程的最后一个环节，是地图制图各工序共同劳动成果的集中体现，也是大量复制地图的最主要的方法。

根据印刷版上印刷要素（图形部分）和空白要素（非图形部分）的相互位置而划分为凸

版印刷、凹版印刷和平版印刷等三类。首先根据印版与承印物的关系，前两种印刷方法因印版与承印物直接接触而称为"直接印刷"；平版印刷在印刷时，先将印版上的印刷要素压印到一个有弹性的表面（如橡皮辊筒），再将图形转印到承印物上，称为"间接印刷"，也称为"胶印"。

从制印角度划分地图可分为单色图和多色图两类。从制印特点看，地图内容的显示方式主要为线划色、普染色和晕渲色（连续调要素），称为地图制印内容的三要素。

地图制印主要采用平版胶印印刷，其主要的过程是：原图验收→工艺设计→复照→翻版→修版分涂→胶片套拷→晒版打样→打样→审校修改→晒印刷版→印刷→分级包装。从原图验收到印刷成图，其过程复杂，且每一工序的方法也呈多样化。

一、对印刷原图及分色参考样图的要求

印刷原图是地图制印的原始依据，其质量的好坏直接影响到大批成图的质量，而且还对生产的周期和成本有一定的影响，所以对印刷原图的质量必须严格要求。

1. 对原图材料的要求

清绘原图所用的绘图纸应洁白平整。裱糊的图板、纸面应无疙瘩、砂粒和霉点。聚酯片基的厚度应均匀一致，且尺寸稳定性符合误差要求。所晒蓝图线划应清晰。刻图膜层应有足够的挡光性能，密度较高，而刻出的线划与符号应光洁通透。

2. 对绘制各种规矩线的质量要求

规矩线包括用于检查图廓尺寸的角线、用于套晒和打样套印的十字线、用于拼接图幅的拼接线及丁字线、色标线、境界色带和其他的红线等。各种规矩线不能跑线，要严格按蓝图或铅笔底线居中绘出，且为直线，不能过粗，不能有弯曲或成双线。

3. 对图幅线划尺寸的精度要求

基本比例尺地形图图廓边长误差不应超过±0.2mm，对角线误差不应超过±0.3mm；分版清绘或刻绘的基本比例尺地形图，各版之间相应的边长误差不得超过±0.2mm，相应的对角线误差不得超过±0.3mm；需拼接的地图应保证拼口处相邻图幅的拼接精度。

4. 对线划要素绘制质量的要求

线划要素的设色和分版原则上要尽量为制印提供方便。线划与线划之间应保持一定间距，按成图尺寸，其间距不应小于0.2mm。清绘的线划应光洁实在，墨色浓黑饱满，图面整洁。刻绘的线划、符号应光洁通透，粗细变化自然。

5. 对注记的质量要求

各种注记应字迹浓黑清晰，不发灰、不发黄、不发虚，字体不变形。注记与符号不能相互压叠，且其四周空白不小于0.2mm，便于修涂。拼接图拼口两边3mm内不得排放注记和符号，以免裁切时被切断。

6. 对分色参考样图的要求

分色参考样图是地图分涂修版的依据，它包括线划要素分色样图和普染要素分色样图。参考样图所用颜料要区分明显，以易于判别为宜。普染色分色样图还要求颜料要有足够的透明度，以便能清楚地看见作为设色范围线的线划要素。

二、地图制印工艺设计

地图制印工艺设计是指工艺设计人员根据各种类型地图原图的情况和编辑计划的要求，对原图进行分析研究后制定出具体的工艺设计和作业流程。它是一项指导性很强的技术工作，对地图制印质量和经济效益起着关键作用。

1. 地图制印工艺设计的内容及原则

地图制印工艺设计的内容主要有：制印规格的设计、地图设色表的设计、制印工艺方案框图与技术方法说明、作业量统计等。

地图制印工艺设计应坚持多快好省的原则。设计时应综合考虑以下因素：地图的类型、印刷原图的类型、现有的印刷设备、现有的技术水平、制印所需的材料规格、出版的要求、节约要求，制印中最大的节约就是减少套印次数。

2. 地图制印的规格设计

地图制印规格设计的目的是使图幅位置在印刷纸张上得到合理的安排。应按以下原则进行规格设计：每幅地图的图幅尺寸应在全开或对开规格范围内；纸张在印刷前，要进行光边处理；预留对开机的咬口尺寸 12mm，全开机的咬口尺寸为 18mm；印刷时要有各种规矩线和色标，图集（册）装订时留 3~5mm 的订口；多幅拼版时，要设计出准确的拼版版式；折页装订的图集（册），排版时必须依装订时的折页方法及贴数按次序排版。

3. 制定制印设色表

制定制印设色表，要以色彩学的基本理论为指导，通过实验加以分析比较，选择并制定出符合某一图种色彩要求的制印设色表。制定制印设色表要对各要素的色彩作出具体规定，详细标明每种要素所需叠印的网线线数、比例及角度。

基本比例尺地形图的设色在规范中有明确的规定，不需另行设计。现在我国的地形图均有统一的规范图式规定，采用四色印刷，并有固定的、统一的色标。其中，黑色表示数学要素、社会经济要素及有关的注记和图表；蓝色表示河、海、湖、渠、雪山的符号及注记；棕色表示地貌及其注记、公路内部的套色及有关图表；绿色表示森林、幼林、果园、竹林、灌木林等植被。

现在我国专题地图常采用专色印刷和四色印刷两种制印方案，多用四色平版胶印机印刷。专色印刷除黄、品红（红）、青（蓝）、黑四色外，其余间色或复色皆用专色油墨印刷，一幅图多采用 4 色、8 色或 12 色制印，每一色有一张印刷版，在四色印刷机上印刷一次、两次或三次即可。四色印刷最终只有四块印刷版，除黄、品红、青、黑四色外，其余间色、复色都由三原色和黑色套印得到。例如，绿色就是由黄色和青色套印得到。四色印刷仅用四种颜色的油墨，并只在四色印刷机上印刷一次即成，可得到许多种颜色，较经济，但一些颜色不如专色效果好（如绿色、棕色等）。

4. 作业流程设计

设计作业流程就是具体确定从地图原图开始直到制出彩色打样图为止的各个作业过程。作业流程通常用流程表（也称为方框图）表示，同时辅以必要的文字说明。

三、地图制版

印前处理（地图制版）是保证地图制印精度的关键环节。地图出版系统中处理的文件可分为矢量图形文件和栅格图像文件，无论何种文件在输入到激光照排机前都要转换为印刷业的桌面排版标准文件格式 PS 或 EPS，再由激光照排机经光栅图像处理器（raster image processor，RIP）处理，即把 PS 文件经过解释运算，转变成光栅点阵数据后形成黄、品、青、黑分色胶片。

1. 传统制版技术

1）照像

照像的主要任务是利用复照仪，将印刷原图按成图尺寸复照，制成线划处透明的底片（阴版）。为翻版或直接制成印刷版印刷服务。地图的照像方法有湿版照像和干片照像。对于连续调原稿或彩色原稿，还需进行网目照相和分色照相。凡是裱版清绘的原图，必须经过照像，为下一步制版提供过渡版。如果原图是采用刻图或聚酯薄膜清绘并剪贴透明注记和符号的，则可省去照相的工序。照像可分为复照准备工作、曝光、显影、定影和水洗等几个过程。

2）翻版

多色地图的常规印刷中，每一色相需制一块底版。翻版是将复照的底片或刻绘的原图翻制出若干张大小相同的底版，以供分色分涂用。制印中广泛采用即涂型的明胶翻版法、聚乙烯醇撕膜翻版法及预制型的重氮感光撕膜翻版法。明胶翻版法采用的感光液主要由明胶、重铬酸铵和水组成。这种铬胶感光层在光的作用下发生"硬化"，未受光的部分被水溶解掉；受光部分不溶解于水，但能吸水膨胀；利用膨胀的胶层吸收染料的性能，就能显出受光部分的图像来。染色液用"直接黑"配制的，用于线划分涂修版。聚乙烯醇撕膜翻版法用的感光液主要由聚乙烯醇、重铬酸铵和水组成，其原理和操作与明胶翻版法相同，该工艺方法用于普染色的制作。预制型的重氮感光撕膜翻版法采用的感光层由以重氮盐为感光剂的光分解型感光树脂组成，这种工艺方法用于普染色的制作，操作简便，质量较好。

3）分涂修版

分涂就是依分要素彩色样图，用分涂液涂盖掉其他要素，仅留该底版要素。分涂修版包括线划底版分涂和普染色底版制作，这是地图生产不同于其他彩色影像印刷的工艺特点。前者是在一块多要素的阴象底版上像据分色参考样，只保留一种颜色的要素，而用红色氧化铁修版液将其他颜色的要素涂去。例如，水系版仅留水系要素，而将居民地、交通线等要素全部涂掉。后者通常采用撕膜版法，即根据普染要素的分色参考图和工艺设计方案，将所需部位的挡光膜揭下来而变为透明，版面上不需要的透明线条，用修版液涂盖。

4）胶片套拷

胶片套拷是指线划色底片的拷贝、普染色底片的加网及同种色的线划色版与普染色版套合拷贝。普染色底片要衬以网线胶片，使之成为由不同颜色密集而均匀的线条或点子组成的底片。网线胶片的线数、比例、角度往往决定着普染色的效果。网线线数是指单位长度内线条的根数，其长度单位采用厘米或英寸，线数越多，则呈现于图面上的平色效果越好。网线比例是指在布满网线的任意面积内，网线本身所占面积的比例，通常以百分比来表示。

5）晒打样版

晒版是指将经复照、翻版、分涂、套拷后的底版，以及在聚酯薄膜上绘制或在刻图片上刻绘的原图晒制在印版上，用于打样。通常有蛋白版、平凹版和预制感光版（PS 版），其中后两者常用。平凹版为阳像制版版材，利用阳像底片、涂布铬聚乙烯醇（或铬树胶）感光层晒制，上覆阳像底片的金属版感光层感光后，非印刷要素感光硬化，而未感光的印刷要素处溶于水可去掉，露出的金属部分经酸蚀处理稍为凹下，成为印刷要素。该法适合于印数较大的地图。

6）打样

打样是印刷品的少量试印。打样的目的是检查制版中的错误和精度；检查制印工艺设计的效果；供领导部门和用户审查；为印刷内容和色彩提供依据。为保证最佳印刷效果，打样时要做到：采用与印刷版相同的版材和晒版工艺；采用与正式印刷相同的纸张、油墨和相同的色序。

2. 计算机直接制版技术

计算机直接制版（CTP）是从 2000 年以来兴起，并广泛应用于出版印刷行业的新型制版技术。该技术不经过制作软片、晒版等中间工序，直接将印前处理系统编辑、排版好的版面信息发送到计算机的光栅图像处理器（RIP）中，然后 RIP 把电子文件发送到制版机上，在光敏或热敏版材上成像，经冲洗后就得到了印版。

1）CTP 系统的原理

CTP 系统的原理是通过计算机控制激光头在印版上直接制出印刷时所需的图文或空白部分。CTP 系统是构架在桌面出版（desk top publishing，DTP）系统之中，使用新型的版材与成像技术，实现数据由计算机直接到印刷版的过程，有效提高了印刷质量和生产效率，降低了生产成本，最终构成完全数字环境的印前系统，从而完成地图编辑出版的全数字化过程。

2）地图数字页面直接转换为印版

CTP 技术是将计算机系统中的地图数字页面直接转换为印版，用于地图印刷。CTP 技术通过光能成热能直接将图文呈现在印版上，印版上的网点是直接一次性成像的网点，因此避免了网点的损耗、变形、伸缩等弊病，使印版上的网点更真实、色版间的套色更准确，大大提高了产品的印刷质量。同时，CTP 版材的水墨平衡性能也大大优于传统的 PS 版，缩短了印刷过程中墨色调校与套准调整及水墨平衡时间，大大提高地图印刷效率。自问世以来，CTP 革命性地改变了传统的印刷工艺。

3）数码打样新型技术

数码打样是指在地图出版印刷生产过程中，按照出版印刷生产标准与规范处理好页面图文信息，直接输出供地图印刷参照用的彩色样张的新型打样技术。地图数码打样是地图印刷生产流程中联系印前与印刷的关键环节，是地图印刷生产流程中进行质量控制和管理的一种重要手段，对控制地图印刷质量、减少印刷风险与降低印刷成本极其重要。

数码打样既能作为印前的后工序来对印前制版的效果进行检验，又能作为地图印刷的前工序来模拟印刷进行试生产，为印刷寻求最佳匹配条件和提供墨色的标准。因此，数码打样不仅可以检查地图设计、地图数据制作等过程中可能出现的错误，而且能为地图印刷提供生产依据，在实际印刷生产中，在地图印刷前为用户提供与用户达成一致的印刷品最终效果的验收标准，避免地图内容的印刷错误，降低了地图印刷的风险与成本，对于保证地图印刷质量意义重大。

数码打样以高质量的大幅面彩色喷墨打印机或者是大幅面彩色激光打印机为输出设备，从地图数字页面直接打印地图彩色样张，成为 CTP 技术必不可少的辅助技术。与传统地图打样相比，数码打印具有工艺先进且适应性强、速度快且成本低、质量稳定且重复性好及作业方面可靠性高等诸多优势。

数码打样和 CTP 两者虽然输出数据源都是地图数字页面，但是输出设备、输出结果不同，数码打样设备直接输出彩色样图，CTP 设备输出的是带有分色网点的印版。

4）现代地图生产工艺流程

现代地图生产采用"地图数据→出版处理→数码打样（地图审校修改）→RIP 处理→计算机地图制版→地图印刷→印后处理"的工艺流程，大大提高了地图制作的效率和质量。

四、地图印刷

1. 传统晒印刷版

晒印刷版的任务就是把底片上的图形晒制到可供印刷的金属版材（如锌、铅、铝等版材）上，制成印刷用金属版。现在我国多用平版印刷，即印刷要素和非印刷要素在版材同一平面上。制版时，用化学物理法，使版材上的印刷要素亲油（墨）排水，而非印刷要素亲水排油（墨）。这样，印刷时水浸在非印刷要素处，油墨浸在印刷要素处，则能印出彩色地图。晒印刷版与晒打样版相同。PS 版一般耐印力在 10 万印张左右。

2. 现代地图印刷

地图印刷通常采用平版胶印印刷，分为单色印刷和彩色印刷。

1）单色印刷

单色印刷是指一个印刷过程中，只在承印物上印刷一种墨色，它可以是黑板印刷、色板印刷或专色印刷。专色印刷是指专门调制设计中所需的一种特殊颜色作为基色，通过一版印刷完成。

2）彩色印刷

彩色印刷大都采用分色版体现各种色相，分色板多由红（magenta，M）、黄（yellow，Y）、蓝（cyan，C）和黑（black，K）四种色版组成，通过四种色相的不同组合实现彩色印刷，称为四色印刷。CMYK 是广泛用于计算机打印设备的彩色系统。

四色印刷机是将四部单色胶印机的印刷部分组合起来，共用一套输纸系统和收纸系统。印刷时，纸张附在压印滚筒上，首先与第一色的橡皮滚筒接触，其次与第二色的橡皮滚筒接触，再次与第三色的橡皮滚筒接触，最后与第四色的橡皮滚筒接触，附在压印滚筒上的纸张便一次印上了四种颜色（图7-5）。

图 7-5 海德堡四色印刷机

五、印后加工

地图印刷后，要按照质量标准对印刷成图进行逐张检验。地图印刷产品采用正品、副品二级评定制。在检验时要对检验的成品按照规定的质量等级进行分类。然后按规定的成图尺寸进行裁切。地图印品的分级、包装是地图印刷的最后工序，主要检查成图质量和数量，整理包装成品。

1. 地图印品分级的质量标准

（1）图形完整，墨色均匀，线划、注记光洁实在，无双影、脏污。
（2）各色套印准确，线划色和普染色套合误差不超过 0.2mm。
（3）地图展开页对接准确，误差不超过 0.2mm。
（4）图面整洁，图纸无破口和褶皱。
（5）墨色符合色标，深浅与开印样一致。
（6）地图集装订符合要求。

2. 地图印品的分级

分级是指根据地图印品的质量标准，挑出废品，把正品和副品分别存放。正品地图要求内容没有错漏，精度符合要求，套印误差在规定限度内，图面整洁，墨色符合色标，深浅与开印样一致。副品地图要求内容没有错漏，精度符合要求，套印误差略超过规定限度，图面没有明显脏污。没有到达上述要求的是废品。

分级完成后，交给裁切人员裁切。裁切时将印刷图整理整齐，按图幅天头、地脚和左右留白尺寸进行裁切，裁去多余的白纸边。

地图集装订时，要对锁线、吃胶、裁切成品的质量进行检查，精装地图集还需要检查硬纸厚度和凹槽宽度是否符合要求。

3. 地图印品的包装

检查合格并裁切好的地图经准确点数后，包装整齐，不得捆伤和弄脏地图。一般为 50 张 1 叠，每 5 叠为 1 捆。包装完毕，应检查包装，核对数量后上交。

复习思考题

1. 简述传统地图编制的一般过程。
2. 地图印刷常经过哪些程序？
3. 普通地图设计的特点是什么？
4. 简述专题地图设计的一般过程。
5. 专题地图的地理底图设计对专题地图编制有何重要意义？
6. 计算机地图制作相对于传统地图编制有哪些重大变革？

参 考 文 献

蔡孟裔, 毛赞猷, 田德森, 等. 2000. 新编地图学教程. 北京: 高等教育出版社.

陈逢珍. 1998. 实用地图学. 福州: 福建省地图出版社.

何宗宜, 宋鹰, 李连营. 2016. 地图学. 武汉: 武汉大学出版社.

基茨 J S. 1983. 地图设计与生产. 林言成, 等译. 北京: 测绘出版社.

陆权, 喻沧. 1988. 地图制图参考手册. 北京: 测绘出版社.

罗宾逊 A H, 塞尔 R D, 莫里逊 J L, 等. 1989. 地图学原理. 5 版. 李道义, 刘耀珍译. 北京: 测绘出版社.

欧竹斌, 张怡梅. 1995. 专题地图编制. 哈尔滨: 哈尔滨地图出版社.

王家耀, 孙群, 王光霞, 等. 2014. 地图学原理与方法. 2 版. 北京: 科学出版社.

王结臣, 陈杰, 钱天陆, 等. 2019. 地图设计与编绘导论. 南京: 东南大学出版社.

尹贡白, 王家耀, 田德森, 等. 1991. 地图概论. 北京: 测绘出版社.

张力果, 赵淑梅. 1985. 地图学. 北京: 高等教育出版社.

张荣群. 2002. 地图学基础. 西安: 西安地图出版社.

祝国瑞, 尹贡白. 1982. 普通地图编制. 北京: 测绘出版社.

第八章 现代地图制图技术

本 章 要 点

1. 掌握数字地图制图、遥感制图、地理信息系统制图的基本原理和过程。
2. 认识数字地图数据库、电子地图系统和数字地图新类型。
3. 了解数字地图制图的产生和发展趋势。
4. 一般了解数字地图制图的常用软件。

第一节 数字地图制图概述

传统的地图制图技术经过长期发展，现在已日臻完善和成熟。但其弱点也逐渐凸显，如地图编制与生产难度大、生产成本高、周期长、制印技术复杂、专业性强；手工劳动占重要成分；地图产品种类单一，更新困难，不能反映空间地理事物的动态变化，信息难以共享等。随着空间技术、计算机技术和信息网络技术的发展，地图制图技术已经发生了革命性的变化，实现了从传统手工制图到计算机制图的转变，并成为地图学的重要分支学科，即计算机地图制图学。

计算机地图制图，也称为数字地图制图，是以地图制图原理为基础，在计算机软硬件的支持下，应用数学逻辑方法，研究地图空间信息的获取、变换、存储、处理、识别、分析和图形输出的理论方法和技术工艺手段。与传统的制图方法相比，数字地图制图在地图信息的表达、传输和管理方面，完全构建了一种全新的格局，即地图的计算机信息化。因此，这门技术带来的变革和对地图学产生的影响极其广泛和深刻。现在，随着理论上的不断发展和创新，数字地图制图已可基本代替传统的地图制图，实现了地图制图技术的历史性变革。

和传统地图制图相比，数字地图制图环境发生了根本性的变化。过去制图人员面对的始终是有形的纸质地图，编图工作是在一种现实的可视（可以触摸）环境中进行的；而现在制图者主要面对数据，所有制图资料必须变成计算机可以接受的数字形式，制图过程实际上就是对数据的编辑处理、管理维护和可视化再现的过程，数据是各个制图环节之间的联结点。本节将从数字地图制图的产生和发展、数字地图制图原理、数字地图制图基本过程、数字地图的分类，以及数字地图制图的特征及发展趋势等五个方面对数字地图制图进行概述。

一、数字地图制图的产生和发展

自 20 世纪 50 年代起，数字地图制图技术经历了不断地发展，主要可归纳为四个阶段。

1. 探索阶段

数字地图制图技术酝酿于 20 世纪 50 年代初期。1950 年，第一台能显示简单图形的图形显示器作为美国麻省理工学院旋风 1 号计算机的附件问世。1958 年，美国 Gerber 公司把数控机床发展成为平台式绘图机，Calcomp 公司研制成功了数控绘图机，构建了早期的自动绘图系统。1963 年，美国麻省理工学院研制出了第一套人-机对话交互式计算机绘图系统。1964 年，牛津大学首先建立了牛津自动制图系统，用模拟手工制图的方法绘制出了一些地图作品。几乎同时，美国哈佛大学计算机绘图实验室研制成功了 SYMAP 系统，这是以行式打印机作为图形输出设备的一种制图系统。两者对计算机制图技术的发展做出了开创性的贡献。

2. 发展阶段

20 世纪 70 年代，制图学家对地图图形的数字表示和数学描述、地图资料的数字化和数据处理方法、地图数据库、地图概括、图形输出等方面的问题进行了深入的研究，许多国家相继建立了软硬件相结合的交互式计算机地图制图系统，并进一步推动了地理信息系统的发展。80 年代，各种类型的地图数据库和地理信息系统都相继建立，计算机地图制图得到了较大发展和广泛应用。例如，1982 年美国地质调查局建成了本国 1∶200 万地图数据库，用于生产 1∶200 万～1∶1000 万比例尺的各种地图；1983 年开始建立 1∶10 万国家地图数据库。

3. 应用阶段

20 世纪 90 年代，数字地图制图技术代替了传统地图制图，从根本上改变了地图设计与生产的工艺流程，进入了全面应用阶段。各种地图制图软件得到了进一步的完善，出现了制图专家系统；地图概括初步实现了智能化，形成了完整的电子出版系统。多媒体地图信息系统的设计成为计算机地图制图发展的重要方向。电子地图产品成为这一时期地图品种发展的主流与趋势，它也是多媒体地图信息系统的雏形。计算机制图技术已由原来的面向专家，转变为面向广大用户。现代地图制图技术汲取和融合了计算机辅助设计、数据库和图形图像处理等信息技术，形成了以桌面地图制图系统（desk top mapping system）为代表的高度集成的商品化软件。多种计算机出版生产系统在地图设计与生产部门得到广泛应用，例如，美国的"INTERGRAPH"地图出版生产系统、比利时的"BARCO GRAPHICS"电子地图出版系统。实现了地图设计、编辑和制版的一体化。

4. 推广阶段

进入 20 世纪 90 年代末，随着地理信息产业的建立和数字化信息产品在全世界的普及，数字地图系统已经成为许多机构必备的系统，尤其是政府决策部门，在一定程度上受其影响改变了现有机构的运营方式、设置与工作计划等。社会对数字地图的认知普遍提高，需求大幅增加，从而导致数字地图应用的扩大与深化。

我国计算机地图制图从 20 世纪 70 年代中期开始设备研制与软件设计，发展速度很快，到 80 年代后期建立和完善了计算机制图软件系统。采用计算机制图技术完成了《中国人口地图集》《中华人民共和国地图集》等。采用计算机地图出版系统完成了《中国国家自然地图集》的设计、编辑和自动制版。同时还研制出统计制图专家系统、地图设计专家系统。从 1990 年出版第一部《京津地区生态环境地图集》以来，电子地图集的研究、设计与制作也得到了迅速的发展。

随着网络地图制图系统、网络地理信息系统的出现，大型网络（Internet/Intranet）、开放式的软件开发工具、数据仓库图形解决方案、空间和属性数据的统一数据库管理等技术应用于地图制图，计算机地图制图将朝着更广、更深、更快、更大众化、更方便的方向发展。

二、数字地图制图原理

数字地图制图的核心是电子计算机。为了使计算机能够识别、处理、储存和制作地图，关键是要把地图图形转换成计算机能识别处理的数据，即把空间连续分布的地图模型转换为离散的数字模型。事实上，地图本身就是按照一定的数学法则，经过地图概括，运用特有的符号系统将地球表面上的事物显示在平面图纸上的一种"图形模型"。

地图要素在由空间转绘到平面上之后，仍然保持着精确的地理位置和平面位置，而且图面上所有要素的空间分布都可以理解为点的集合。因为图上的面状符号主要由其轮廓线构成，而确定线状符号和轮廓线的关键是确定其特征点的位置，所以，点状、线状、面状符号都转换为如何确定点的空间位置。既然地图组成要素的基本单位是点，可以把地图上所有要素都转换为点的坐标（x，y 和特征值 z），这样就实现了地图内容的数字化。这些经数字化的地图内容被记录下来，即构成了地图数字模型。

数字地图制图的原理就是通过图形到数据的转换，基于计算机进行数据的输入、处理和最终的图形输出。地图编制过程就是地图的计算机数字化、信息化和模拟的过程。在这个过程中，计算机具有高速运算、巨大存储和智能模拟与数据处理等功能，以及自动化程度高等特点，因此能代替手工劳动，加快成图速度，实现地图制图的全自动化。

三、数字地图制图基本过程

与常规地图制图相比，数字地图制图在数学要素表达、制图要素编辑处理和地图制印等方面都发生了质的变化。其基本工作流程可分为四个阶段。

1. 编辑准备

根据编图要求，搜集、整理和分析编图资料，选择地图投影，确定地图的比例尺、地图内容、表示方法等，这一点与常规制图基本相似。但计算机地图制图本身的特点，对编辑准备工作提出了一些特殊的要求，例如，为了数字化，应对原始资料作进一步处理，确定地图资料的数字化方法，进行数字化前的编辑处理；设计地图内容要素的数字编码系统，研究程序设计的内容和要求；完成计算机制图的编图大纲等。

2. 数据获取

实现从图形或图像到数字的转化过程称为地图数字化。地图图形数字化的目的是提供便于计算机存储、识别和处理的数据文件。

数据获取的方法常用的有手扶跟踪数字化和扫描数字化两种。这两种数字化方法获取的数据的记录结构是不同的。手扶跟踪数字化仪获得矢量数据，扫描数字化获得栅格数据。把地图资料转换成数字后，将数据记入存储介质，建立数据库，供计算机处理和调用。

3. 数据处理和编辑

这个阶段是指把图形（图像）经数字化后获取的数据（数字化文件）编辑成绘图文件的整个加工过程。

数据处理和编辑是计算机地图制图的中心工作。数据处理的主要内容包括以下两个方面：一是数据预处理，即对数字化后的地图数据进行检查、纠正，统一坐标原点，进行比例尺的转换，不同地图资料的数据合并归类等，使其规范化；二是为了实施地图编制而进行的计算机处理，包括地图数学基础的建立，不同地图投影的变换，数据的选取和概括，各种地图符号、色彩和注记的设计与编排等。

地图数据处理的内容和处理方法，因制图种类、要求和数据的组织形式、设备特性及使用软件的不同而不同。

4. 图形输出阶段

图形输出是把计算机处理后的数据转换为图形形式，即通过各种输出设备输出地图图形的过程。对于高级数字地图制图系统来说，常采用彩色喷墨绘图机喷绘出彩色地图，即彩喷输出，供编辑人员根据彩色样图进行校对，彩喷输出还可满足用户少量用图的需要。图形编辑与图形输出常是交互进行的。

对于大多数的数字地图制图系统来说，由于实现了编辑与出版的一体化，输出四色分色胶片可以直接制作印刷版，上印刷机进行印刷。该法已成为主要的地图输出方式。此外，通过编辑制作并存储于光盘上的电子地图、电子地图集也是一种重要的输出形式。

四、数字地图的分类

数字地图按数据的组织形式和特点分为数字线划地图（DLG）、数字栅格地图（DRG）、数字正射影像地图（DOM）和数字地面高程模型（DEM）等四种类型。

1. 数字线划地图

数字线划地图是现有地形图基础地理要素的矢量数据集，且保存各要素间的空间关系和相关的属性信息及位置坐标等。

该图种可通过地形图或专题地图经扫描矢量化，后进行编码、编辑处理；计算机数字测图；数字摄影测量工作站测图；影像跟踪矢量化等4种方法得到。数字线划地图可用来分别提取属性数据、分层叠加地理要素信息、据矢量对象查询属性、据属性查询矢量对象、创建专题属性、绘制专题地图等，并具有易于更新、编辑的特点。我国现在已完成全国 1：400 万、1：100 万、1：25 万数字线划地图和局部地区 1：5 万数字线划地图。

2. 数字栅格地图

数字栅格地图是纸质地形图的数字化产品。每幅图经扫描、几何纠正、图幅处理及数据压缩处理后，形成在内容、几何精度和色彩上与地形图保持一致的栅格文件。

该图种是将纸质模拟地图经扫描仪数字化后，通过图幅度定向、几何纠正（仪器误差、图纸变形等）、灰度或色彩统一、坐标变换、整饰处理等过程最终形成的。

利用数字栅格地图可查询点位坐标、元数据信息和偏角信息，据坐标确定目标点，量算任意折线距离和任意多边形面积，量测坡度、行程，进行图幅拼接和裁切处理，统计图幅中各种颜色（区域）所占比例等。我国现在已完成全国 1：10 万、1：5 万和局部区域 1：1 万数字栅格地图。

3. 数字正射影像图

数字正射影像图是利用数字高程模型，对扫描处理后的数字化航空像片或遥感影像（单色、彩色），经逐像元纠正，再进行影像镶嵌，按图幅范围剪裁生成影像数据，该图大都是带有公里网、图廓整饰和注记的平面图。

该图种可利用数字摄影测量工作站直接获得，也可利用基于数字高程模型的单像片数字微分纠正法得到。我国现在已完成局部区域 1∶1 万数字正射影像图，正在建设全国 1∶5 万数字正射影像数据库。

4. 数字高程模型

数字高程模型是用于显示区域地面高程建立在高斯投影平面上的规则格网点平面坐标（x，y）及其高程（z）的数据集。其水平间隔可随地貌类型的不同而改变，根据不同的高程精度可分为不同的产品等级。该图种可用航空立体像片或航天立体影像作为信息源，通过解析摄影测量或数字摄影测量处理直接生成 DEM；还可用地形图作为原始信息，通过等高线扫描数字化、扫描误差纠正（包括图纸变形）、等高线矢量化，经高程赋值、三角网生成、内插计算后建成 DEM。

利用数字高程模型可进行高程、坡度、坡向分析，量测坐标、距离、面积、体积，进行通视性判别，生成剖面图、等高线，叠加相关矢量数据和影像数据等。由于其三维立体效果好，成为地貌表示的最好方法之一，受到世界各国的普遍重视。我国现在已完成全国 1∶100 万、1∶25 万 DEM 和 80%区域 1∶5 万 DEM，以及局部地区 1∶1 万 DEM。

五、数字地图制图的特征及发展趋势

1. 数字地图制图的特征

数字地图制图可方便地应用计算机进行读取、分析、管理和输入地理信息。相较于传统地图制图，数字地图制图具有以下几个特征。

（1）数字地图制图易于校正、编辑、改编、更新和复制地图要素。

（2）用数字地图信息代替了图形模拟信息，提高了地图的使用精度。

（3）数字地图的容量大，能够包含比一般模拟地图多得多的地理信息。

（4）增加了地图的品种，拓宽了服务的范围。

（5）计算机制图不仅减轻了作业人员的劳动强度，而且减少了制图过程中人的主观随意性，这样就为地图制图的进一步标准化、规范化奠定了基础。

（6）加快了成图速度，缩短了成图周期，改进了制图和制印的工艺流程。

（7）地图信息能够进行远程传输。

2. 数字地图制图的发展趋势

1）多元数据采集手段一体化

集成野外实测数据采集、现有地图数字化采集、遥感影像数据采集、GPS 数据采集、数码相机数据采集、音频数据采集等，使数据采集手段一体化。

2）数据标准化

数据标准化的研究包括数据采集编码的标准化、数据格式转化的标准化、数据分类的标准化等。实现数据标准化是计算机制图系统普及和应用的必要条件。

3）数据库集成化

在数字地图制图系统中引入数据库管理系统，建立空间数据和属性数据之间的连接，并实现其共同管理与相互查询。地理信息系统与数字地图制图的主要区别在于前者具有空间分析功能，其大多数分析功能都是建立在图形元素拓扑关系的基础之上。因此，建立获取数据的拓扑关系是计算机制图系统向地理信息系统发展的主要环节。

4）地图产品多元化

计算机技术的飞速发展，促进和形成多种测绘数字产品的出现，地图将不拘形式，形成多元化格局。

第二节　数字地图数据库

数字地图制图主要是对地理空间数据的分析、处理、显示和应用，因此地理空间数据是数字地图制图的核心。随着数字地图数量的急剧增加，面对日益增长的地图数据量，如何对地理空间数据进行有效管理，如何更好地发挥地理空间数据的效益，为多种应用服务，由此地理空间数据库便应运而生。本节将从数字地图数据结构、数字地图制图主要数据源及数字地图数据库等三个方面展开介绍。

一、数字地图数据结构

地图基本要素所能提供可见的、有形的"图"的信息，是表达地理信息的基本单元，称为实体。特定的实体往往有很多属性与之相对应，通过对与实体相对应的，能代表地理实体类型、等级、数量等特征的属性分析，又能得出自然、社会、经济等多方面的数据信息。地图实体和属性经转换后输入计算机，成为计算机可识别的图形和文本数据，就构成了数字地图。根据地图数据所反映的信息及地图实体和属性的概念，可以将地图数据分为空间数据和非空间数据两种类型。

1. 空间数据及其结构

空间数据也称为图形数据，用来表示物体的位置、形态、大小、分布等各方面信息，是对现实世界中存在的具有定位意义的事物和现象的定量描述。根据空间数据的几何特点，地图数据可以分为点数据、线数据、面数据三种类型。

在地图制图系统中，空间数据必须按照一定的结构描述地物的空间位置信息。典型的空间数据结构有矢量数据结构和栅格数据结构，它们都可用来描述地理实体的点、线、面三种基本类型（图 8-1）。

用矢量数据结构表示空间数据时常用的表示方法是：在点数据上给出表示其位置的坐标值，如 x、y 平面坐标等；线段定义为两个端点范围内的点组；面定义为构成其边界线的线段组，加上表示这些点、线、面属性的特征码，如图 8-2 所示。

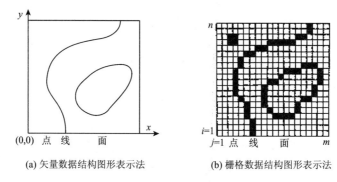

(a) 矢量数据结构图形表示法　　(b) 栅格数据结构图形表示法

图 8-1　计算机中图形的表示方法

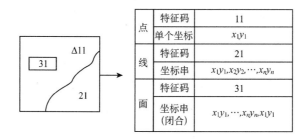

点	特征码	11
	单个坐标	x_1y_1
线	特征码	21
	坐标串	$x_1y_1, x_2y_2, \cdots, x_ny_n$
面	特征码	31
	坐标串（闭合）	$x_1y_1, \cdots, x_ny_n, x_1y_1$

图 8-2　矢量数据表示方法

用栅格数据结构表示空间数据时常用的表示方法是：将空间分割成有规则的格网，在各个格网上给出相应的属性。图 8-3 即为这种方式，它与数字影像的表示方式类似，只是将数字影像的灰度值换成目标的属性值。对于地图而言，点状符号以其中心处的像元表示；线状符号则以中心轴线的像元连续链构成；而面状符号则为其所覆盖的像元集合。

4	4	4	4	2	2
1	1	4	4	4	2
1	1	1	4	4	2
1	1	1	1	2	2
3	3	3	3	2	2
3	3	3	3	3	3

(a) 数据矩阵

编码方式				
行	列	土壤类别	坡度	⋯
01	01	4		
01	02	4		
01	03	4	⋮	⋮
01	04	4		
01	05	2		
⋮	⋮	⋮		

(b) 文件记录格式

图 8-3　栅格数据表示方法

空间数据的一个重要特点是它包含拓扑关系，即网结构元素（境界线网、水系网、交通网等）中结点、弧段和面域之间的邻接、关联、包含等关系。拓扑关系数据从本质上或从总体上反映了地理实体之间的结构关系，而不重视距离和大小，其空间逻辑意义比几何意义更大。因此，在地图空间数据处理、地图综合应用及地图制图等方面发挥着重要作用。

2. 非空间数据及其结构

非空间数据主要包括专题属性数据和质量描述数据、时间因素等有关属性的语义信息。由于这部分数据中，专题属性数据占有相当的比例，在很多情况下，非空间数据直接被称为地图属性数据。

非空间数据是对空间信息的语义描述，反映了空间实体的本质特性，是空间实体相互区别的重要标识。典型的非空间数据如空间实体的名称、类型和数量特征（长度、面积、体积等）、社会经济数据、影像成像设备、像幅、分辨率、灰度级等。时间因素也就是 GIS 中的时间序列。传统的地图制作由于地图制图周期长，再加上显示动态变化困难，所以时间因素往往被忽视。计算机技术的发展、地图实时动态显示的实现，使得时间因素在地图显示过程中的表示成为可能，且十分必要。

非空间数据的组织方式受通用数据库技术的影响较大，因为在空间数据与非空间数据连接之前，非空间数据可以看作通用数据库的应用，因此现代通用数据库技术进行属性数据组织时，几乎全部能够实现。地图数据库中非空间数据的表示有如下几种模式。

1）简单表格结构

简单表格结构把数据看成由行（记录）和列（字段）构成的一批表格的汇集。它允许把属性代码与地理要素连接起来。其主要缺点在于不能维护数据的完整性，因为每个表格是独立的，两个不同表格用到相同的数据时就得重复，从而会出现不一致的情况。此外，它也不能提供良好的存储效率和必要的灵活性。但是这种数据结构易于编程并且易于系统的转换。

2）层次结构

层次结构在专题数据处理中应用较少。这种是面向极为稳定不变的数据集的，即数据间的联系很少变化或根本不变，数据间的各种联系被固定在数据库逻辑观点之内。此外，对双亲数目的限制也不能满足实际地理数据处理的要求。最后，查询语言是过程化的。要求用户知道数据库管理系统（database management system，DBMS）实际使用的存储模式。

3）网络结构

这种结构在专题数据处理中的应用并不比层次结构多，在灵活性方面它与层次结构具有相同的限制。但是，它在表示地理数据联系时具有更为有力的结构，使得它能对地理数据进行更好的构模。网络数据库的查询语言仍是过程化的。

4）关系结构

在关系数据结构中，数据也是用表格的形式组织的，但与简单表格中的结构有本质的区别。这里的表格具有更严密的定义，如数据类型一致、数据不可再分割、两行数据不能相同等。关系数据结构具有简单、灵活、存储效率高等特点，因此在地图非空间数据的组织中得到了广泛应用。

二、数字地图制图主要数据源

用于数字地图制图的数据源主要来自地图数据、测量数据、遥感数据和其他数据等四种类型。

1. 地图数据

数字地图制图需要获取两种不同的数据集，即形成地理基础文件的空间数据和用于专题覆盖的属性数据。随着国家基础地理信息数据库的完成，大部分的空间数据可以通过地图数据库提取，对于部分无法直接获取的数字地图数据，可以通过对现有的纸质地图进行数字化的方式获取。

1）数字化地图

地图数字化是数字制图信息系统中早期获取空间数据的手段之一，借助数字化将纸质地图转换成数字图形。它的精度比野外测量差，但是因为它简便、效率高，现在仍然是模拟地图转换为数字地图的重要方法。数字化分为手扶跟踪数字化和扫描数字化两种。

（1）手扶跟踪数字化是利用手扶跟踪数字化仪将地图图形或图像的模拟量转换成离散的数字量的过程。利用手扶跟踪数字化仪可以输入点地物、线地物及多边形边界的坐标，通常采用两种方式，即点方式和流方式，流方式又分为距离流方式和时间流方式。

（2）扫描数字化是利用扫描仪将地图图形或图像转换成栅格数据的方法。扫描数字化基本步骤包括：纸质地图、扫描转化、拼接子图块、几何纠正、屏幕跟踪矢量化、矢量图合成接边、矢量图编辑、存入空间数据库。扫描数字化又可分为两种方式：自动矢量化和交互式矢量化。对于单幅的等高线图、水系图、道路网等采用自动矢量化效率较高。对于城市的大比例尺图，主要采用交互式矢量化方法。

2）栅格化地图

数字栅格地图是现有纸质、胶片等地形图经扫描和几何纠正及色彩校正后，形成的在内容、几何精度和色彩上与地形图保持一致的栅格数据集。

栅格化地图可作为背景用于数据参照或修测拟合其他地理相关信息，适用于数字线划图的数据采集、评价和更新，还可与数字正射影像图、数字高程模型等数据信息集成使用。派生出新的可视信息，从而提取、更新地图数据，绘制纸质地图。

3）地图数据库

“九五”和“十五”期间，利用 1949 年以来几十年测绘和编绘的地形图进行数字化，我国建成了 1∶50000 基础地理信息（地图）数据库，同时对少数要素进行了更新。为了满足我国国民经济建设与社会发展对地图数据现势性及内容丰富性越来越高的迫切需求，在“十一五”期间，组织实施了 1∶50000 地图数据更新工程。本次更新有效地丰富精化了我国基础地理信息的数据内容，大幅度地提高了其现势性，使得我国同类基础地理信息产品居于国际先进之列。1∶50000 地图数据库是数字地图制图的最重要的数据源。同时，我国还建成了 1∶250000 地图数据库和 1∶1000000 地图数据库。另外，全国各省、自治区、直辖市也建成了质量高、现势性好的 1∶500（中心城区）、1∶1000、1∶5000 和 1∶10000 的地图数据库。这些数据库都是数字地图制图的重要数据源。

4）网络地图

当前主要网络地图服务运营商有：天地图、百度地图、谷歌地图、腾讯地图、搜狗地图、高德地图等。

“天地图”是 2009 年国家测绘地理信息局主持建设的国家地理信息公共服务平台，目的是提高测绘地理信息公共服务能力和水平，改进测绘地理信息成果服务方式。“天地图”运行于互联网、国家电子政务网、移动通信网等网络环境，它把分散在各地、各部门的地理信息资源整合为“一站式”地理信息在线服务系统，由地理信息数据系统、软件服务系统和支持海量数据在线服务的服务器系统组成，分为国家、省、市三级节点，为国家信息化建设构建统一的空间基础平台，实现地理信息资源共享，提供权威高效的地理信息在线服务。

网络地图品种有 2 维电子地图、2 维矢量地图、2.5 维地图、3 维地图、影像地图、街景地图、地形图等。这些地图数据、影像数据、地名数据不但质量好、有权威性，而且现势性强，对认识区域地理位置，掌握各要素总的特征，了解制图区域交通状况，分析各要素的结构、形态、分布、定位、名称等详细信息都非常有用。

2. 测量数据

1）数字测量

现在我国数字测量过程中，通常采用 GPS-RTK（实时动态，real-time kinematical）技术与全站仪两种方式结合的方法，通过 GPS-RTK 技术进行图根控制及大面积数据采集工作，对于少部分区域通过全站仪进行数据采集。这是因为这两种测量方式各有优缺点：①全站仪数据采集通过全站仪极广测距获取测量点坐标，数据采用光学测量，只有仪器能够看到的点位才能采集数据，虽然现在全站仪功能也快速提升，支持免棱镜观测，但是一站观测测点数量有限，对于观测不到的地区要进行设站再次观测；②GPS-RTK 技术利用卫星对地进行观测，可通过基准站或连续运行参考站（continuously operating reference stations，CORS）发出的数据，通过移动站观测待测点三维坐标；但是在山区较低狭小区域及城市密集建筑群，观测信号会受到很大影响。GPS 具有定位精度高、作业效率高、不需点间通视等突出优点。RTK 更使测定一个点的时间缩短为几秒钟，而定位精度可达厘米级，作业效率与全站仪采集数据相比可提高 1 倍以上。但是在建筑物密集地区，由于障碍物的遮挡，容易造成卫星失锁现象，使 RTK 作业模式失效，此时可采用全站仪作为补充。

野外测量作业时，对于开阔地区以及便于 RTK 定位作业的地物（如道路、河流等）采用 RTK 技术进行数据采集，对于隐蔽地区及不便于 RTK 定位的地物（如电杆、楼房角等），则利用 RTK 快速建立图根点，用全站仪进行碎部点的数据采集，这样可以有效地控制误差的积累，提高全站仪测定碎部点的精度。最后将两种仪器采集的数据整合，按照固定格式导入软件当中，根据外业草图或者照片进行连图，形成完整的地形图数据。

2）数字摄影测量

数字摄影测量以数字影像为基础，通过计算机分析和量测来获取被摄物体的三维空间信息，正在成为地图数据获取的重要手段。数字摄影测量就是利用一台计算机，加上专业的摄影测量软件，代替了过去传统的、所有的摄影测量的仪器，其中包括纠正仪、正射投影仪、立体坐标仪、转点仪、各种类型的模拟测量仪及解析测量仪。相对于传统的模拟、解析摄影测量，其最大的特点是将计算机视觉、模式识别技术应用到摄影测量，实现了内定向、相对定向、空中三角测量自动化。数字摄影测量将传统摄影测量仪器各种功能全部计算机化，提高了地图数据采集功效。用数字摄影测量方式生产的地形图 DLG 不仅精度可达到分米级，而且减少了野外地面控制测量、像片扫描解析空中三角测量等作业过程中的许多中间环节。数字摄影测量为地图数据的获取注入了活力，利用数字摄影测量可以高效率地获得现势性好的 DLG 数据。

3）激光测量

现在，传统意义上的测量数据已经不能满足信息化时代人们对地理信息数据的需求，信息化时代的测量数据不再只是传统意义上的位置坐标信息，而是包含了时间、空间特征并且与人们日常生活息息相关的位置资源数据。激光雷达测量是顺应大数据时代的到来而出现的一种新型测量数据获取手段，激光雷达测量的核心为激光雷达扫描仪，通过将激光雷达扫描仪搭载在飞机、车、船等移动平台上，获取空间地理信息数据，记录存储，后期通过计算机硬件和软件对这些地理信息数据进行测量、处理、分析、管理、显示和应用。由于飞机的飞行速度快，测绘时覆盖的面积大，单位时间获取的数据量极大。普遍认为机载激光雷达测量手段的出现是测绘行业由传统测量时代进入数字化测量时代的象征。

3. 遥感数据

遥感数据是数字地图的重要数据源。遥感是指不直接接触物体本身，从远处通过传感器探测和接收来自目标物体的信息（电磁波谱），经过信息的传输及其处理分析，从而识别物体的属性及其分布等特征的科学和技术。遥感技术是建立在物体电磁波谱辐射理论基础上的。地球上的每种物体都会发出一定的电磁波谱。通过探测不同波段的电磁辐射来识别物体。基于遥感影像来量测地表特征已经成为地理信息数据更新和地图制图的重要的手段。

经过几十年的发展，遥感技术在社会各个领域得到广泛的应用与发展。现在可以用的遥感数据源比较丰富。例如，国外常用的 Landsat 卫星系列数据、高空间分辨率的 Quick Bird、IKONOS、Worldview 等；国内的高分系列卫星、环境-减灾卫星及风云气象卫星等。现有的遥感数据能够提供从小于 1m 到 1km 级的影像空间分辨率，高空间分辨率遥感影像完全可以满足 1∶2000 或 1∶3000 比例尺的遥感制图精度要求，制图精度能够满足我国现行的制图精度要求。航空遥感影像可以提供厘米级的空间分辨率，可以满足大比例尺制图要求。例如，利用 Quick Bird/IKONOS 进行违章用地监测、城市绿地与城市用地监测，利用 TM/SPOT 进行土地利用遥感制图，等等。

4. 其他数据

数字地图制图中还涉及很多统计数据、文献资料、多媒体数据等，这些数据大部分来自专业的部门，通过分析、整理、提取和加工，处理数字地图中要素关联所需要的文件，同时也是制作专题地图的主要数据。

1）地理考察资料

地理考察资料是实地研究地理事物的方法，往往有对制图目标详细、具体的描述。尤其在缺少实测地图的区域，地理考察报告及其附图甚至可能成为制图物体在地图上定位的主要依据。

2）各种区划资料

许多专业部门都有自己的专业区划，如农业区划、林业区划、交通区划、地貌区划等。这些区划资料都是相应部门的科研成果，且往往附有许多地图，是编制相应类型地图的基本依据。

3）政府文告、报刊消息

我国每年发布的行政区划简册，表明制图物体位置、等级、特征变化的，例如，报刊发布的有关新建铁路、水利工程、行政区划变动的信息，我国同邻国签订的边界条约，我国政府对世界其他地区发生的重大事件的立场等都可能成为编图时的依据。

4）各种地理学文献

各种地理学文献是地理学家对自然和人文环境进行各种研究后获得的成果，是编图时了解制图区域地理情况的良好依据。

5）志愿者地理信息数据

志愿者地理信息（volunteered geographic information，VGI）出现于 2007 年，已被公认是一种对来自政府部门和商业机构的权威数据的有效补充。大量步行者或驾车者的 GPS 轨迹使数字地图变得更具实用功能。现在网络地图用户可利用地图应用程序编程接口（application programming interface，API）提供的多种方法实现与地图的交互功能，满足用户一系列向地图添加内容的需求，这些添加内容是地图更新信息的重要来源。支持 API 的主流电子地图有谷歌地图、天地图、百度地图、腾讯地图、高德地图、虚拟地球、雅虎地图等。其中，谷歌地图 API 在功能性、稳定性、地图展示速度、开发简易程度、开发成本等方面都是同行中的绝对领先者。

三、数字地图数据库

1. 地图数据库的概念

地图制图是一种信息传输过程，也是地理数据的处理过程。这个过程必须以数据库为中心，以便更有效地实现地图信息采集、存储、检索、分析处理与图形输出等的系统化。

地图数据库可以从两个方面来理解：一是把它看作软件系统，即"地图数据库管理系统"的同义语；二是把它看作地图信息的载体——数字地图。对于后者可以理解为以数字的形式把一幅地图的诸多内容要素及它们之间的相互联系有机地组织起来，并存储在具有直接存取性能的介质上的一批相互关联的数据文件。

从应用方面来看，地图数据库主要有两种类型，即地理信息系统中的地图数据库和计算机制图系统中的地图数据库。两者之间的主要区别在于前者主要为信息检索服务，并对专题数据进行覆盖分析和其他统计分析评价等，而后者主要为自动化制图及其他方面的地图数据处理服务。

2. 地图数据库的组织

在数据库系统中，图形数据与专题属性数据一般采用分离组织存储的方法，以增强整个系统数据处理的灵活性，尽可能减少不必要的机时与空间上的开销。然而，地理数据处理又要求对区域数据进行综合性处理，其中包括图形数据与专题属性数据的综合性处理。因此，图形数据与专题属性数据的连接也是很重要的。图形数据与专题属性数据的连接基本上有四种方式。

1）专题属性数据作为图形数据的悬挂体

属性数据是作为图形数据记录的一部分进行存储的。这种方案只有当属性数据量不大的个别情况下才是有用的。大量的属性数据加载于图形记录上会导致系统响应时间的普遍延长。当然，主要的缺点在于属性数据的存取必须经由图形记录才能进行。

2）用单向指针指向属性数据

与上一个方案相反，这种方法的优点在于属性数据多少不受限制，且对图形数据没有什么坏影响。缺点是，仅有从图形到属性的单向指针，互相参照非常麻烦，且易出错。

3）属性数据与图形数据具有相同的结构

这个方案具有双向指针参照，且由一个系统来控制，灵活性和应用范围均大为提高。这一方案能满足许多部门对建立信息系统的要求。

4）图形数据与属性数据自成体系

这个方案为图形数据和属性数据彼此独立地实现系统优化提供了充分的可能性，能更进一步适合于不同部门对数据处理的要求。但这里假设属性数据有其专用的数据库系统，且它能够建立属性到图形的反向参照。

3. 地图数据库的管理与设计

1）地图数据库管理系统

就功能而言，与通用数据库管理系统（DBMS）一样，其在数据库中对地图数据的输入、存储、维护、操作等进行管理。但是地图数据库作为一种用于专门领域的数据库技术，其管理系统仍具有一定的特殊性。现在地图数据库的管理方案有以下几种：①对不同的应用目的，建立不同的管理系统；②对通用 DBMS 进行功能附加，就可达到管理空间数据的功能；③建立空间数据库管理子系统及属性数据管理子系统，共同受控于总的 DBMS；④建立真正的 DBMS，直接对空间数据库和属性数据库进行管理。

2）地图数据库系统中的坐标体系

地图数据库中涉及多种数据源，这些数据往往具有不同的坐标体系。由于地图数据库在数据处理过程中又涉及多种技术，如数据输入及转化、数据存储、数据显示等，为了解决多方面的问题，在地图数据的处理过程中采用了不同的坐标体系。

（1）用户坐标体系。用户坐标体系就是平时使用地图时的各种坐标，如地形图上的高斯-克吕格投影坐标、小比例尺地图中所采用的各种特定坐标，以及某些区域范围使用的没有经纬网控制的地方坐标等。在用户坐标体系中使用较多的是直角坐标系，即笛卡儿坐标系，坐标系参数由用户自行设定，与设备无关。

（2）设备物理坐标体系。设备物理坐标系就是地图数据在输入、输出（显示）时，根据所使用的设备而采取的坐标体系。虽然设备坐标系采用的也是直角坐标系，但各种设备都有其独特的坐标参数或规定：数字化仪和绘图仪的坐标原点均在其板面的左下角，而图形显示器的坐标原点大都在左上角。在数字化仪上对地图进行数字化时，由于数字化仪采集点给出的是设备物理坐标，而不是地图所依据的地球投影坐标，所以在一般情况下都要进行从设备物理坐标到用户坐标的转换，使得一幅图或多幅相关联的地图始终在同一种参考坐标系中；当地图数据库中的数据在显示器上显示或在绘图仪上输出时，设备所需求的是设备坐标。

（3）数据库标准坐标体系。数据库标准坐标体系实际上是由用户定义的一种坐标体系。地图数据的特点就是具有大量的图形坐标点，在计算机内存储时要占用极大的存储空间。虽然现在的硬盘存储空间越来越大，但为了充分、合理地利用空间，又不损失地图数据真实度，应采用两个字节的整型数来表示地图的图形坐标。所以在地图数据库中，把两字节整型数的值域确定为标准坐标。

在地图数据入库时，用户坐标借助于一定的设备物理坐标，并转化成数据库标准坐标体系存储在计算机存储空间中。这样，采用一种标准的坐标体系，不仅可以节约存储空间，更重要的是优化了地图数据库中数据的定位功能，方便了数据库中数据的检索。

在整个地图数据库的建库、维护和使用过程中，三种坐标体系的关系可以相互转换，如图 8-4 所示。

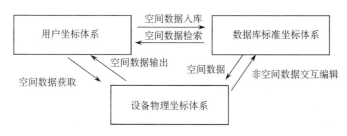

图 8-4　地图数据库中三种坐标体系的转换

3）地图数据库的功能设计

（1）空间数据和非空间数据的互相检索。地图数据库建成后，并不是简单地将空间数据和非空间数据自成体系地存放起来，而是要在数据使用时，做到空间数据和非空间数据能互相定位，也就是说，当选择了空间数据库中的一条记录时，能够在非空间数据库中迅速找到相对应的非空间数据。选择了非空间数据中的一条记录时，也能迅速在空间数据库中找到所表示的空间数据，并同时以某种形式予以显示。

（2）空间数据的自动概括。地图数据库的出现是地图数字化的一次革命，其深层的意义不仅体现在以数字的形式表示地图信息，更重要的是通过数学逻辑的方法，对地图内容进行自动化处理，从而在一定的程度上使地图概括增强了客观性和科学性，同时也使制图人员从烦琐枯燥的手工编制中解脱出来。这不仅有对空间数据"形"的概括，更重要的是结合非空间数据库中的属性特征，结合专家知识系统，从而力图达到模拟或接近人脑思维的地图概括水平。

（3）专题地图的自动生成。地图生产的趋势就是利用电子技术生成专用的地图数据库，每次更新和修改地图数据时只需要修改地图数据库中的数据，利用地图数据库的功能，生成和输出新的专题地图。所以专题地图的自动生成就成了地图数据库的一个重要功能。地图数据库中存放的专题地图数据，有相对稳定和经常变更两类：相对稳定的就可以直接以图形的形式存储起来，在每次有生产任务时稍加改动；经常变更的主要是指社会经济指标等数据。专题制图时可以在空间数据库系统中，先读取非空间数据，而后在空间数据系统中，生成代表非空间数据库中具有数量或质量意义的空间数据，并以适当的形式表现出来。例如，地图中道路的自动生成，在空间数据库中，为节约存储空间，可以只存储道路中心线的空间数据，但是在生成地图时，必须表示出道路的等级，所以建立的地图数据库就需要能在空间数据库系统中，先读取非空间数据库中有关道路等级的数据，然后在地图空间数据库系统中，直接生成以道路宽度来代表道路等级的地图空间数据。

第三节　数字地图制图

数字地图制图在数学要素表达、制图要素编辑处理和地图制印等方面都发生了质的变化，基本工作流程可分为编辑准备、数据获取、数据处理和编辑及图形输出等四个阶段。具体制作流程见图 8-5。

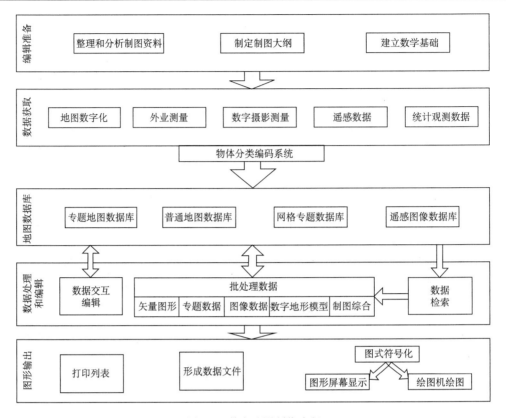

图 8-5　数字地图制作流程

一、编辑准备

　　与传统地图制图相似，数字地图制图的首要任务就是编辑准备工作，例如，根据编图要求，搜集、整理和分析编图资料，选择地图投影，确定地图的比例尺、地图内容、表示方法等；此外，由于数字地图制图本身的特点，对编辑准备工作提出了一些特殊的要求，例如，基于扫描图件进行数字化获取地图数据时，需事先对原始资料进行预处理及选择合适的数字化方法；在构建地图数据库时，应设计地图内容要素的数字编码系统，并确定地图程序设计的内容和要求。总之，数字地图制作的编辑准备阶段需完成数字地图的制图大纲，以指导整个制图过程，其中，地图的数据基础尤为重要，为后续多个地图数据空间匹配提供依据。因此，此处主要针对制图大纲的内容和数据基础的建立进行介绍。

　　1. 制图大纲

　　针对数字地图编制的要求，制定编制计划，并结合数字地图的具体情况，编写数字地图制图大纲。制图大纲主要包括以下内容。

　　（1）图名、比例尺、制图目的、用途和编制原则与要求。

　　（2）地图投影和图面配置。

　　（3）编图资料的分析评价和利用处理方案。

　　（4）地图内容、指标、表示方法和图例设计。

（5）制图综合的原则要求和方法。

（6）地图编绘程序与工艺。

（7）图式符号设计与地图整饰要求。

（8）附件，一般包括图片配置设计、资料及其利用略图、地图概括样图、图式图例（包括符号、色标）设计等。

由于数字地图制图大纲与普通纸质地图制作基本相似，此处不再赘述，具体参照第七章的相关内容。

2. 数学基础

地图投影是一种数学模型，它把地球表面的特征换算成一个二维表面的位置，即以平面地图的形式表现地球对象。坐标系则用于创建地理对象的数字表达，它把地理对象中的每一个点表示为一对数字。这些数字称为该点的坐标。在地图制图中，投影和坐标系密切相关，坐标系通常是通过为投影参数提供特定的数值来创建的。一个坐标系由一组参数来定义，它说明如何判读对象的定位坐标。在桌面数字制图环境下，用户同样需要根据地图的用途、制图区域的地理特征和形状等多种因素，为新编地图选择合适的地图投影。

1）坐标系选择

坐标系可以明确制图对象的空间定位坐标，它包括一组参数，如坐标系名称、基准面、投影类型等，投影只是其中的一个参数，是坐标系的一部分。现有的许多桌面 GIS 软件大多提供多种不同坐标体系（基准面）供用户选择，少数软件还允许用户建立自己的坐标系。例如，ArcGIS 软件提供地理坐标系统（geographic coordinate system）和投影坐标系统（projection coordinate system）两种坐标系统，且各坐标系统根据区域和类型提供了几百个预定义的坐标系，此外用户还可以自定义新的坐标系或修改坐标系统参数。其中，矢量数据的坐标系统记录于文件后缀为".prj"的文件中，该文件分行记录每一个预定义坐标系的参数表，如坐标系名称、投影代码、椭球体、坐标单位、原点经度、原点纬度、标准纬线、方位角、比例系数等。

2）地图投影选择

用户初选的地图投影并不一定就是最终成果图的地图投影，通常只需令初选投影和资料图（包括地图资料和影像资料）的投影相一致。因为，不管在哪一种投影下进行地图编辑，最终利用制图软件都可方便地实现投影的转换，这是数字制图的优越性。

二、数据获取

随着国家基础地理信息数据建设逐步完善，现在我国的地图大多以地图数据库的形式存储、管理，地图数据库包含空间数据和属性数据，这些数据可以直接用于数字地图制图。此外，对于特殊区域和特殊图种无法获得数字化的地图数据，通常需要通过其他途径获取，如野外数字测量数据、数字摄影测量数据、遥感数据和社会经济统计数据，这些数据均可直接输入计算机进行处理；而纸质版的数据资料，则需要进行数字化处理，以获得计算机可识别的数字形式。

三、数据处理和编辑

数据处理和编辑是指把图形或图像（遥感图像）经数字化后获取的数据编辑成绘图文件的整个加工过程。数据处理是数字地图制图过程中的一个重要环节，包括对制图数据的存储、选取、分析、加工、输出等操作，以完成地图制作过程中的几何纠正，比例尺和投影变换，地图内容要素的制图综合，数据的符号化，地图符号、地图注记的配置，添加专题内容，制作图表，输入影像数据、照片和文字，进行色彩填充、图面配置、地图数据的编辑等，最后得到新编地图数据。这里讨论的数据处理是指从采集数据到绘图或显示之前的数据操作，按数据格式的不同通常可分为矢量数据处理和栅格数据处理两大类。

1. 矢量数据处理

矢量数据处理过程通常可分为八种基本运算操作：存取、插入、删除、搜索、分类、复制、归并、分隔。其中，存取是指与读/写有关的操作；插入和删除主要是在编辑过程中用来修改和更新地图的内容；搜索用于寻找某地图要素数据，如某一级道路数据等；分类是重新组织数据，使之便于处理和标出对地图用户具有特定意义的某些分布的分级排列；复制使得数据能被传输；归并能把低层次的数据集合到地区或国家这些高层次的范畴上来；分隔则可以获得较小的数据集（如开窗），以便对原有数据进行更详细的处理。就数字制图而言，矢量数据处理主要涉及以下几个部分。

1）数据变换

数据变换的内容较多，包括数据结构变换、数据格式变换、投影变换及图形的几何变换等。

2）数据压缩

数据压缩的目的是删除冗余数据，减少数据的存储量，节省存储空间，加快后续处理速度。在数字地图的制图过程中，数据压缩的主要对象是线状要素的中轴线和面状要素的边界数据。常用的数据压缩方法主要包括：间隔取点法、垂距法、偏角法、道格拉斯-普克法。一般情况下，道格拉斯-普克法的压缩效果最好，其次是垂距法、间隔取点法和偏角法。但道格拉斯-普克法须对整条曲线同时进行处理，其计算工作量较大。

3）数据匹配

数据匹配是数据处理的一个重要方面，主要用于误差纠正。数据匹配涉及的内容较多，这里仅介绍有关节点匹配和数字接边的问题。

（1）节点匹配。在地图的数字化过程中，在数字化一些以多边形或网结构图形表示的要素时，同一点（如几个边相交的点）可能被数字化好几次，即使在数字化时仔细地将标示器的十字丝交点对准它，由于仪器本身的精度和操作上的问题，也不能保证几次数字化都获得同样的坐标值。因此，在数据处理时，应将它们的坐标重新配置，这就是节点匹配。

节点匹配的方法采用匹配程序对多边形文件进行处理，即让程序按规定搜索位于一定范围内的点，求其坐标的平均值，并以这个平均值取代原来点的坐标。经处理后，在多边形生成时，若还发现有少数顶点不匹配，也可辅以交互编辑的方法进行处理。

（2）数字接边。在对地图进行数字化时，一般是一幅一幅地进行。由于纸张的伸缩或操作误差，相邻图幅公共图廓线两侧本应相互连接的地图要素会发生错位。另外，受数字化仪幅面的限制，有时一幅图还需分块进行数字化，这样分块线两侧本应相互连接的地图要素也可能发生错位。因此，在合幅或拼幅时均须对这些分幅数字地图在公共边上进行相同地图要素的匹配，这就是数字接边。

在数字地图更新时，数字接边也是非常重要的，尤其是在局部区域内的数据需全部更新时，新旧资料拼接线上的要素必须做接边处理。

4）开窗显示

在实际绘图工作中，经常碰到要处理图形的局部选择问题。在整个图形中选取需处理的部分，称为图形的开窗。

数字地图包括的区域可能是很大的，有时用户只对其中的某一部分产生兴趣，这时需要选择一个特定区域来观察，这个区域称为窗口。当人们希望利用指定的有效空间或存储介质对某个局部区域进行图形数据的显示或转存时，往往要使用开窗技术。例如，在图形终端显示器上对局部图形进行放大显示，或在绘图机上绘制局部图形时，都可用开窗的方式解决。

窗口通常是矩形的。其轮廓点坐标可由键盘输入，也可将全图显示在屏幕上用光标确定。一般只需输入或标定左下角和右上角的坐标即可。

2. 栅格数据处理

栅格图像形式的数据在数字地图制图的应用中起着越来越重要的作用。栅格数据的处理方法多种多样，这里主要介绍其中的基本运算及在数字地图制图中常用的宏运算。

（1）图像变换。采用各种图像变换的方法，如傅里叶变换、沃尔什变换、离散余弦变换等间接处理技术，将空间域的处理转换为变换域处理，不仅可减少计算量，而且可获得更有效的处理结果（如傅里叶变换可在频域中进行数字滤波处理）。

（2）图像编码压缩。图像编码压缩技术可减少描述图像的数据量（即比特数），以便节省图像传输、处理时间和减少所占用的存储器容量。压缩可以在不失真的前提下获得，也可以在允许的失真条件下进行。编码是压缩技术中最重要的方法，它在图像处理技术中是发展最早且比较成熟的技术。

（3）图像增强。图像增强的目的是提高图像的质量，如去除噪声、提高图像的清晰度等。图像增强不考虑图像质量降低的原因，突出图像中所感兴趣的部分。例如，强化图像高频分量，可使图像中物体轮廓清晰，细节明显；强化低频分量可减少图像中噪声的影响。在对遥感图像进行增强处理时，通常可以采用彩色合成、直方图变换、密度分割和灰度颠倒等方法。

（4）图像分割。图像分割是将图像中有意义的特征部分提取出来，其有意义的特征有图像中的边缘、区域等，这是进一步进行图像识别、分析和理解的基础。在日常遥感应用中，常常只对遥感影像中的一个特定的范围内的信息感兴趣，这就需要将遥感影像裁剪成研究范围的大小。

（5）图像镶嵌。也称为图像拼接，是将两幅或多幅数字图像（它们有可能是在不同的摄影条件下获取的）拼在一起，构成一幅整体图像的技术过程。通常是首先对每幅图像进行几何纠正，将它们规划到统一的坐标系中，其次对它们进行裁剪，去掉重叠的部分，最后将裁剪后的多幅影像装配起来形成一幅大幅面的影像。

（6）影像匀色。将影像的色调进行统一协调。在实际应用中，用来进行图像镶嵌的遥感影像经常来源于不同传感器、不同时相的遥感数据，在做图像镶嵌时经常会出现色调不一致，这时就需要结合实际情况和整体协调性对参与镶嵌的影像进行匀色。

（7）图像分类（识别）。图像经过某些预处理（增强、复原、压缩）后，进行图像分割和特征提取，从而进行分类。图像分类常采用经典的模式识别方法，有统计模式分类和句法（结构）模式分类。在遥感影像中，可以依据遥感图像上的地物特征，识别地物类型、性质、空间位置、形状、大小等属性的过程即为遥感信息提取。

3. 比例尺变换

为了充分利用地图数字化数据，使用同样的一些数字化资料编制不同比例尺的多种地图作品，往往要进行比例尺变换。

对于一般的图形而言，其比例大小的变换很简单，只需乘上适当的比例变换因子即可。但是地图的比例尺变换不仅是简单的图形尺寸缩放，而且还伴随着各个地图要素的细节及要素的数量的增减，以及各要素间相互关系的处理，这实际上是自动综合的问题。因此，地图比例尺变换是一项很困难的工作，是数字地图编制的难点，还有待进一步研究。这里介绍一种使用变焦数据来进行比例尺变换的方法。虽然它还不是真正意义上的自动制图综合，却可在某些特定的比例尺之间进行变换。

变焦数据的核心问题是要建立数据的多层存储结构，以适应多种比例尺间的变换。基本方法如下。

1）要素细节的分层存储

可用图形曲线综合算法把线段分为树结构，下一层包含着为坐标所反映的更多细节，这些细节的坐标是树的更高层内容的中间点。为了在多种比例尺之间进行快速变换，需把地图数据分层存储，每层包含更高层的中间坐标点，如果一个数据库包含着按这种方式划分的曲线，则只需要按图形输出的比例尺来确定相应的存储级别。

2）地图数据的多级变焦

为了给不同的比例尺提供所需的不同详细程度的地图数据，需配备必要的机制，即在存储最详细内容的基础上建立二维参考索引。

在二维参考索引中存放着各地图要素不同综合级别的数据库地址，即该矩阵的每一个节点都有一个空间数据库存在。该方法将线性数据以坐标树的形式进行存储，使得图形的详细程度或综合程度是可变的。树的各层以不同的记录分离存储，当按属性码检索时，只需要根据所选比例尺存储足以表示该要素的坐标点。

3）数据的组织管理

对地图数据的组织管理是通过数据库技术实现的。地图数据库在数字地图制作的各个环节都起着重要作用。

（1）在数据获取过程中，地图数据库用于存储和管理地图信息。

（2）在数据处理过程中，地图数据库既是资料的提供者，也是处理结果的归宿。

（3）在图形的检索与输出过程中，地图数据库是形成绘图文件的数据源。

四、图形输出

图形输出是把计算机处理后的数据转换为图形形式，即通过各种输出设备输出地图图形的过程。对于高级计算机地图制图系统来说，常采用彩色喷墨绘图机喷绘出彩色地图，供编辑人员根据彩色样图进行校对，彩喷输出还可满足用户少量用图的需要。图形编辑与图形输出常是交互进行的。

对于大多数的计算机地图制图系统来说，由于实现了编辑与出版的一体化，输出四色分色胶片可以直接制作印刷版，上印刷机进行印刷。该法已成为主要的地图输出方式。此外，通过编辑制作并存储于光盘上的电子地图、电子地图集也是一种重要的输出形式。

地图的信息是十分丰富的，在实践中，最终的数字地图产品不仅包括各种分层的图形要素，还可能包括与图形相关的各类统计图表、图片及图例等，所以需要将不同的图形窗口、统计图窗口和图例窗口在一个页面上妥善地放置和安排，并在页面上增加标题或注记之类的文字，将所有的显示联系在一起，这就是图面配置（layout）问题。现有的许多桌面制图软件都提供了对多窗口、多种图表进行图面配置的功能。以 ArcGIS 软件为例，首先，用户可以根据自己的需要，自行对图面要素进行组合，利用系统提供的丰富的编辑工具，用户可以先对图面组成要素做进一步的调整和编辑，直到满意为止。然后即可选择地图输出。地图输出功能设计一般包括输出设备类型选择（打印机、绘图机等）、输出纸张、输出幅面、比例尺、黑白或彩色等参数的确定。

第四节　地理信息系统制图

地理信息系统（GIS）是一种兼容存储、管理、分析、显示与应用地理信息的计算机系统，是分析和处理海量地理数据的通用技术。作为一种通用技术，地理信息系统按照一种新的方式去组织和使用地理信息，以便更有效地分析和产生新的地理信息；同时，地理信息系统的应用也改变了地理信息分发和交换的方式。因此，它提供了一种认识和理解地理信息的新方式，从而使地理信息系统进一步发展成为一个处理空间数据的学科。

地理信息系统萌芽于 20 世纪 60 年代初。当时，加拿大的汤姆林森（Tomlinson）和美国的马布尔（Marble）从不同的角度提出了地理信息系统的概念。1962 年，汤姆林森提出利用数字计算机处理和分析大量的土地利用地图数据，并建议加拿大土地调查局建立加拿大地理信息系统（Canada Geographic Information System，CGIS），以实现专题地图的叠加、面积量算等。1972 年，CGIS 全面投入运行与使用，成为世界上第一个运行型地理信息系统。这对后来的地理信息系统的发展有重要的影响。与此同时，马布尔在美国利用数字计算机研制数据处理软件系统，以支持大规模城市交通，并提出建立地理信息系统软件系统的思想。同期，数字地图制图系统的研究开始发展起来，并对地理信息系统发展产生了深刻影响。地理信息系统在最近 30 年里取得了惊人的发展，并广泛应用于资源调查、地图制图、环境评估、区域发展规划、公共设施管理等领域。

一、地理信息系统的组成

一个典型的地理信息系统应该包括四个基本部分：计算机硬件系统、计算机软件系统、地理数据库系统和系统管理操作人员。

1. 计算机硬件系统

计算机硬件系统是构成地理信息系统所需的基本设备，是系统的物理外壳。系统的规模、精度、速度、功能、形式、使用方法甚至软件都与硬件有极大的关系，受硬件指标的支持或制约。构成计算机硬件系统的基本组件包括输入输出设备、中央处理单元、存储器等，这些硬件组件协同工作，向计算机系统提供必要的信息，使其完成任务；保存数据以备现在或将来使用；将处理得到的结果或信息提供给用户。

2. 计算机软件系统

计算机软件系统是指系统工作所必需的各种程序。通常由系统软件、地理信息系统基础软件和用户开发应用软件三部分组成。系统软件包括操作系统软件（如 Windows 系统、UNIX等）、数据库管理系统软件；地理信息系统基础软件包括通用的地理信息系统软件包、计算机图形软件包、计算机图像处理软件包、计算机辅助设计等，用于支持对空间数据的输入、存储、转换、输出和与用户的接口；应用分析软件是指系统开发人员或用户根据地理专题或区域分析模型编制的用于某种特定应用任务的程序，是系统功能的扩充和延伸。应用程序作用于地理专题或区域数据，构成地理信息系统的具体内容，这是用户最为关心的真正用于地理分析的部分，也是从空间数据中提取地理信息的关键。用户进行系统开发的大部分工作是开发应用程序，而应用程序的水平在很大程度上决定着地理信息系统应用的优劣和成败。

3. 地理数据库系统

地理信息系统的地理数据分为几何数据和属性数据。几何数据由点、线、面组成，其数据表达形式可以采用栅格和矢量两种，几何数据表现了地理空间实体的位置、大小、形状、方向及拓扑几何关系。属性数据（描述数据）表示地理信息的类别、性质等，如地形、地物、特征、统计数据、社会经济数据、环境数据等。

地理数据库系统由数据库实体和地理数据库管理系统组成，后者主要用于数据维护、操作、查询检索。地理数据库是地理信息系统应用项目重要的资源与基础，它的建立和维护是一项非常复杂的工作，涉及许多步骤，需要技术和经验，需要投入高强度的人力和开发资金，是地理信息系统应用项目开展的瓶颈技术之一。

4. 系统管理操作人员

地理信息系统是一个动态的地理模型，它需要系统管理人员对系统进行组织、管理、维护和数据更新、系统扩充完善、应用程序开发，并利用地理分析模型提取多种信息，为地学研究和决策服务。因此，人是地理信息系统应用成败的关键，而强有力的组织机构则是系统运行的保障。另外，从系统的数据处理过程来看，地理信息系统是由数据输入子系统、数据存储与检索子系统、数据处理与分析子系统和输出子系统组成的。

（1）数据输入子系统。负责数据的采集、预处理和数据转换等。

（2）数据存储与检索子系统。负责组织和管理数据库中的数据，以便于数据查询、更新与编辑处理。

（3）数据处理与分析子系统。负责对系统中所存储的数据进行各种分析计算，如数据的集成与分析、参数估计、空间拓扑叠加、网络分析等。

（4）输出子系统。以表格、图形或地图的形式将数据库的内容或系统分析的结果以屏幕显示或硬拷贝方式输出。

二、地理信息系统的功能

1. 数据采集、检验与编辑

主要用于获取数据，保证地理信息系统数据库中的数据在内容与空间上的完整性、数据值逻辑上的一致性等。通常，地理信息系统数据库的建设投资占整个系统投资的70%或更多。因此，信息共享与自动化数据输入成为地理信息系统研究的主要内容。现在，可用于地理信息系统数据采集的方法与技术很多，而自动化扫描输入与遥感数据的集成最为人们所关注，扫描数据的自动化编辑与处理仍是地理信息系统主要研究的技术关键。

2. 数据处理

初步的数据处理主要包括数据格式化、数据转换、数据概括。数据的格式化是指不同数据结构之间的转化。数据转换包括数据格式转化、数据比例尺的变换。在数据格式的转换方式上，矢量到栅格的转换要比其逆运算快速、简单。数据比例尺的变换涉及数据比例尺缩放、平移、旋转等方面，其中最为重要的是投影变换。数据概括包括数据平滑、特征集结等。现在地理信息系统所提供的数据概括功能极弱，与地图综合的要求还有一定的差距。

3. 数据的存储与组织

这是一个数据集成的过程，也是建立地理信息系统数据库的关键步骤，涉及空间数据和属性数据的组织。栅格模型、矢量模型或栅格与矢量混合模型是常用的空间数据组织方法。空间数据结构的选择在一定程度上决定了系统所能执行的数据与分析的功能。混合型数据结构利用了矢量与栅格数据结构的优点，为许多成功的地理信息系统软件所采用。现在，属性数据的组织方式有层次结构、网络结构和关系型数据库管理系统等，其中关系型数据库、管理系统是应用最为广泛的数据库系统。

在地理数据组织与管理中，最为关键的是如何将空间数据与属性数据融为一体。现在大多数系统都是将二者分开存储，通过公用项来连接。这种组织方式的缺点是数据的定义与数据操作分离，无法有效地记录地物在时间域上的变化属性。现在，时空地理信息系统和面向对象数据库的设计都在努力解决这些根本性的问题。

4. 查询、检索功能

查询、检索是地理信息系统及许多其他自动化地理数据处理系统应具备的最基本的分析功能。地理信息系统的查询功能可以概括为四种类型：属性查询、图形查询、关系查询和逻辑查询。

（1）属性查询。地理信息系统允许用户在图形环境下，借助光标点击屏幕上的图形要素，以查询检索相关的属性要素；也可以在屏幕上指定一个矩形或多边形范围，检索该区域内所有图形的相关属性。地理信息系统还允许用户在属性环境下，按照一定的逻辑条件查询属性数据。对查询检索得到的数据，可以在屏幕上显示，也可以生成报表输出。

（2）图形查询。在地理信息系统图形环境下，用户可以根据分层编码检索图形数据，也可以根据属性特征值查询相应的图形数据，或者按照一定的区域范围查询图形数据，或者按照一定的逻辑条件查询相应的图形数据。

（3）关系查询。空间目标的拓扑关系有两类：一种是几何元素的结构关系，例如，点、线、面之间的组成关系，可用于描述和表达几何元素的形态；另一种是空间目标之间的位置关系，可以描述和表达几何元素之间的分布特征，如邻接关系、包含关系等。地理信息系统的空间关系查询就是查询检索与指定目标位置相关的空间目标，通常包括：面-面关系查询、线-线关系查询、点-点关系查询、线-面关系查询、点-线关系查询、点-面关系查询六种。

（4）逻辑查询。逻辑查询是指用数据项与运算符组成的逻辑表达式，查询检索相应的图形或属性，其中数据项可以是数据库中的任意项，运算符可以是所有逻辑运算符和算术运算符。

5. 空间分析功能

空间分析是基于地理对象的位置和形态特征的一种空间数据分析技术，其目的在于提取和传输空间信息。通过空间分析可以揭示数据库中数据所包含的更深刻、更内在的规律和特征。因此，空间分析是地理信息系统的核心功能，也是地理信息系统与其他计算机系统的根本区别。

叠置分析。叠置分析是将同一地区、同一比例尺的两个或两个以上的数据层进行叠置，生成一个新的数据层，让新数据层的各个目标具有各叠置层目标的多重属性或各叠置层目标属性的统计特征。前者称为合成叠置，后者称为统计叠置。

缓冲区分析。缓冲区分析是根据数据库的点、线、面实体，自动建立其周围一定范围内的缓冲区多边形，这是地理信息系统重要的和基本的空间分析功能之一。

泰森多边形分析。泰森多边形可用于定性分析、统计分析、邻近分析等。例如，可用离散点的性质来描述泰森多边形区域的性质；可用离散点的数据来计算泰森多边形的数据；判断一个离散点与其他离散点相邻时，可根据泰森多边形直接得出。

地形分析。地形分析主要是利用数字高程模型（DEM）和数字地形模型（digital terrain model，DTM）描述地表起伏状况，用于提取各种地形参数，如坡度、坡向、粗糙度等，并进行通视、地表曲面拟合、地形自动分割等分析。

网络分析。网络关系是自然界和人类社会中的客观存在，如水系网、交通网、通信网等。地理信息系统的网络分析就是针对客观的网络关系和人类社会的需要，进行最佳路径分析、最佳流量配置、服务网点布设、洪水汇流过程分析等。

6. 显示功能

地理信息系统为用户提供了许多用于显示地理数据的工具，其表达形式既可以是计算机屏幕显示，也可以是报告、表格、地图等硬拷贝图件，尤其要强调的是地理信息系统的地图输出功能。一个好的地理信息系统应能够提供一种良好的、交互式的制图环境，以供地理信息系统的使用者设计和制作出具有高品质的地图产品。

三、地理信息系统制图概述

地理信息系统的发展最初是从计算机地图制图和地籍管理起步的。对于所有的地理信息系统，地图是一个中心，它既是输入数据的来源，又是系统输出的一种形式，地理信息系统的主要功能之一就是地图制图。通过图形的编辑来清除图形采集过程中的误差，并根据用户需求和地物的类型，对数字地图进行整饰，添加符号、注记和颜色。利用绘图仪硬拷贝输出，即可得到一张用户需要的地图。地图一旦被制作完成，用户对信息的理解在很大程度上便受制于地图制作者对数据进行的编辑处理，以及地图比例尺所决定的数据详细程度。然而，计算机地图制图需要涉及计算机的外围设备，各种绘图仪的接口软件和绘图指令都不尽相同，因此，地理信息系统计算机制图软件的功能十分复杂。功能齐全的制图软件包还应具有地图概括、分色排版印刷的功能。

计算机制图的发展孕育了地理信息系统的诞生，而地理信息系统的发展又推动着计算机制图水平的迅速提高和进一步发展。两者的关系密不可分，以至于引发了国际上有关专家、学者对计算机制图和地理信息系统相互关系的大争论。现在，在计算机制图与地理信息系统的关系问题上，主要存在两种观点，一种观点认为计算机制图是地理信息系统的一部分；另一种观点认为地理信息系统是基于计算机制图的上层结构。但有一点是明确的，即所有的地理信息系统都具有计算机制图的成分，但并不是所有的计算机制图系统都含有地理信息系统的全部功能，两者相互联系，相互促进。就功能而言，地理信息系统和计算机制图都需要具有数据采集、数据处理和图形输出等基本功能。然而，强有力的空间分析功能则是地理信息系统必须具有的特色。

地理信息系统和计算机制图系统的主要区别在于：计算机制图系统侧重于可见实体的显示和处理，而对可见实体可能存在的非图形属性不太注重，然而这种属性在地理分析中却是非常有用的、必要的数据；地理信息系统既注重空间实体的空间分布，又强调它们的显示方式和显示质量。地理信息系统的发展确实需要很好的计算机制图系统，但计算机制图系统本身并不能充分完成用户要求完成的最终给出评价结果的任务。同时，也没有必要单独发展功能完善的计算机制图系统，而不去进一步创建地理信息系统。

现在，我国用 ArcMap、MapGIS、SuperMap 等桌面制图系统进行专题地图的制作已相当普遍。以 ArcMap 为例，利用我国分省政区图作底图，以各省在 1997 年、1998 年、1999 年和 2000 年的国内生产总值（gross domestic product，GDP）数据为数据源，说明制作专题地图的过程。

1. 切换至布局窗口并选择制图底图

在制作专题地图时，首先，要将 ArcMap 软件默认的数据窗口（Data View）切换至布局窗口（Layout View），用户可以在此窗口中合理布局所要输出的地图要素。其次，明确为哪个图层创建专题地图，也就是说要选择作为底图的图层，以及要选择从中获取数据值的字段或表达式，即专题变量。这里以中国的省级行政地图制作为例说明制作过程。该图属性表中包含 1997~2000 年各省的 GDP 数据。

2. 选择所要创建的专题地图的类型

在内容列表窗口中双击省级行政图层弹出该图层的属性面板（Layer Properties），在符号系统（Symbology）栏中，提供要素（Features）、类别（Categories）、数量（Quantities）、图表（Charts）和多个属性（Multiple Attributes）等五种类型表示方式，其中，图表可采用饼状图（Pie）、条形图/柱状图（Bar/Column）、堆叠图（Stacked）三种表示方法，这里选择条形图/柱状图（图8-6）。

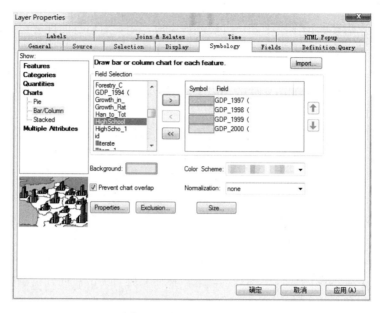

图 8-6　选择专题地图类型

3. 确定用于创建地图的表和字段

选择好专题地图的类型后，需要确定专题变量。在这一步中，首先要明确是为哪个专题属性创建专题地图，即专题变量。这里在属性字段选择列表（Field Selection）中选中"GDP_1997"、"GDP_1998"、"GDP_1999"和"GDP_2000"四个字段，并点击 ▶ 符号，使该四个字段导入到右侧的列表框中，此即设定该四个为专题变量，点击"确定"即可。

4. 自定义地图所用的各种选项

这一步中操作主要是制作图例。在工具栏中选择插入（Insert）/图例（Legend）选项，进入图例向导面板（Legend Wizard），根据提示制作图例。当然，用户也可以双击生成的图例进入图例属性（Legend Properties）面板改变图例中显示专题值的顺序，为图例增加标题和副标题，自定义字体，修改范围标注等。此外，ArcMap软件还提供指北针、比例尺、文本、图片、对象等其他地图要素内容，用户可根据实际需求选择性地使用（图8-7）。

5. 专题地图输出

添加完地图要素后需对各要素进行布局，使其合理美观。ArcMap软件默认页面大小为A4纸大小，当地图内容不适合当前页面大小时可点击文件（File）/页面设置（Page and Print Setup），用户在页面设置（Page and Print Setup）窗口，可根据图面的内容具体设置地图页面大小。在制作完成专题地图后，点击文件（File）/输入地图（Export Map）将其输出为.Tiff等图片格式，以便其他打印设备使用（图8-8）。

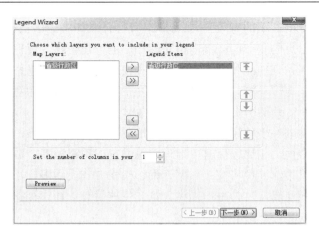

图 8-7 图例设计

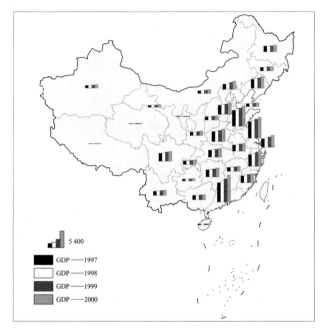

图 8-8 专题地图结果示例

从地理信息系统的制图过程来看,其主要特点是:方便、易操作和更加大众化。地理信息系统中的属性信息不仅能够发挥空间分析的作用,而且是专题地图制图的重要信息来源。信息时代地图学的重点正在向智能化地深加工和实用的最终产品的方向转移,因此,地理信息系统制图也必将成为未来地图制图的重要方法。

四、地理信息系统与地图、地图学的关系

地理信息系统"脱胎于地图","脱胎于 20 世纪 60 年代的机助制图系统","从地图数据库脱胎出来"。由地图学到地图学与地理信息系统,这是科学的发展规律。从社会需求和地图学的功能来看,人类必须不断地研究自身赖以生存和发展的整个环境,人类认识地理环境和利用地理环境离不开地图学。这是一个无法回避的客观事实。地图、地图数据库和地

理信息系统作为人类空间认识的有效工具,标识着社会需求的不断增长和地图学重点的转移,即地图学的着重点从信息的获取的一端向信息深加工的一端转移,现代地图学已经进入了信息科学的领域。地图(系列地图和地图集)是一种模拟的"地理信息系统",它把具有时间特征的连续变化的空间地理环境信息,描述成存在于某一特定时间相对静止的状况,很难甚至不可能进行动态分析。地图数据库以数据作为载体,以光盘等作为介质,以数字地图或电子地图等方式,传输地理环境信息,较之传统的地图确实是一大进步,但它的数据范围和数据分析功能仍具有局限性。相比较而言,地理信息系统的数据源多、数据量大;在遥感技术的支持下,能保证信息传输的现势性;数据查询、检索方式灵活多样,信息传输的可选择性极强;通过数据分析和计算,可为用户提供大量派生的信息;计算机图形技术提供了多种多样的地理信息传输方式。

但地图仍然是现在地理信息系统的重要数据来源,同时它又是地理信息系统产品输出的主要形式。同时,地图学理论与方法对地理信息系统的发展有着重要的影响,并成为地理信息系统发展的根源之一。把地图学和地理信息系统加以比较可以看出,地理信息系统是地图学理论、方法与功能的延伸。地图学与地理信息系统是一脉相承的,它们都是空间信息处理的科学,只不过地图学强调图形信息传输,而地理信息系统则强调空间数据处理与分析,可以说地理信息系统是地图学在信息新时代的发展。

第五节　遥感影像制图

遥感影像信息具有更为宽广的视野范围及较低人工成本,使其逐渐成为地图制图和地理信息数据制作与更新的主要数据源。因此,遥感影像地图是现在数字地图中的重要类型之一。从1957年苏联发射第一颗人造地球卫星以来,遥感技术得到了飞速发展,卫星遥感影像信息的获取正向全波段、全天候、全球覆盖和高分辨率的方向迅猛发展,信息网络的组建和光缆、微波传输技术的进步,突破了时间和空间的局限,形成了数据极其巨大的信息流,为地图制图提供了重要的信息源。此外,近年来高空间分辨率的航空像片由于其影像清晰且反映的地物信息相对更为丰富,也在地图制图中得到广泛的应用。总之,这种铺天盖地而来的地表遥感信息,不仅成为地图制图乃至"数字地球"的重要信息源,而且使制图资料的现势性、制图工艺等都发生了深刻变化。

一、遥感原理与图像获取

20世纪60年代,在航空摄影测量、航空地质探矿和航空像片判读应用发展的基础上,国际上正式提出了"遥感"的概念,并很快被普遍接受和认同。遥感,广义概念是指从远处探测、感知物体或事物的技术,即不直接接触物体本身,从远处通过各种传感器探测和接收来自目标物体的信息,经过信息的传输及其处理分析,识别物体的属性及其空间分布、动态变化等特征的技术。

遥感是一个综合性的技术系统,由遥感平台、传感器、信息接收与处理、应用等部分组成。遥感平台主要有飞机、人造卫星、载人飞船。传感器有多种波段的摄像机、多光谱扫描仪、微波辐射计、侧视雷达、专题成像仪等,并且在不断向多光谱段、多极化、高分辨率和微型化方向发展。各种传感器把记录下来的数字或图像信息,通过校正、变换、分解、组合等光学图像处理或数字图像处理后，以胶片、图像或数字磁带等方式提供给用户。由于地球表面上所有物体都有本身的电磁波谱特性，即有规律地吸收、反射、辐射电磁波的特性，因此，反映在遥感图像上就有不同的影像特征。用户在实地调查或事先测定并掌握各种物体的波谱特征的基础上，通过综合分析与判断，或在地理信息系统和专家系统的支持下，提取专题信息，编制专题地图或统计图表，这就是遥感的基本原理（图8-9）。

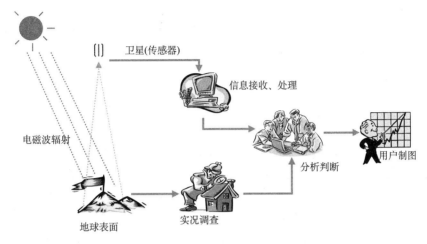

图8-9　遥感探测的基本原理

现在，世界各国已经发射的遥感卫星的数量和种类不断增多，卫星传感器的工作波段也几乎扩展到了电磁波的各个部分，一个多层、立体、多角度、全方位和全天候的对地观测网正在形成。与此同时，高分辨率小型商业卫星发展迅速，这种卫星的地面分辨率可达5m，甚至1m，在大比例尺地图制图、地理信息系统制图和数字高程模型（DEM）立体制图等方面，均具有良好的应用效果。

遥感影像的特点如下：①卫星遥感可以覆盖全球的每一个角落，任何地区都不再有制图资料的空白区；②卫星遥感的周期性重复探测，使每一个地区都可以获得不同时相的制图信息，为动态地图的制作和利用地图进行动态分析提供了信息保障；③卫星遥感资料可以及时提供广大地区的同一时相、同一波段、同一比例尺、同一精度的制图信息，这就为缩短成图周期、降低制图成本提供了可能；④数字卫星遥感信息，可以直接进入计算机进行自动处理，省去了图像扫描数字化的输入过程；⑤改变了传统的用大比例尺地图逐级缩编小比例尺地图的逻辑程序。根据获得的卫星图像，可以直接编绘小比例尺地理图或专题地图，必要时还可再编绘更大比例尺的地图，这样就更适应人们认识区域地理环境的逻辑顺序。

当前，遥感信息主要用于编制各种专题地图、制作影像地图、修编或更新地形图。此外，利用遥感信息，编制各种区域性专题数据库或信息系统，已经成为一个新的发展方向。

二、遥感影像地图的特点和种类

1. 遥感影像地图的特点

影像地图是以航空或卫星遥感影像直接反映地表状况的地图。其影像通常是经过纠正了的正射像片，叠加在影像之上的符号和注记是按照一定的原则选用的。影像是传输空间地理信息的主体，从影像上容易识别的地物不用符号表示，直接由影像显示；只有那些影像不能显示或识别有困难的内容，在必要的情况下以符号或注记的方式予以表示。和普通线划地图相比，影像地图具有鲜明的特点：一是以丰富的影像细节去表现区域的地理直观外貌，比单纯使用线划的地图信息量丰富，真实直观、生动形象，富于表现力。二是用简单的线划符号和注记表示影像无法显示或需要计算的地物，弥补了单纯用影像表现地物的不足，因而减少了制图工作量，缩短了地图的成图周期。

正是这种特殊的信息传输方式，赋予了影像地图独特的可视化效果，从而使影像地图在反映区域概貌，进行区域总体规划方面具有重要作用。

2. 遥感影像地图的种类

遥感影像地图的种类一般可以按其内容、媒体传播方式来划分。

1）地图内容分类

遥感影像地图按其内容可分为普通遥感影像地图和专题遥感影像地图两类。

（1）普通遥感影像地图。此类遥感影像地图综合了遥感影像和线划符号的特点，即在遥感影像的基础上，精确配准叠加了境界、道路、沟渠、山峰等线划符号（有时也叠加等高线）及高程和地名注记。根据不同的应用需求，可以制作成黑白影像地图、彩色影像地图、单波段和多波段合成的影像地图。根据获取遥感影像的平台不同，可以分为航空影像地图和卫星影像地图两种。航空影像地图的比例尺大，影像分辨率高，适用于区域规划、城市建设、工程设计、地籍管理、区域地理调查和编制大比例尺专题影像地图；卫星影像地图属于中小比例尺地图，区域总体情况清晰，适用于区域大地构造、区域地貌、水系结构、居民地、道路网、植被分布等区域全貌或大范围区域地理情况分析研究，用于制定工农业总体规划、资源调查和中小比例尺专题地图制图。

（2）专题遥感影像地图。即以遥感影像作为基础，并加绘通过影像解译（即影像专题信息识别和提取）得到的专题要素（或现象）的位置、轮廓界线和必要的注记，制作成的一种遥感影像地图。由于作为基础的影像含有丰富的信息，专题要素（现象）由影像解译而来又以影像为背景，两者可相互印证，且不需要制作地理底图，具有时效性好、质量高和实用性强等优点，有着广泛的应用前景。

2）媒体传播方式分类

遥感影像地图按媒体传播方式分为数字遥感影像地图、多媒体遥感影像地图和立体全息遥感影像地图，这些都是由于新技术的发展而出现的一些新的遥感影像地图。

（1）数字遥感影像地图。以数字形式存储在光盘等介质上，需要时可由电子计算机的输出设备恢复为可视的影像地图。如果通过绘图机可视化输出，则恢复为纸介质影像地图；如果通过显示屏幕可视化输出，则为电子影像地图。

（2）多媒体遥感影像地图。实际上是多媒体影像电子图，是多媒体技术与影像电子地图技术的集成和融合，即在可视化影像电子地图的基础上增加声音和触摸等多媒体功能，用户通过触摸屏甚至音频对多媒体影像地图进行操作，使影像电子地图信息的表达和传播效果更好。

（3）立体全息遥感影像地图。利用从不同角度摄影获得的关于目标（或区域）重叠的两张影像构成的像对，阅读时戴上偏振滤光镜，使得重建光束正交偏振，将重叠的左右两张影像分开，左眼看左边的影像，右眼看右边的影像，利用人的生理视差，得到立体全息影像，具有较强的真实感。

三、遥感影像地图制作

遥感影像地图制作，是指采用计算机图像处理技术对遥感影像数据进行处理，通过几何纠正、投影变换，重点表现各种专题信息，叠加矢量线划要素，添加注记，整饰输出直接反映制图对象地理特征及空间分布的地图。影像地图中自然地理要素和易于识别的地物以影像直接表达，如水系、地貌、森林、植被、街区居民地、道路网等；影像无法显示或不易识别的地物，则用符号或注记表示，如境界线、高程点、特征地物、地名及各种地物名称注记等。遥感影像地图制作主要分为普通影像地图和专题遥感影像地图两种，其中前者是以影像为传输空间地理信息为主体，而后者则是以遥感识别的专题信息为主体，二者的制作过程有相同之处，但后者更为复杂（增加了专题信息提取过程），所以，此处先阐述制作过程更多的遥感专题地图制作。

1. 遥感专题地图制作

图 8-10 概括了专题遥感影像地图的制作过程，这里就其中一些关键的技术环节作重点阐释。

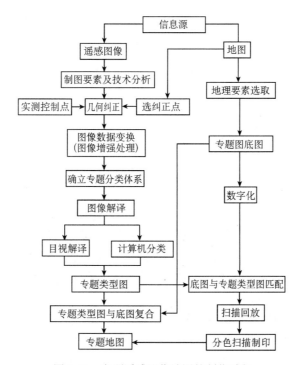

图 8-10　专题遥感影像地图的制作过程

1）信息源的选择

图像的地面分辨率、波谱分辨率和时间分辨率是遥感信息的基本属性，在遥感应用中，它们通常是评价和选择遥感图像的主要指标。

（1）地面分辨率与制图比例尺的选择。地面分辨率即空间分辨率，是指遥感仪器所能分辨的最小目标的实地尺寸，即遥感图像上一个像元所对应的地面范围的大小。例如，Landsat-TM 影像的一个像元对应的地面范围是 30m×30m，那么其空间分辨率就是 30m。

遥感制图是利用遥感图像来提取专题制图信息，因此在选择图像的空间分辨率时要考虑以下两个因素：一是解译目标的最小尺寸；二是地图的成图比例尺。空间不同规模的制图对象的识别，在遥感图像的空间分辨率方面都有相应的要求。

遥感图像的空间分辨率与地图比例尺有密切的关系。在遥感制图中，不同平台的遥感传感器所获取的图像信息，其可满足成图精度的比例尺范围是不同的（表 8-1）。因此，进行遥感专题制图和普通地图的修测更新时，对不同平台的图像信息源，应该结合研究宗旨、用途、精度和成图比例尺等要求，予以分析选用，以达到实用、经济的效果。

表 8-1　不同平台信息源适于制图精度的比例尺范围

技术指标		Landsat		SPOT	国土普查卫星像片
		MSS	TM		
空间分辨率/m		80×80（1～4 波段）	30×30（1～5，7 波段）	20×20（1～3 波段）	20×20
同一地物图像面积量测精度/%		85±	93±	98±	98±
专题制图	适应比例尺	1/25 万～1/50 万	1/10 万～1/25 万	1/5 万～1/10 万	1/10 万～1/25 万
	最大适中比例尺	1/25 万	1/10 万	1/5 万	1/10 万
普通地图修测、制作适中比例尺		修测 1/50 万地图	修测 1/25 万地图	修测、制作 1/10 万地图	修测 1/25 万地图

（2）波谱分辨率与波段的选择。波谱分辨率是由传感器所使用的波段数目（通道数）、波长、波段的宽度来决定的。

通常，各种传感器的波谱分辨率的设计都是有针对性的，这是因为地表物体在不同光谱段上有不同的吸收、反射特性。同一类型的地物在不同波段的图像上，不仅影像灰度有较大差别，影像的形状也有差异。多光谱成像技术就是根据这个原理，使不同地物的反射光谱特性能够明显地表现在不同波段的图像上。因此，在专题处理与制图研究中，波段的选择对地物的针对性识别非常重要。

在考虑遥感信息的具体应用时，必须根据遥感信息应用的目的和要求，选择地物波谱特征差异较大的波段图像，即能突出某些地物（或现象）的波段图像。实际工作中有两种方法：一是根据室内外所测定的地物波谱特征曲线，直观地进行分析比较，根据差异的程度，找出与之相对应的传感器的工作波段。二是利用数理统计的方法，选择不同波段影像密度方差较大且相关程度较小的波段图像。

除了对单波段遥感图像的分析选择外，大多数情况下是将符合要求的若干波段作优化组合，进行影像的合成分析与制图。例如，利用 Landsat-TM 影像编制土地利用图时，通常采用 Landsat-TM4、5、7 波段的合成影像；若进一步区分林、灌、草，可选 Landsat-TM5、6、7 波段的组合影像。

（3）时间分辨率与时相的选择。传感器对同一目标进行重复探测时，相邻两次探测的时间间隔称为遥感图像的时间分辨率。例如，Landsat 1、2、3 的图像最高时间分辨率为 18 天，Landsat4、5、7 为 16 天，SPOT-4 为 26 天，而静止气象卫星的时间分辨率仅为半小时。

遥感图像的时间分辨率差异很大，用遥感制图的方式反映制图对象的动态变化时，不仅要搞清楚研究对象本身的变化周期，同时还要了解有没有与之相对应的遥感信息源。例如，要研究森林病虫害的受灾范围、森林火灾蔓延范围或洪水淹没范围等现象的动态变化，必须选择与之相适应的短期或超短期时间分辨率的遥感信息源，显然只有气象卫星的图像信息才能满足这种要求；研究植被的季相节律、农作物的长势，现在以选择 Landsat-TM 或 SPOT 遥感信息为宜。

遥感图像是某一瞬间地面实况的记录，而地理现象是变化、发展的。因此，在一系列按时间序列成像的多时相遥感图像中，必然存在着最能揭示地理现象本质的"最佳时相"图像。"最佳时相"的含义包括两个方面：第一，为了使目标能被"检出"且能被"识别"，应要求信息有足够大的强度，还应是地理现象呈节律性变化中最具有本质特性的信息；第二，探测目标与环境的信息差异最大、最明显。事实上，由于受地物或现象本身的光谱特性等多种因素的综合影响，研究目标及对象的"最佳时相"的概念是不一样的。例如，编制地质地貌专题地图，选择秋末冬初或冬末春初的图像最为理想，因为这个时段的地面覆盖少，有利于地质地貌内在规律和分布特征的显示；进行 "三北"防护林的遥感调查与制图，选择树木已经枝繁叶茂，但农作物及草本植被尚未覆盖地面的五月末的时相最为理想；解译海滨地区的芦苇地及其面积用五六月间的图像比较适宜；编制黄淮海地区盐碱土分布图用三四月间的图像比较适宜。总之，遥感图像时相的选择，既要考虑地物本身的属性特点，也要考虑同一种地物的空间差异。

2）图像处理

根据遥感制图的任务要求，确定了遥感信息源之后，还必须对所获得的原始遥感数据进行加工处理，才能进一步利用。

（1）图像预处理。人造卫星在运行过程中，侧滚、仰俯的飞行姿态和飞行轨道、飞行高度的变化及传感器光学系统本身的误差等因素的影响，常常会引起卫星遥感图像的几何畸变。因此，在专题地图制图之前，必须对遥感图像进行预处理。预处理包括粗处理和精处理两种类型。粗处理是为了消除传感器本身及外部因素的综合影响所引起的各种系统误差而进行的处理：将地面站接收的原始图像数据，根据事先存入计算机的相应条件进行纠正，并通过专用的坐标计算程序加绘了图像的地理坐标，制成表现为正射投影性质的粗制产品——图像软片和高密度磁带。精处理的目的在于进一步提高卫星遥感图像的几何精度。其做法是利用地面控制点精确校正经过粗处理后的图像面积和几何位置误差，将图像拟合或转换成一种正规的符合某种地图投影要求的精密软片和高密度磁带。现在，在精处理过程中，也常常在图像上加绘控制点、行政区划界限等对后续解译工作起控制作用的要素。

（2）图像增强处理。为了扩大地物波谱的亮度差别，使地物轮廓分明、易于区分和识别，以充分挖掘遥感图像中所蕴含的信息，必须进行图像的增强处理。图像增强处理的方法主要有光学增强处理和数字图像增强处理两种。图像光学增强处理的目的在于人为加大图像的密度差。常用的方法有假彩色合成、等密度分割和图像相关掩膜等。数字图像增强处理是借助计算机来加大图像的密度差。主要方法有彩色增强、反差增强、滤波增强和比值增强等。数字图像增强处理具有快速准确、操作灵活、功能齐全等特点，是现在我国广泛使用的一种处理方法。

3）图像解译

从数据类型来看，数字遥感图像是标准的栅格数据结构，因此，遥感图像的解译实际上就是把栅格形式的遥感数据转化成矢量数据的过程。图像解译的主要方法有目视解译和计算机解译两种。

（1）目视解译。目视解译是用肉眼或借助简单的设备，通过观察和分析图像的影像特征和差异，识别并提取空间地理信息的一种解译方法。现在，遥感制图已经全面实现了数字化操作，目视解译也从过去手工蒙片解译发展为数字环境下的人机交互式图像解译。人机交互式图像解译以计算机制图系统为基础，以数字遥感图像为信息源，以目视解译为主要方法并充分利用专业图像处理软件实现对图像的各种操作（如缩放、旋转、平移、反差增强等）。

解译准备。解译之前，必须做好两方面的工作：一是利用制图软件或 GIS 软件，生成与所选遥感图像一致的地图投影文件，该矢量地图投影文件实际上就是新编专题地图的地理底图的重要内容。然后，以此为控制基础，实现图像与基础底图的准确配准。二是收集与图像解译内容有关的地图资料和文字资料，熟悉解译地区的基本情况，并制定解译工作计划。

建立解译标识。首先在室内通过对卫星图像的分析研究，确定野外考察的典型路线和典型地段，其次通过卫星图像的野外实地对照、验证，建立各种地物目标在图像上的解译标识。卫星图像的解译标识包括图像的色调、形态、组合特征等。

解译。首先对具体解译区域进行宏观分析，建立总体概念，然后再根据解译标识，进行专题内容的识别。解译的方法有直接解译法、对比分析法和逻辑推理法。直接解译法是通过色调、形态、组合特征等直接解译标识判定和识别地物。对比分析法采用不同波段、不同时期的遥感图像地物光谱测试数据及其他地面调查资料进行对比分析，将原来不易分开的地物区分开来。逻辑推理法指解译人员运用专业知识和实践经验，并根据地学规律进行相关分析和逻辑推理，解译那些因卫星图像比例尺小，地面分辨率低，前两种方法又无法解译的图像信息。

野外验证。在解译工作结束之后，为保证解译结果的准确性，必须通过野外抽样调查，对解译中的疑点作进一步的核实，并对解译成果进行修改和完善。

（2）计算机解译。计算机解译是利用专业图像处理软件，实现对图像的自动识别和分类，从而提取专题信息的方法，包括计算机自动识别和计算机自动分类。

计算机自动识别（模式识别）是将经过精处理的遥感图像数据根据计算机所研究的图像特征进行处理。具体处理方法有统计概率法、语言结构法和模糊数学法。统计概率法是根据地物的光谱特征进行自动识别；语言结构法是根据地物的图形进行识别；模糊数学法则是根据地物最明显的本质特征（光谱的或图像的本质特征）进行识别。

计算机自动分类分为监督分类和非监督分类两种方法。监督分类是根据已知试验样本提出的特征参数建立解译函数，对各待分类点进行分类的方法；非监督分类是事先并不知道待分类点的特征，仅仅根据各待分点特征参数的统计特征，建立决策规则并进行分类的一种方法。

现在，主要通过 ENVI、ERDAS、PCI 等图像处理软件进行遥感图像解译。解译得到的栅格数据可以转换成矢量数据，以备进一步的处理使用。

计算机解译能克服肉眼分辨率的局限性，提高解译速度，而且随着技术的日趋成熟，还能从根本上提高解译的精度。面对海量遥感数据，深入研究图像的自动解译，对地理信息系统和数字地球的建设具有重要的意义。现在，各种类型的图像处理软件都不同程度地提供了计算机自动识别与分类的强大功能，一些部门和单位利用遥感图像处理软件试验或编制专题地图，建立专题数据库。然而，由于受遥感成像机理复杂性等多种因素的综合影响，计算机自动识别和分类方法在生产实践中，还不可能替代目视解译方法，目视解译仍然是图像解译的主流方法。

4）基础底图的编制

图像解译只是完成了从影像图到专题要素线划图的转化过程。为了说明专题要素的空间分布规律，还必须编制相应的基础底图。

在数字制图环境下，基础底图的编制主要有两种方法：一种方法是直接使用已经编好的数字底图资料。如果底图的数学基础、内容要素等与成图要求不同，用户可以通过投影转换或地图编辑功能进行统一协调。另一种方法是对相应的普通地图或专题地图进行扫描，然后与用户建立的数学基础进行配准，或经过几何纠正后，再根据基础底图的要求，分要素进行屏幕矢量化编辑，获得基础底图数据文件。

5）专题解译图与地理底图的复合

在计算机制图环境下，通过人机交互解译或计算机解译得到的专题解译图，必须与地理底图文件复合，复合后的图形文件，经过符号设计、色彩设计、图面配置等一系列编辑处理过程，最终形成专题地图文件。

2. 遥感影像地图的制作

1）遥感图像信息的选择

根据影像地图的用途、精度等要求，尽可能选取制图区域时相最合适、波段最理想的数字遥感图像作为制图的基本资料。基本资料是航空像片或影像胶片时，还需要经过数字化处理。

2）遥感影像的几何纠正与图像处理

几何纠正与图像处理的方法前面已经讲过，这里需要注意的是，制作遥感影像地图时，更多的是以应用为目的，注重图像处理的视觉效果，而并不一定是解译效果。

3）遥感影像镶嵌

如果一景遥感影像不能覆盖全部制图区域的话，就需要进行遥感影像的镶嵌。现在，大多数地理信息系统软件和遥感影像处理软件都具有影像镶嵌功能。镶嵌时，要注意使影像投影相同，比例尺一致，并且图像彼此间的时相要尽可能保持一致。

4）符号注记层的生成

符号和注记是影像地图必不可少的内容。但在遥感影像上，以符号和注记的形式标绘地理要素与将地形图上的地理要素叠加在影像上是完全不同的两个概念。影像地图上的地图符号是在屏幕上参考地形图上的同名点进行的影像符号化，生成符号注记层，即在栅格图像上用鼠标输入的矢量图形。现在，大多数制图软件都具备这种功能。

5）影像地图的图面配置

与一般地图制图的图面配置方法一样，在此不再赘述。

6）遥感影像地图的制作与印刷

现在有两种方法，一种是利用电分机对遥感影像负片进行分色扫描，经过计算机完成色彩校正、层次校正、挂网等处理过程得到遥感影像分色片。分色片经过分色套印，即可印制遥感影像地图。另一种方法是将遥感数据文件直接送入电子地图出版系统，输出分色片或彩色负片，在此基础上印制遥感影像地图。

第六节　电子地图系统

在 20 世纪 80 年代中期，随着数字地图及地理信息系统技术的发展和应用，以及计算机视觉化研究的深入，在侧重于空间信息的表现与显示的基础上，电子地图应运而生。现在，在国际上影响较大的电子地图有美国世界影像电子地图集、加拿大国家电子地图集。美国、英国、日本等国用于政府高层宏观决策与信息服务的电子屏幕显示系统中均有大量的电子地图。随着进一步的发展，众多地理信息系统的应用成果也将以电子地图的形式来展示。现在，电子地图系统方面的研究与应用在我国也取得了一定的成果。

一、电子地图的概念及其特点

现在，地图学界对电子地图的概念有几种不同的理解：一是将电子地图与数字地图视为同义词或混为一谈；二是把基于计算机技术的屏幕地图称为电子地图；三是把电子地图理解为以地图数据库为基础，在屏幕上显示的地图；四是把电子介质上显示的地图称为电子地图；五是把计算机屏幕上显示的地图称为电子地图。

上面几种观点的分歧主要有两点：一是电子地图与数字地图的关系；二是显示介质。要确定电子地图与数字地图的关系，首先需要弄清楚什么是数字地图。数字地图是以数字形式储存在磁带、磁盘、光盘等介质上的地图，具有地图数据可视化的特点。虽然电子地图与数字地图密切相关，但两者的概念是不可混为一谈的。明确地说，数字地图是电子地图的基础，是存储方式。电子地图是地图数据的可视化产品，是数字地图的可视化，是表示方式。电子地图的显示介质并不局限于计算机屏幕，也可通过大屏幕投影显示在其他介质上。因此，电子地图是以数字地图为基础，并以多种媒介显示的地图数据的可视化产品。和传统的纸质地图相比，电子地图有以下特点。

1. 动态性

纸质印刷地图只能以静止的形式反映地理空间中某一时刻或某些时刻的事物状态，不能自然地显示事物变化的过程，因此是一种静态地图。静态地图通常只是客观世界运动过程中的一个快照，而客观世界无时无刻不在变化，如何用静态的方式表示动态的现象是传统制图条件下地图学者面临的一个难题。

电子地图具有实时、动态表现空间信息的能力。电子地图的动态性表现在两个方面：一是用具有时间维的动画地图来反映事物随时间变化的真实动态过程，并可通过对动态过程的分析来反映事物发展变化的趋势，例如，城市区域范围的动态沿革变化、水系的水域面积变化等；二是利用闪烁、渐变、动画等虚拟动态显示技术来表示没有时间维的静态现象以吸引用户的注意力，例如，通过色彩浓度动态渐变产生的云雾状感受描述地物定位的不确定性；通过符号的跳动闪烁，突出反映感兴趣地物的空间定位等。

2. 交互性

纸质地图的信息传输基本上是单向的，即由制图者通过地图向地图用户传输空间信息。尽管地图传输理论认为，地图信息的传输过程存在反馈，然而，这种反馈更多的是理论层面上的反馈，是极为有限的。因为纸质地图一旦制作出来，其内容就固化了，用户与地图的交互受地图上所表示的信息内容的限制，不可能有超越地图内容的交互，即地图用户不可能对地图内容做任何实质性的更改，所以用户更多的是被动地接受信息。

电子地图具有交互性，可实现查询、分析等功能，以辅助阅读、辅助决策等。在电子地图中，才能真正实现人机交互。由于电子地图的数据存储与数据显示相分离，地图的存储是基于一定的数据结构以数字化形式存在的，因此，当数字化数据进行可视化显示时，地图用户可以对显示内容及显示方式（如色彩和符号的选择等）进行干预，将制图过程与读图过程在交互中融为一体。不同的用户由于使用电子地图的目的不同及自己对地图内容的理解不同，在同样的电子地图系统中会得到非常不同的结果。也就是说，电子地图的使用更加个性化，更加满足用户个体对空间认知的需求。除了用户可以对地图显示进行交互探究外，电子地图提供的数据查询、图面量算等工具也为用户获取地图信息建立了非常灵活的交互式探究手段。

3. 显示多样性

与传统的纸质地图相比，电子地图的显示形式更为多样，具体表现为以下几种方式。

（1）无级缩放，纸质地图都具有一定的比例尺，一张地图的比例尺是一成不变的。电子地图可以任意无级缩放和开窗显示，以满足应用的需求。

（2）无缝拼接，电子地图能容纳一个地区可能需要的所有地图图幅，不需要进行地图分幅，所以是无缝拼接的，利用漫游和平移可阅读整个地区的大地图。

（3）多尺度显示，由计算机按照预先设计好的模式，动态调整好地图载负量。比例尺越小，显示地图信息越概略；比例尺越大，显示地图信息越详细，使得屏幕上显示的地图保持适当的载负量，以保证地图的易读性。

（4）地理信息多维化表示，电子地图可以直接生成三维立体影像，并可对三维地图进行拉近、推远、三维漫游及绕 XYZ 三个轴方向的旋转，还能在地形三维影像上叠加遥感图像，能逼真地再现地面情况。此外，运用计算机动画技术，还可产生飞行地图和演进地图，飞行地图能按一定高度和路线观测三维图像，演进地图能够连续显示事物的演变过程。

4. 超媒体集成性

超媒体是超文本的延伸，即将超文本的原则扩充至图形、声音、视频，从而提供了一种浏览不同形式信息的超媒体机制。在超媒体中，由于结点之间采用了链连接，信息的组织采用了非线性结构，可以通过链方便地对分散在不同信息块间的信息进行存储、检索、浏览，其思维更符合人的思维习惯。电子地图以地图为主体结构，将图像、文字、声音等附加媒体信息作为主体的补充融入其中；通过图、文、声互补，地图图形信息的先天缺陷可得到数据库的弥补；通过人机交互的查询手段，可以获取精确的文字和数字信息。因此，电子地图在提供不同类型信息、满足不同层次需要方面具有传统纸质地图所无法比拟的优点。

5. 共享性

数字化使信息容易复制、传播和共享。电子地图能够大量无损失复制，并且通过计算机网络传播。

6. 空间分析功能

用电子地图可进行路径查询分析、量算分析和统计分析等空间分析，如最短路径分析、距离计算、面积量算和有关内容的统计分析。

二、电子地图的组成及其结构

电子地图系统是指在计算机软硬件的支持下，以地图数据库为基础，能够进行空间信息的采集、存储、管理、分析和显示的计算机系统。

1. 电子地图的组成

从广义的角度而言，电子地图系统包括电子地图数据、人员、电子地图硬件系统、电子地图软件系统。

1）电子地图数据

电子地图系统的操作对象是地理信息数据，它具体描述地理实体的空间特征、属性特征、时间特征和尺度特征。空间特征是指地理实体的位置及相互关系；属性特征是指实体的各方面性质；时间特征是指随着时间而发生的相关变化；尺度特征是指实体随着比例尺的变化，选择性表达要素的特点。根据地理实体的空间图形表示形式，可将空间数据抽象为点、线和面三类元素，它们的数据表达可以采用矢量或者栅格两种组织形式，分别称为矢量数据和栅格数据。

2）人员

人员包括系统开发维护人员和操作电子地图的最终用户，他们的业务素质和专业知识是电子地图及其应用成败的关键。

3）电子地图硬件系统

电子地图的硬件系统包括计算机、数据输入设备（如扫描仪、GPS 数据采集设备）等。电子地图输出设备包括投影仪、打印机、绘图仪、光盘刻录机等。

4）电子地图软件系统

电子地图软件系统包括操作系统、地图数据库管理软件、专业软件及其他应用软件。其中，地图数据库管理软件是核心软件，其主要功能包括地图构建功能、地图管理功能、检索查询功能、分析功能、数据更新功能、地图概括功能、输出功能等（图 8-11）。

（1）地图构建功能。允许用户根据设计方案选择内容、比例尺、地图投影、地图符号、颜色等，生产预想的地图，以满足需要。从发展的角度来看，电子地图将成为新的地图制图平台，"地图制图平民化"的趋势也将越来越明显。

（2）地图管理功能。除包含空间数据、属性数据和时间数据外，电子地图还包含多种数据源的数据，因此需要使用地图数据库管理这些复杂、大量的数据。

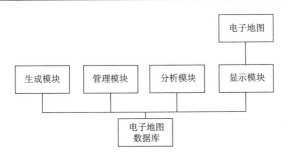

图 8-11　地图数据库管理软件的功能

（3）检索查询功能。可以根据用户需求来检索信息，并以多媒体的形式显示查询结果，包括图形到属性的查询，属性到图形的查询，图形、属性综合查询及拓扑查询。

（4）分析功能。进行简单的空间分析和统计分析。

（5）数据更新功能。能提供强有力的数据输入、编辑能力，以确保即时地更新数据，保证电子地图的现势性，并为再版地图创造优越的制图环境。

（6）地图概括功能。在电子地图中，地图概括是按照视觉限度的原理实现的，它是一个逆向过程。当数据库中存储了十分详细的制图数据时，正常位置的屏幕上不可能显示全部图形细部，即显示的比例尺缩小时，更多的细节被忽略了。只有当开窗放大时，才有可能逐步显示全部细节，依次放大可获得多种比例尺的效果。

（7）输出功能。空间查询、空间分析、地图制图的结果可通过一定的方式提供给用户。

2. 电子地图的结构

1）电子地图的总体结构

电子地图的总体结构通常由片头、封面、图组、主图、图幅、插图和片尾等部分组成（图8-12）。其数据的逻辑组织结构如图 8-13 所示。

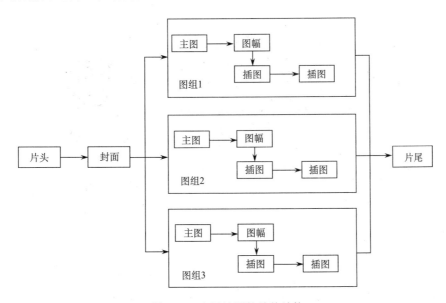

图 8-12　电子地图的总体结构

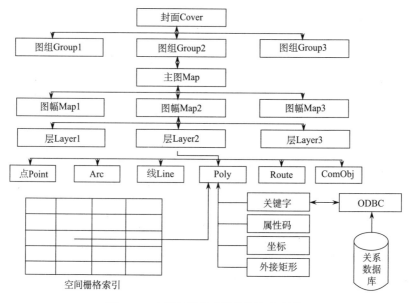

图 8-13　电子地图数据的逻辑组织结构

2）电子地图的页面结构

电子地图的页面，通常由图幅窗口、索引图窗口、图幅名称列表框、热点名称列表框、地图名称条、系统工具条、伴随视频窗口、背景音乐、多媒体信息窗口、其他信息输入或输出窗口组成。这些页面组成要素有些是永久性的，有些是临时性的，也有些是用户通过交互操作自主选择的。

电子地图的页面结构设计与常规地图的图面配置类似，既要考虑页面整体的视觉平衡，又要引导和方便用户使用，没有也不可能有一个固定的模式。设计者只有结合地图的用途、用户的需要，才能设计出科学、美观、实用的页面结构形式，以达到有效传递地图信息的目的（图 8-14）。

图 8-14　电子地图的页面结构

3）电子地图的超媒体结构

在电子地图尤其是多媒体电子地图中，广泛采用超媒体技术以有效地进行数据组织。该技术以连接着多媒体信息的地理空间实体作为信息的"结点"，以地理实体对象间的空间关系作为"链"，"结点"和"链"之间的相互关联关系组成复杂的信息网络，从而实现对地理目标的可视化、空间信息查询、空间检索和空间分析等功能。此外，超媒体技术还采用了图形图像处理、空间数据库管理技术、分层信息管理模式和面向用户的接口设计，为用户提供方便灵活的图形编辑、数据处理、"结点"和"链"信息的自定义及丰富的信息链接和表现形式（图8-15）。

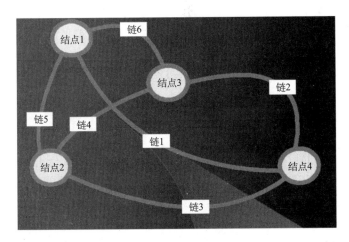

图 8-15　结点与链结构

（1）结点。超文本系统中和某个论题相关的自然数据单元。

（2）链。超文本系统中表现信息之间关系的实体，它隐藏在信息背后，记录在应用系统里。如果不刻意做些标记，用户只是在从一个结点转向另一个结点时，才会感觉到它的存在。

（3）超文本。是一种按信息之间的关系非线性地存储、组织、管理和浏览信息的计算机技术，将自然语言和计算机交互式转移或动态显示线性文本的能力结合在了一起，其本质就是在文档内部和文档之间建立关系。

（4）超媒体。是利用超文本技术组织、管理多媒体信息的技术，即用超文本技术管理图形、图像、文字、声音、视频、动画等多媒体信息。超媒体技术具有方便、灵活地管理复杂异质数据；管理复杂的信息关系；使用简单、方便、直观；表现形式丰富；便于与其他应用共享数据；便于系统集成和扩展等特点。

三、电子地图设计

电子地图的用途不同，所反映的地理信息和专题内容会有很大的差别。另外，地图资料的差异和使用工具的不同，也会影响电子地图的设计。但是整体来说，电子地图的设计和制作应遵循一些基本的原则，主要包括内容的科学性、界面的直观性、地图的美观性和使用的方便性。具体而言，电子地图的设计和制作，应重点把握界面设计、符号与注记设计及色彩设计等几个环节。

1. 界面设计

界面是电子地图的外表,一个友好、清晰的操作界面对电子地图的使用非常重要。界面友好主要体现在其容易使用、美观和个性化设计方面。界面的设计应该简单明了,这样通过简单的操作,用户就可以熟练使用电子地图。另外,为了帮助用户尽快掌握电子地图的基本操作,可以增加帮助提示,也可以通过智能提示的方式简化操作步骤。界面设计主要包括界面形式设计、界面布局设计和图层显示设计。

1)界面形式设计

用户界面主要有菜单式、命令式和列表式三种形式。菜单式界面是将电子地图的功能按层次列于屏幕上,由用户用键盘、鼠标等设备进行操作,其优点是易于学习掌握,使用简单,层次清晰,不需大量的记忆。命令式界面是使用几个有意义的字符所组成的命令来调用功能模块,其优点是可直接调用任何功能模块,可以组成批处理文件,进行批处理操作,其缺点是不易记忆,难以全面掌握,使用不方便。列表式界面是将系统功能和用户的选择列表于屏幕上,用户通过选择激活不同功能。电子地图常采用菜单式和列表式。

2)界面布局设计

电子地图的界面布局设计是指各功能区在界面上的排列位置。一般情况下,为了方便电子地图的操作,工具栏设置在电子地图显示区的上方或下方。图层的控制栏和查询区可以设置在电子地图的两侧。另外,对于不经常使用的工具栏可以选择隐藏起来,只显示经常使用的,方便用户使用。

3)图层显示设计

电子地图的显示区域较小,如果不进行电子地图的分层显示,读者使用和阅读起来会感到困难。因此,在设计和应用电子地图时,要对电子地图的有关内容进行分层显示,使用图者能够根据需要进行相应的控制,例如,可以选择显示感兴趣的图层,关闭不感兴趣的图层。在分层显示的情况下,可以根据需要对不同的图层采用不同的显示和处理方式。

2. 符号与注记设计

电子地图和纸质地图一样,作为客观世界和地理信息的载体,其内容主要是由地图符号来表达。电子地图的符号设计对电子地图的表示效果起着决定性作用。在设计电子地图的符号与注记时,主要考虑以下特点和原则。

1)基础地理底图符号尽可能与纸质地图保持一定的联系

这样做便于电子地图符号的设计和使用,也有利于作者进行联想,例如,单线河流用蓝色的渐变线状符号表示。

2)符号设计要精确、清晰和形象

精确指的是要能准确而真实地反映地面物体和现象的位置,符号本身要有确切的定位点和定位线;清晰指的是符号尺寸大小及图形的细节要使用图者在屏幕要求的距离范围内清晰地辨认出图形;形象指的是符号要尽可能与实地物体的外围轮廓相似,或者在色彩上有一定的联系。

3)符号与注记的设计要体现逻辑性与协调性

逻辑性体现为同类或相关物体的符号在形状和色彩上有一定的联系,例如,学校用同一形状的符号表示，用不同的颜色区分不同类型的学校等；协调性体现为注记与符号的设色尽可能保持一致、相互协调，应用近似色，尽量不用对比色，以利于注记和符号看成一个整体。

4）符号尺寸设计要考虑视距和屏幕分辨率因素

由于电子地图的显示区域较小，符号尺寸不宜过大，否则将影响其他要素。但是如果过小，在一定视距范围内看不清符号的细节或形状，符号的差别也就体现不出来。点状符号的尺寸应该保持固定，一般不随着地图比例尺的变化而变化。

5）用闪烁符号来强调重点要素

闪烁的符号易吸引注意力，特别是重要的要素，但是也不能设置太多的闪烁符号，否则起不到强调的作用。

3. 色彩设计

电子地图的色彩设计要充分考虑色彩的整体协调性，通常遵照下列原则。

1）利用色彩来表示要素的数量和质量特征

不同种类的电子地图要素可采用不同的色相来表示，但一幅电子地图所用的色相数一般不应超过5～6个。当用同一色相的饱和度和亮度来表示同类不同级别的要素时，等级数一般不应超过5～7个。

2）符号的设色尽量使用习惯用色

例如，蓝色表示海洋。界面设色需要根据地图内容的设色进行调整。例如，电子地图内容的设色以浅淡为主时，界面的设色则采用较暗的颜色，反之亦然。

3）面状符号或背景的设色

面状符号或背景色的设色是电子地图设色的关键，因为面状符号占据地图显示空间的大部分面积，色彩设计是否成功直接影响整幅电子地图的总体效果。面状符号主要包括绿地、面状水系、居民地、行政区、空地和地图背景色。绿地的颜色一般是绿色，但亮度和饱和度可以有所变化。面状水系用蓝色，亮度和饱和度可以变化。居民地和行政区的面积很大，色彩设计也很重要。对空地设色或对地图背景面进行设色可使电子地图更加生动。

4）点状符号和线状符号设色

点状符号和线状符号必须以比较强烈的色彩表示，这样可与面状符号或背景色有清晰的对比。点状符号之间、线状符号之间的差别主要用色相的变化来表示。

5）注记设色

注记色彩应与符号色彩有一定的联系，可以用同一色相或类似色，尽量避免对比色。在深色背景下注记的设色可以浅亮一些，而在浅色背景下注记的设色要深一些，以使注记与背景有足够的反差。若在深色背景下注记的设色用深色，这时应给注记加上白边，以保证注记的表示效果。

6）界面设色

电子地图的界面占据屏幕的相当一部分面积，它的色彩设计要体现电子地图的整体风格。电子地图内容的设色要以浅淡为主时，界面的设色则采用较暗的颜色，以突出地图显示区域；反之，界面的设色应采用浅淡的颜色。界面中大面积设色不宜使用饱和度过高的色彩，小面积设色可以选择饱和度和亮度高一些的色彩，使整个界面生动起来。

第七节　数字地图新类型

一、网络地图

网络地图（web map）是指利用计算机技术、网络通信技术，以数据库方式存储地理信息数据，在互联网上浏览、制作和使用的地图（图 8-16）。网络地图是一种电子地图，因此具有电子地图的一般特点，即动态性、交互性和超媒体结构等。与一般的电子地图相比，网络地图的动态性、交互性与超媒体结构具有更进一步的含义，并且网络地图是在互联网上传播的，因此，其具有获取不受地域限制、现势性强、信息量大的优势。

图 8-16　网络地图

1. 网络地图的特征

1）动态性

网络地图不只是利用闪烁或动画来实现表现形式的动态变化，而且具有实时动态地表现空间信息的能力，具体表现在内容可以实时动态地更新，而这是一般电子地图所不具备的。例如，气候图可以全天候连续不断地更新。

2）交互性

由于互联网具有交互性特点，网络地图比一般的电子地图具有更多的交互性。具体表现在以下三个方面：一是网络地图可以实现个性化服务，根据不同用户所提出的要求，可以定制不同内容不同风格的网络地图，为不同的用户提供满足他们各自需求的网络地图；二是网络地图具有交互制图的功能，用户可以根据自己的需要与爱好，在网络地图上加点、画线，打开或关闭某些图层，并把这些结果保存下来，或打印输出或用邮件发送给亲朋好友；三是网络地图具有数据库查询功能，可以进行点查询与线路查询。

3）超媒体结构

网络地图采用超媒体结构，可以将分散在不同信息块间的信息进行存储、检索、浏览。网络地图不是整屏显示的，而是将屏幕分割为若干个功能区，地图显示区只是其中的一个。同时，为了提高网络地图的下载速度，地图显示区往往是比较小的，在这么小的显示范围内难以显示很多的地图内容，因此，常常采用超链接的方法，将地图或文字信息组织在一起，或将一幅地图的内容分成几个部分，通过超链接将需要的内容显示出来。此外，网络地图可以在图形上实现与其他相关信息的网页的超链接，通过点击链接，直接进入相关单位的介绍网页。

4）超地域性

网络电子地图系统是基于互联网的电子地图，用户访问不受地域限制，可为全球国际互联网用户提供地图服务。

5）现势性强

传统的纸质地图更新周期长，费用高，在现势性方面不能很好地满足使用者的需要，光盘版电子地图一经发行，所有内容就固定不变了，其现势性必定随着时间的推移不断降低，而网络电子地图可以通过实时更新地图数据库，保证地图网站发布的电子地图的现势性。

6）信息容量巨大

网络电子地图可通过超链接技术与互联网上的几乎无限的信息资源相连，查询到与地图内容相关的各种信息。一些门户网站建立的网络电子地图还将综合信息与地图结合起来，使用户在查找地图的同时获得各方面的信息。通过超链接手段构建的超媒体结构，使网络地图在地图的可视化背后隐含着更多的潜在信息，这正是网络地图区别于电子地图的重要特征。

此外，从分发形式上看，网络地图为用户提供了更加快捷的地图传播方式和不同形式的人机交互，使公众更易于低成本、高效率地获取地图，使网络地图具有更高的使用价值。现在在网络上比较著名的地图网站有谷歌地图、百度地图、搜狗地图、高德地图等。

2. 网络地图的功能

网络地图虽是电子地图的一种，但其功能却远远强于一般的电子地图。网络地图一般包括图形操作、地图查询、交互制图、统计分析和超链接网页等功能。

1）图形操作功能

包括点放大和缩小、框选放大和缩小、漫游、全图显示、改变视野、图层控制、鹰眼、前后视图、刷新地图等，能方便地实现对图形的放大、缩小、全图显示、漫游、平移等基本的图形操作。

2）地图查询功能

通过将地图信息按类型、区域、不同的主题等进行分类，采用图层控制的方法来快速地实现目标的查询，进行定点显示和提供详细信息。还可以进行双向查询，当选择某一图层时，右边的专题内容列表就显示出该图层的全部要素，点击专题内容列表中的某一要素，图上就显示出该要素及其注记。

查询功能主要包括模糊查询、最短路径、公交换乘、行车路线、点图查找、查找最近、周边环境、地图定位等。

3）交互制图功能

具有交互制图功能的网络地图，用户可以在网络地图上任意地加点、画线，可以保存地图和清除地图。例如，美国国家地图集网站（http://www.atlas.gc.ca），为用户提供了在浏览器上制作地图的功能。

4）统计分析功能

测距功能用来测量地图上点与点之间的距离，能方便地实现两个或多个给定地点间距离的测量。最短路径分析功能提供任意两个地点的最短路径。此外，还有确定点位经纬度坐标、量算面积等功能。

5）超链接网页功能

网络地图可以作为其他信息的界面，在图形上实现与其他相关信息的网页的超链接，通过点击链接，直接进入相关单位的介绍网页。该功能使用户操作更加直观、方便、形象。除了链接到相关单位的网页外，网络地图常用的链接有留言板（可以在使用时随时留言）、登记信息（如果希望将自己的单位信息加入地图以便他人查询的话，可以在此填写申请信息的表格）、帮助（网络地图的使用帮助）、返回（自动关闭网络地图窗口或返回网站首页）。

二、导航地图

导航地图是一套用于在 GPS 设备上导航的软件，主要是用于路径的规划和导航功能上的实现（图 8-17）。导航电子地图是指在传统的电子地图上，添加了详细的交通信息，并从数据结构和路网拓扑结构上进行了专门的设计，适用于车辆导航所需的高效路径计算、路径引导等功能，并能够支持动态交通信息的电子地图。

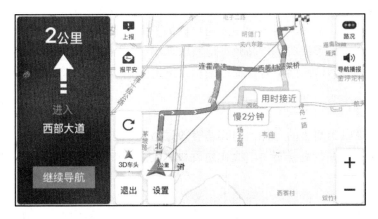

图 8-17　导航电子地图

1. 导航电子地图的特点

导航电子地图在使用和操作方面，类似于电子地图和网络电子地图，都具有交互性、动态性、信息容量大、操作简单等特点。导航电子地图主要是为导航定位服务，它在精度、内容完备性、现势性、信息显示、数据组织结构、检索查询方面有自身的特点。此外，导航电子地图还应具有界面友好、操作便捷的特点。

1）面向导航

导航电子地图主要为人们出行导航服务，在功能上趋于专业化，显示上趋于简洁化。功能设计主要考虑的是如何方便用户输入目的地、规划路线、信息引导等，在内容显示上更多地侧重于和车辆、道路相关的信息，如加油站、收费站、道路的交通信息等。含有能够查询目的地信息，导航电子地图记录了大量的目的地信息和坐标，为用户提供目的地检索及路径计算依据。存有大量能够用于引导的交通信息，数据中必须记录实地的交通限制，这样才能计算出与实地相符的路径用于引导。导航电子地图数据，主要是在基础地理数据的基础上经过加工处理生成的面向导航应用的基础地理数据集，主要包括道路数据、兴趣点（point of interest，POI）数据、背景数据、行政境界数据、图形文件、语音文件等。

2）以道路网为骨架、有严格的数据模型要求

导航电子地图着重表达道路及其属性信息，以及智能交通系统和基于位置的服务应用所需的其他相关信息，如地址系统信息、地图显示背景信息、用户所关注的公共机构及服务信息等。主要内容是以道路网为骨架的地理框架信息，其上叠加社会经济信息及交通信息。导航数据库是一个综合的数据集，包括空间要素的几何信息、要素的基本属性、要素的增强属性、交通导航信息等。

导航数据库数据模型在信息内容、拓扑关系描述与要素表达方法方面与一般的地理信息数据库有着重要的区别。①信息内容方面，导航电子地图不但需要详细描述构成道路网本身的各类要素，如行车路线、道路交叉口、立交桥等，还需要以道路网为骨架集成地表达与交通行为相关的各类空间要素，如车站、交通信号灯、各类单位及商业服务点等。②拓扑关系描述方面，在导航电子地图中，人们最关心的是道路网络的连通关系，即弧段与节点之间的拓扑关系。在处理公园、水面等要素的多边形时，往往并不十分关心多边形的边界，而只需要了解多边形与某些道路之间的关系。大多数情况下这些道路往往并不是围绕多边形的边界。③要素表达方面，要求导航电子地图顾及空间要素在不同使用环境中、不同综合程度下、不同抽象程度下的集成表达模型。例如，一条道路可以用一条单线来表示，也可能需要表示为双线或多边形。

3）数据精度高、现势性强

数据信息丰富、信息内容准确、数据现势性高是高质量导航电子地图数据的三个关键因素。导航电子地图的准确性包括精度、现势性及动态性。在精度方面，不同的应用对于数据定位精度的要求是不同的。例如，一个先进驾驶辅助系统中包含车道信息、道路转弯半径、路面坡度、高程等数据，几何精度须达到 1m。对于车辆导航系统来说，城市地区定位精度一般要求不低于5m；乡村地区定位精度不低于25m。无线基于位置服务（location-based service，LBS）一般要求 50m（GPS 定位）至 100m（无线蜂窝定位）的定位精度。在现势性方面，为了保证规划和导引的正确性，需要不断进行实地信息更新和扩大采集。由于交通信息和 POI 的信息会随着发展不断变化，数据中记录的交通信息和 POI 信息就需要不断地进行实地的更新和扩大采集。所有的导航数据都要求现势性，即数据真实反映现实世界情况的程度。国外大的导航数据生产公司一般是以每年 4 次或更高的频率来更新导航数据产品，以保证数据的现势性。在动态性方面，现实世界中的交通情况随时都在变化，因而动态交通信息对于导航及交通管理也是非常重要的。现在有些先进国家已经建立了通过无线系统发送动态交通信息

的网络。

2. 导航电子地图的功能

通过触摸显示屏或者遥控器进行交互操作，导航电子地图能够实现实时定位、目的地检索、路线规划、画面和语音引导等功能，帮助驾驶者准确、快捷地到达目的地。导航电子地图的功能包括地图匹配、路径规划、路径导引、地图查询等功能。

（1）地图匹配功能。该功能能够对定位信号进行分析，将车辆定位轨迹和导航电子地图中的道路网络信息联系起来，并由此确定车辆相对于地图的位置。

（2）路径规划功能。按照某种代价准则，如距离最短、时间最短、收费最低等，找到一条最优路径，使得用户沿该路径能够以最小的行驶代价到达目的地。

（3）路径导引是通过语音或图像引导驾驶员按照路径规划线路行驶的过程，导引信息可以存储在终端设备上，也可以依据行车路线由软件自动生成。

（4）地图查询是指对地图上的地物（POI）查询的过程。包括图到属性的查询和属性到图的查询两种方式，前者指根据电子地图中被选中的地图元素，快速、方便地查询出该元素的属性信息，包括空间信息和非空间信息；后者是根据一定的查询条件，在电子地图中选中符合该条件的地图元素。

三、全息位置地图

全息位置地图是以位置为基础，全面反映位置本身及其与位置相关的各种特征、事件或事物的数字地图，是地图家族中为适应当代位置服务业发展需求而发展起来的一种新型地图产品。全息位置地图是指在泛在网环境下，以位置为纽带动态关联事物或事件的多时态（multi-temporal）、多主题（multi-thematic）、多层次（multi-hierarchical）、多粒度（multi-granular）的信息，提供个性化的位置及与位置相关的智能服务平台。其宗旨是以"人"为本，根据用户的应用需求，基于位置来集成和关联适宜的地理范围、内容类型、细节程度、时间点或间隔的泛在信息，通过适应于特定用户的表达方式为用户提供信息服务。

与一般的位置地图相比，全息位置地图具有以下两方面的基本特征。

（1）全息位置地图是语义关系一致的四维时空位置信息的集合。全息位置地图所反映的位置及其相关信息更为全面，多层次、多粒度、全方位反映空间位置本身及各种关联关系，涵盖了以位置为基础的人与人、人与物、物与物的直接关联及蕴含信息，各相关信息之间的语义位置关系更为明确和一致。例如，对地球表面上的任意一点，全息位置地图在垂直方向上，将包括地上、地表和地下空间的相关信息；在水平方向上，将包括局域和广域空间特征信息；在时间方向上，将包括过去、现在及可能的将来的信息。因此，全息位置地图的全息是对位置的四维时空特征的综合描述与解析。

（2）全息位置地图由系列数字位置地图所构成。全息位置地图可以满足多种应用需求，可以形成多种场景，并可以多种方式呈现给用户。例如，谷歌等公司在网络地图服务领域所提供的全景地图则是其中的一类。全景地图是三维图像全景（panorama）与二维地图结合而创建的一种地图。它提供每个地理位置的360°真实场景，并且实现全景漫游、全景搜索和全景分享等功能，有效地弥补了传统电子地图完整性和直观性欠缺问题。把电子地图所具有的地理位置查询功能与三维全景所提供的虚拟现实技术结合起来，将会给人们平常的生活、出行等提供非常大的便利。

与现有电子地图比较分析，全息位置地图具有以下五大特征。

（1）实时动态性。泛在网络环境提供了无处不在的信息，全息位置地图需要实时感知且动态获取来源于互联网、传感网、行业网、通信网，与事物相关的位置、状态、环境等信息，为大众和专业领域用户的信息服务和应用，如购物、支付、教育、医疗卫生、社会安全等，提供快速、准确的数据支持。

（2）语义位置关联。全息位置地图以语义位置为核心，根据用户需求关联多领域的信息。传统位置服务综合利用多源位置数据存在位置描述能力不足的缺陷，而语义位置内涵丰富，不仅包含地名、地址等地理位置，还包含电话号码、IP 地址等虚拟位置及隐藏位置信息的自然语言，基于语义位置建立人、事、物的关联关系，形成位置关联网络，为用户提供个性化、智能化位置服务。

（3）室内外一体化。基于建筑物室内场景语义层级结构，实现室内对象的语法和语义整合；基于全息位置地图场景与存储模型及数据整合方法，实现全方位、多尺度和多粒度的室内外地上下一体化综合表达和可视化。

（4）自适应性。全息位置地图以人为本，自适应地满足用户需求，提供智能化的交互方式。例如，当用户在某商场或周边漫游时，全息位置地图可以根据用户的特定爱好，实时推送用户感兴趣的特定商铺或商品信息。

（5）多维时空表达。全息位置地图涵盖多个学科且跨领域，向大众、政府、社会和私人企业等提供二、三维、四维地图（三维空间＋时间）等多维表达形式。全息位置地图可以提供任意位置的过去的信息、现在的信息，并可以根据过去和现在的信息预测关于该位置的未来信息。

通过位置全方位表达的各种场景信息，所表达的结果可以是不同观察者的视图，如人类、动物视图或机器视图，主要表达方式包括影像图、三维模型、全景图、激光点云、红外影像及其他传感设备获取的多种信息表达形式，或它们的融合形式。例如，图 8-18 展示了森林火势全息地图。

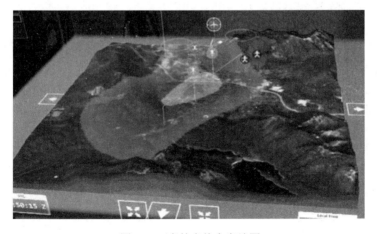

图 8-18 森林火势全息地图

四、时空大数据地图

在大数据时代,地理信息产业作为信息产业的重要分支,因空间数据的应用广泛、数据量大、数据价值大的特点,是大数据产业必不可少的重要板块。地图是地理信息的最重要的表现形式,地图数据所承载的信息量也越来越多,特别是在利用大数据思维和分析方式来解读地图数据,将地图信息背后的数据价值更多地展示和分析出来。时空大数据时代的到来,使地图学的科学范式由计算和模拟范式(第三范式)中分离出来而进入当前的数据密集型计算范式(第四范式),这是一种以时空大数据计算、分析与挖掘为特征的地图学科学范式。

大数据的出现和空间信息可视化技术的发展,不仅为地图的广泛应用提供了更多数据和方法支撑,也为地理空间的再认识提供了新的契机和可能。时空大数据地图可以理解为基于大规模海量多源异构数据的地图制图。时空大数据成为地图学的大规模海量数据源,使得地图学对时空框架下运动变化的事物与现象的描述和表达变得更加科学实用。该类地图具有以下几个方面的特点。

1. 地图的实时动态性

时空大数据成为地图学的大规模海量数据源,使得地图学对时空框架下运动变化的事物和现象的描述和表达变得更加科学实用。例如,发病率专题地图的制作、发病率异常区域的确定、该区域和周边地区其他信息的获取已变得容易,地图已经能够建立特定癌症发病率与特定致癌物质接触程度之间的联系;城市某区域人群流动呈现的状况和人流量控制信息,可通过先进的感知与记录技术获取,城市交通监控管理中心的屏幕电子地图可以实时动态地表达城市某区域人流状况预测,从而使城市管理者能实时了解某区域的公共安全状况,及时采取预警措施。

2. 内容的复合性

时空大数据产生的来源丰富,有官方权威部门采集的(如人口调查、第二次国土资源大调查、地理国情调查等),也有通过开放性采集由众多参与者完成的,该形式采集的地理信息具有来源广泛性、操作开放性、形式多样性等特征,被称为众源数据。从测绘学科角度,众源地理数据分两大类:基础地理数据(网络上传的矢量地图、GPS 轨迹、POI 位置)和专题数据(带有位置信息的微博、文本、地名地址、地理参照的照片、视频等多媒体信息)两大类。开放街道地图(open street map,OSM)是基础地理数据类型的典型代表,是全球范围内开放免费的基础地理数据源。志愿者能够随时编辑提交地理数据到 OSM 数据库中,并快速更新地图。例如,OSM 志愿者在海地地震事发 48h 内绘制出了完整详细的救灾资源、篷房、可饮用水等资源的分布地图,在地震救灾中发挥了重要作用。众源地理信息具备的开放性、泛在性、高时效性,使得其在揭示社会行为时空规律、发现空间模式特征、诠释地理过程机理、预测时空演变趋势方面具有重要作用。

3. 应用的泛在化

开放数据源的增加使得可利用的数据增多,内容也不再受制于普查数据的项目。尤其是基于地理位置的服务应用提供很多个人属性的地理信息,为复杂的城市社会系统研究提供了多方面的切入点，在过去这是难以实现的。此外，除逐步完善的人口普查技术外，大数据和物联网等技术的应用也使社会数据获取出现了新的可能性，为从空间角度研究城市社会动态发展规律提供了新的契机和路径。

总体上，时空大数据地图还处于探索阶段，现在还没有成熟的产品供用户使用，但部分地图公司已经在网络地图上提供了部分功能，例如，百度热力地图（图 8-19）可以获取北京市购物中心分布和人口密度分布实时热力示意图。

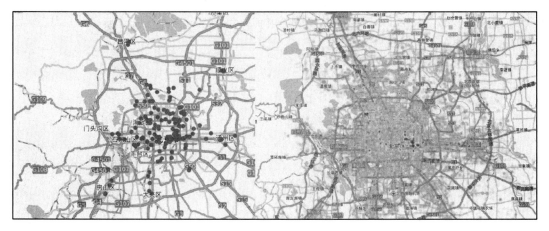

图 8-19　北京市购物中心分布和人口密度分布实时热力示意图

复习思考题

1. 数字地图制图的基本原理和主要过程是什么？
2. 什么是地图图层？地图数据采用图层管理的意义是什么？
3. 数字地图的类型和表示方法有哪些？
4. 数字地图主要数据源和地图数据库组织的方法有哪些？
5. 地理信息系统与地图的联系和区别是什么？
6. 结合某一具体应用，阐述遥感制图的基本过程。
7. 从实践应用方面，谈谈你对电子地图的理解。
8. 阐述当前数字地图新图种及其意义是什么。

参 考 文 献

边馥苓. 1996. 地理信息系统原理和方法. 北京: 测绘出版社.

蔡孟裔, 毛赞猷, 田德森, 等. 2000. 新编地图学教程. 北京: 高等教育出版社.

陈述彭, 鲁学军, 周成虎. 1999. 地理信息系统导论. 北京: 科学出版社.

陈毓芬. 2001. 电子地图的空间认知研究. 地理科学进展, (增刊): 63-68.

何宗宜, 宋鹰. 2015. 普通地图学编制. 武汉: 武汉大学出版社.

何宗宜, 宋鹰, 李连营. 2016. 地图学. 武汉: 武汉大学出版社.

仇肇悦, 李军, 郭宏俊. 1998. 遥感应用技术. 武汉: 武汉测绘科技大学出版社.

王家耀, 何宗宜, 蒲英霞, 等. 2016. 地图学. 北京: 测绘出版社.

王家耀, 孙群, 王元霞, 等. 2006. 地图学原理与方法. 北京: 科学出版社.

王家耀. 2017. 时空大数据时代的地图学. 测绘学报, 46(10): 1226-1237.

毋河海. 1991. 地图数据库系统. 北京: 测绘出版社.

周成虎, 朱欣焰, 王蒙, 等. 2011. 全息位置地图研究. 地理科学进展, 30(11): 1331-1335.

朱欣焰, 吴维, 艾清军, 等. 2017. 全息位置地图关键技术及应用. 北京: 科学出版社.

朱欣焰, 周成虎, 呙维, 等. 2015. 全息位置地图概念内涵及其关键技术初探. 武汉大学学报(信息科学版), 40(3): 285-295.

第九章　地图分析与应用

本 章 要 点

1. 掌握地图阅读、分析的基本原理和技术方法。

2. 能熟练选择、阅读、分析、应用各类地图，以获得特定区域的地理环境信息。

3. 可利用传统地图分析方法进行区域地理分析。

4. 初步掌握应用地图解译区域的自然、经济、人文要素的空间分布、相互联系及时空变化规律。

5. 基本掌握地形图和数字地图的应用方法。

第一节　地图分析概述

一、地图分析的概念

地图分析是指通过分析解译地图模型，获取空间信息，采用科学的方法探索、阐明地理环境中自然、人文要素的分布，数量、质量特征，相互联系及时空变化规律的手段。用图者通过地图分析，不仅可获得用地图语言塑造的客观世界，而且可获得未被制图者认识，在地图模型中没有直接表示的隐含信息，可超越制图者主观传输的信息。例如，通过等高线图形的分析解译，则可获得有关地势、坡度、坡向、切割密度、切割深度等一系列形态特征信息。例如，将等高线图形与水系图、地质图、土壤植被图、气候图进行比较分析，还可解释不同地貌类型、不同形态特征的成因及其未来演变趋势。

地图应用包括地图阅读、地图分析和地图解译三个部分。地图阅读就是通过符号识别，获取地图各要素的定名、定性、等级、数量、位置等信息，通过人的思维活动形成对地理环境的初步认识。地图阅读是地图分析的基础，它只能获得地图中的直接信息，而地图中隐含的间接信息，必须通过地图分析解译来获取。地图分析是地图阅读的深化和继续。例如，阅读人口密度图，只能获得某地、某个时期的人口密度，只有通过多幅地图的比较分析，才能认识人口密度与海陆位置、地形、交通、土地开发利用程度的相关性及相关程度的大小；通过数学模型分析，才能建立人口密度与相关因素间的最佳数学模型，并根据数学模型进行推断和预测。地图解译是指用图者在阅读分析地图的基础上，应用多学科知识，对所获取的地图信息做出理解、判断和科学推测，是地图分析的深化。

地图知识是从地图上获取信息的基本保证；系统论、信息论是提取、组织、存储、传输地图信息的理论基础；地理及与地图信息相关的专业知识是分析解译地图信息，提供规划决策、预测预报的理论依据；数学、逻辑方法是地图分析解译不可缺少的科学手段；计算机科学、计算机制图、遥感与 GIS 等现代科学技术是提高地图分析解译效率、扩大地图应用领域的技术保证。

二、地图分析的作用

1. 获得各要素的分布规律

通过地图分析可以认识和揭示各种地理信息的分布位置（范围）、分布密度和分布规律。进行地图分析时，首先要通过符号识别，认识地图内容的分类、分级，以及数量、质量特征与符号的关系；其次要从符号形状、尺寸、颜色（或晕线、内部结构）的变化，着手分析各要素的分布位置、范围、形状特征、面积大小及数量、质量特征；最后要阐明事物的分布规律，并解释其形成规律的原因。

2. 揭示各要素的相互联系

通过普通地图分析可以直接获得居民地与地形、水系、交通网的联系与制约关系；获得土地利用状况与地形、与各类资源的分布及数量、质量特征，与交通能源等各项基础设施水平的关系等。对普通地图与相关专题地图的深入分析，更能揭示地理环境各组成要素间相互依存、相互作用和相互制约的关系。例如，分析我国的地震图和大地构造图，可以发现断裂构造带与地震多发区密切相关，强烈地震多发生在活动断裂带的特殊部位。

从地图上获取数据、绘制剖面图、玫瑰图等相关图表，也可揭示各要素的相互关系。例如，在地形剖面图上填绘相应的土地利用类型符号，揭示土地利用类型与地面坡度及海拔高度的关系。又如，在水系图上量算不同流向的径流长度并绘制方向玫瑰图，同时在地质图上量算不同方向的断层线长度并绘制方向玫瑰图，将两种玫瑰图叠置分析，即可获得河流分布与地质断层线之间的相互关系。

各要素的相互关系，还可通过地图量算获得同一点位相关要素的数量大小（如人口密度、地面高程、坡度、气温、降水等），通过计算比较相关系数大小，分析相关程度。还可应用量算数据，建立数学模型，揭示相关规律。

3. 研究各要素的动态变化

在用范围法、点值法、动态符号法、定点符号法、线状符号法表示的地图上，通过符号色彩、形状结构的变化，即可获得某一要素的时空变化。例如，在水系变迁图上，用不同颜色、不同形状结构的地图符号表示不同历史时期河流、湖泊及海岸线的位置、范围，通过地图分析则可获得河流改道、湖泊变迁、海岸线伸长变化的规律，经过量算还可求得变化的速度和移动的距离。

利用不同时期出版的同地区、同类型的地图比较分析，可以认识相同要素在分布位置、范围、形状、数量、质量上的变化。例如，比较不同时期的地形图，可了解居民地的发展和变化；了解道路的改建、扩建和新建，了解河流的改道、三角洲的伸长、湖泊的变迁、水库及渠道的新建，认识地貌形态的变化，土地利用类型、结构、布局的变化，进而分析区域环境及人类利用、改造自然的综合变化。

4. 利用地图分析进行综合评价

综合评价就是采用定量、定性方法，根据特定目的对与评价目标有关的各种因素进行分析，并根据分析结果评价出优劣等级。例如，评价大田农业生产的自然条件，可选择对农作物生长起主导影响的热量、水分、土壤、地貌等因素，分析其区域差异，评价出不同等级。

5. 利用地图分析进行区划和规划

区划是根据某现象内部的一致性和外部的差异性所进行的空间地域的划分。规划是根据人们的需要对未来的发展提出设想和战略性部署。地图分析既是区划和规划的基础，又是区划和规划成果的体现。各类地图资料、图像资料、文字、数字资料的综合分析研究是确定分区指标、建立区划等级系统、绘制分区指标图的基础。进一步分析普通地图和分区指标图，则可分别采用地图叠置分析或数学模型分析法，获得区划方案及确定分区界线，据此编制区划成果图。在各类综合规划、部门规划中，也必须利用各类地图、图像、文字、数字资料的综合分析了解规划区内部差异，分析各类资源在数量、质量、结构上当前的地域差异、分布特点，分析其动态变化。在对各类资源进行综合评价、潜力分析及需求预测的基础上，根据经济发展的需要制定分区指标，划定功能分区，规划生产、建设布局，在地图上确定各类分区界线，编制总体规划及分项规划图。

通过地形图量算分析，可以计算和预算工程规划的工程量、工作日、资金、物资和完成时间，协助解决建设项目选址、交通路线选线、土地开发定点、定量等一系列设计问题。

三、地图模型的特性

地图是地理环境的模拟模型，是人们认识、研究、改造地理环境，发现、利用自然资源，发展经济，促进社会发展的有效工具。与图表、文字、数学、物理、遥感图像比较，地图模型具有以下信息论和认识论方面的特性。

1. 地图模型的信息论特性

信息存储方式的多样性。传统地图采用形象符号模型存储空间信息，利用地图说明等文献资料补充地图的不足，随着计算机技术和信息科学的发展，人们可以将形象符号模型转换为数学模型。即任何空间信息都可以转换为 X、Y 坐标及相关特征码数值，通过一定的数据库结构存储在磁盘、磁带或光盘上，这就是图形数据信息库，是地图信息的另一种表达形式。

信息传输的层次性。地图信息是分层传输的。符号识别只能获取第一层次一般的地图信息，即制图区内有哪些地物？分布在哪里？哪些地方多？哪些地方少？地图分析则可获取第二层次的专门地图信息，即有关地面形态的特征数据、相关性、相关程度、相关模式、聚类模式、演绎模式等。地图解译则可获得第三层次扩展的地图信息，即在前述的二类信息基础上应用多学科知识，解释地理环境信息，获得本质的、规律性的结论，并进行科学推断、预测。

2. 地图模型的认识论特性

直观性。地图可以将复杂的地理环境信息转化成图形；也可将错综复杂的地理环境信息通过分类、分级，用符号的色彩、尺寸、形状的变化进行分层、分级表示，使各类信息类别分明、层次清楚。形象符号语言加强了地图的直观性，提高了地图阅读的效率。

可量测性。在地图模型上可以量取点的坐标，任意两点间的距离、方位，量算任意区域的面积。又由于各种传输地图数量、等级的表示方法和地图符号建立了等级、数量信息与符号视觉变量（色彩、尺寸、结构）的对应关系，在地图上还可获得各种等级、数量信息。

一览性。人们利用地图可以揭示宇宙、地球、大洲、大洋、各国以至任何区域空间地理环境各要素的相互联系、相互影响、相互制约的客观规律，可以从宏观上对研究区有一个全局的、概括的了解。

概括性。自然界的地理信息是纷繁复杂的，应用地图模型认识的地理环境信息，是经过制图者根据需要挑选的、简化了的信息，具有科学的地图概括性。

抽象性。地图是客观世界的图形、数字模型，从根本上改变了地理环境的本来面目，因而具有抽象性的特点。数字地图的抽象性，更是达到了极端，所有信息都变成了规划组合的字符。地图语言是对地面信息抽象后的具体表现，要识别地图信息，就必须熟悉地图语言——符号。

合成性。地图模型既可传输单一的环境信息，也可传输合成的环境信息。合成信息具有更高的科学价值。各类信息的集合也可视为地图信息的合成，或称为集成。普通地图是区域地理环境基本信息的集成，专题地图是区域内某一种或某几种相关地理信息的集成，系列地图、成套地图、地图集则是制图区地理信息的最佳合成形式，是研究人口、资源与环境的最佳地图模型。

几何相似性。地图是按比例缩小的客观世界的模型，因此地图上地物的轮廓形状与实地地物在水准面上的垂直投影保持着一定的相似性。在等角投影的地图上，在局部范围内能保持地物垂直投影的形状相似。

第二节　传统地图分析方法

地图分析的主要技术方法有目视分析法、量算分析法、图解分析法等。

一、目视分析法

目视分析法是用图者通过视觉感受和思维活动来认识地图上表示的地理环境信息。这种方法简单易行，是用图者常用的基本分析方法。

目视分析可采用两种方法，一是单项分析，即单要素分析，它将地图内容分解成若干要素或指标逐一研究。分析普通地图，可首先分成水系、地貌、土质植被、居民地、交通线、境界线、独立地物等七大要素阅读分析，进而将各大要素再分类，分指标阅读分析。例如，地貌要素可分为地貌类型、地势、地面坡度等指标进行分析；水系可分为河流、湖泊、水源等类型，分别研究其质量、密度、形态特征。二是综合分析，即应用地图学及相关专业知识，将图上的若干要素或指标联系起来进行系统的分析，以全面认识区域的地理特征。两种方法相辅相成，在单项分析的基础上进行综合分析，又在综合分析的指导下进行单项分析，目视分析就是通常的地图阅读分析。

目视分析可按一般阅读、比较分析、相关分析、综合分析和推理分析的步骤进行。

（1）一般阅读就是根据图例认识地图符号语言，通过地图直接观察了解地区情况。这种分析只能获得研究区域的一般特征，且多为定性概念。

（2）比较分析是在一般阅读的基础上，通过地图符号的比较，认识构成区域地理各要素的时空差异。例如，目视分析中国行政区划图，比较各省份轮廓形状及面积大小。比较分析可在一张地图上进行，也可在多幅地图上进行，还可在地图和航空像片、卫星像片之间进行。地图比较分析既可是不同区域、不同点、线的比较，也可是同区域、同点同线的不同构成要素，或不同发展阶段的比较。

（3）相关分析是在一般阅读的基础上，定性地揭示地理各要素之间相互联系、相互影响和相互制约的关系。例如，目视分析普通地图，可以认识居民地的类型及分布与地貌、水系、交通、土地利用类型之间的关系。相关分析可以认识事物的本质，揭示地理特征形成的原因，并为地图的深入分析找到突破口。

（4）综合分析是在上述分析的基础上，应用地图学、地学及相关专业知识，将图上各类指标、各类要素联系起来进行系统分析，全面认识区域地理特征。例如，当通过地图分析获得研究区域有关土地构成要素——地质、地貌、土壤、水文、气候、植被等类型及其时空分布特征后，即可应用地图综合分析研究区域不同部位农用土地的适宜类及适宜程度。

（5）推理分析是对地图可见信息进行全面细致的分析后，应用以上分析获得的科学结论，以相关科学为依据，对现象的发展变化进行预测，对未知事物进行推断的分析法。推理分析是获取地图潜在信息的有效途径。例如，分析地质图、地貌图、植被图，在了解制图区域岩石、地貌、植被类型后，应用土壤学及相关学科知识进行推理分析，则可推断该区的土壤类型及其成因。

二、量算分析法

1. 地图量算概述

地图量算就是在地图上直接或间接量算制图要素从而获得其数量特征的方法。基本数据包括坐标、高程、长度、方向、面积、体积、坡度、气温、降水、气压、风力、产量、产值等。量算的形态特征数据包括天体形态数据、地貌及水体形态数据、土壤与植被形态数据、社会经济形态数据，其形态指标有密度、强度、曲折系数等。

地图量算可分为地形图量算、普通地理图量算和专题地图量算。大比例尺地形图内容详细、几何精度高，可满足各种基本数据量算要求；普通地理图概括程度高，几何精度和内容的详细程度相对降低，故只能作近似量算，主要用于区域地理环境的综合描述、宏观规划决策的参考；专题地图因其主题十分突出，主要用于研究区域专题要素的量算，其量算数据常作为普通地图量算成果的补充和深化。

地图量算的精度受多种因素的影响。主要影响因素有地图的几何精度、地图概括、地图投影、地图比例尺、图纸变形、量测方法、量测仪器及量测技术水平等。前五种形成的误差为地图系统误差，后三种形成的误差为量算技术系统误差。

地图概括误差直接影响地图量算精度。首先，地图取舍的最小尺寸影响地图上显示的各类地理事物的精度。例如，规定某地理要素的图上最小图斑面积标准为 $1mm^2$，在 1∶1 万地形图上显示该要素的精度为 $100m^2$；如果规定河流的取舍指标为 1cm，则在 1∶1 万的地形图上显示河流的精度为 100m。这就意味着，$100m^2$ 或长度短于 100m 的地物地图上都没有表示，将大大影响量算精度。其次，地图概括对地理事物轮廓形状的简化，改变了面状地物轮廓线的长度、形状和面积。

地图投影误差。一是地球自然表面描绘在地球椭球体表面的误差；二是地球椭球体面投影到地图平面上的投影误差。这两种误差都可以根据不同投影的变形公式计算出来，因此量算时可作系统改正。当投影变形值小于制图误差时，可不予改正。我国比例尺大于 1∶100 万的地形图采用高斯-克吕格投影，其长度、面积变形均小于制图误差，量算时一般不进行投影误差改正。

不同比例尺地图规定了不同的图斑最小尺寸，最小尺寸决定了地图概括程度，进而影响量算精度。此外，不同比例尺地图在成图时都规定了地物点的中误差和最大误差。我国地形图测量、编绘规范中规定：图上地物点及其轮廓线的中误差一般不得超过 0.5mm，山区和高山地区不得超过 0.75mm，最大误差是中误差的两倍。由此即可计算出对应不同比例尺、不同地貌类型的点位实际误差，其计算公式为

$$\left.\begin{aligned} m_{点} &= 0.5\text{mm} \times M \\ m'_{点} &= 0.75\text{mm} \times M \\ m_{线} &= 0.5\text{mm} \times \sqrt{2} \times M \\ m'_{线} &= 0.75\text{mm} \times \sqrt{2} \times M \end{aligned}\right\} \tag{9-1}$$

式中，$m_{点}$ 为平面地区点的坐标中误差；$m'_{点}$ 为山区和高山地区点的坐标中误差；$m_{线}$、$m'_{线}$ 分别为平原、山区和高山地区线段长度中误差；M 为地图比例尺分母。当量算任务的精度限制确定后，则可根据式（9-1）求出可用于完成量算任务的地图的比例尺。

地图图纸伸缩对地图量算的影响主要表现在图纸、聚酯薄膜等在温度、湿度变化的情况下，会产生变形。例如，透明纸长度变形率约 1%～2%，道林纸约 1%。图纸拉伸则使量算数据偏大，反之，量算数据变小。

量测仪器的性能直接影响量算精度。精密日内瓦直尺量测距离的精度远高于普通直尺，计算机配合数字化仪量算面积的精度远高于普通机械式定极求积仪。

2. 坐标量算

1）直角坐标量算

大比例尺地形图根据方里网及其注记可以在图上量算点的直角坐标。如图 9-1 所示，要确定 A 点的直角坐标，首先确定 A 点所在方格，读出该方格西南角点的坐标值（X_0=2785km，Y_0=249km）；其次过 A 点分别作平行于纵方里线和横方里线的垂线，分别与方格两边交于 B、C，用两脚规量取 AB 和 AC 的长度，放置于地图直线比例尺上读距，或用图上距离乘地图比例尺分母计算，得该点与方格西南角点的坐标增量。上例中 Δx 为 0.690km，Δy 为 0.270km，最后利用式（9-2）可求得 A 点坐标。

$$\left.\begin{aligned} x_A &= x_0 + \Delta x \\ y_A &= y_0 + \Delta y \end{aligned}\right\} \tag{9-2}$$

图 9-1 中 X_A 为 2785.690km，Y_A 为 249.270km。可知 A 点位于赤道以北 2785.690km，在第 18 个投影带，距 X 轴 249.270km，在中央经线以西 250.730km。反之，已知地面点的直角坐标，同样可以在图上确定该点的位置。

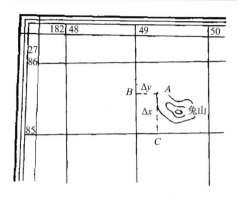

图 9-1　直角坐标量算

2）地理坐标量算

在地图上，可利用图内经纬网（或其折点）来量算某点的地理坐标。如图 9-2 所示，求台北市在1：100 万地形图上的地理位置，可先找出该地所在经纬网格西南角地理坐标$\varphi=25°$，$\lambda=121°$；再用两脚规量取台北市圈形符号中心至下方纬线的垂直距离，保持此张度移两脚规到西（或东）图廓（或邻近经线的纬度分划）上去比量，即得 $\Delta\varphi=02'30''$，则 $\varphi=\varphi_0+\Delta\varphi=25°02'30''$；以同样方法，从南（或北）图廓（或邻近纬线）上量出台北的 $\Delta\lambda=31'00''$，则 $\lambda=\lambda_0+\Delta\lambda=121°31'00''$。

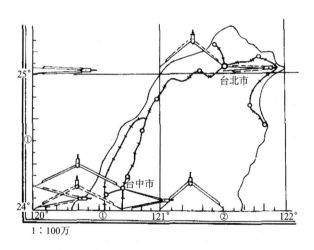

图 9-2　中小比例尺地形图上地理坐标量算

由于纬度不同，图上不同纬线和南北图廓的长度也不一样，在量算点的 $\Delta\lambda$ 时，应在邻近该点的纬线和南、北图廓上去比量。

在采用正轴等角圆锥投影的 1：100 万地形图的经纬网格中虽然只有经线为直线，而纬线为同心圆弧，但因其曲率很小，故在测定地理坐标时，就将弯曲的纬线作为直线进行量测。

3. 方位角量算

地形图上某线段的方位角，可由线段端点的直角坐标算出，也可依三北方向图量出。方位角是指从指北方向线开始，顺时针量至某一线段的夹角。

如图 9-3 所示，欲求地形图上线段 AB 的方位角，可由线段端点的直角坐标按以下步骤量算。

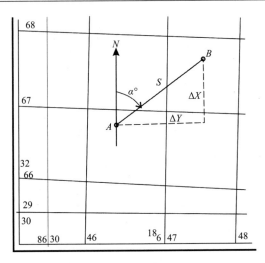

图 9-3 由直角坐标计算方位角

首先，应用本节直角坐标量算的方法求出线段两端点 A、B 的直角坐标值 $(x_A$、$y_A)$ 和 $(x_B$、$y_B)$。如本例 x_A=3266769.23m，y_A=646253.85m；x_B=3267769.23m，y_B=647769.23m；其次，根据线段两端点的坐标计算其方位角和边长，反算坐标方位角 α_{AB} 的公式为

$$\text{tg}\alpha_{AB} = \frac{y_B - y_A}{x_B - x_A} = \frac{\Delta y_{AB}}{\Delta x_{AB}} \tag{9-3}$$

将 A、B 的坐标代入得 $\text{tg}\alpha_{AB} = \dfrac{1515.38}{1000} = 1.51538$，即 AB 的坐标方位角 α_{AB}=56°34'45″。

若需求出线段的真方位角和磁方位角，可依偏角（在 1∶2.5 万～1∶10 万图上由三北方向图上查取），按式（9-4）进行方位角换算。

$$\left. \begin{array}{l} \alpha_{磁} = \alpha_{坐} - c \\ \alpha_{真} = \alpha_{坐} + \gamma \end{array} \right\} \tag{9-4}$$

式中，$\alpha_{真}$、$\alpha_{磁}$、$\alpha_{坐}$ 分别为真方位角、磁方位角和坐标方位角；C 为磁座偏角，即磁北与坐标北的夹角，由坐标北起算，顺时针为正，逆时针为负；γ 为子午线收敛角，即真北与坐标北的夹角，由真北起算，顺时针为正，逆时针为负。

在地形图上，欲求线段的真方位角，也可用量角器量取得到。例如，上例首先过 A 点作东（或西）内图廓线（经线）的平行线，用量角器以此线起始边，顺时针量至 AB 的夹角，即为 AB 的真方位角。若求磁方位角，则过 A 点作 PP'（磁北、磁南）连线的平行线；若求坐标方位角，则过 A 点作坐标纵线的平行线，其余步骤与求真方位角相同。

4. 高程判定

根据地形图上的等高线可以解决许多问题，要善于判定等高线和图上任意点的高程。

判定等高线的高程。地形图上的加粗等高线和高程点均注有高程，故图上任一条等高线的高程，都可根据上述两种高程注记和等高距与斜坡坡向来判定。

图 9-4 上有 3 个高程点注记，还有一条等高线的注记。例如，要判定等高线 aa、等高线 bb，或等高线 cc 及其他任何等高线的高程，可先求等高线 aa 的高程。

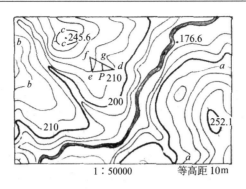

图 9-4　高程判定

右方有一 252.1m 的山顶高程点，等高距是 10m，山顶点外围的加粗等高线高程必有 250m，下一条等高线减 10m，到等高线 *aa* 有 4 条，减 40m，其高程是 210m。同理可推断 *bb*、*cc* 两条等高线高程分别为 230m 和 240m。

判定的高程如所求点在等高线上，其高程就是它所在等高线的高程。

例如，一点位于两条相邻等高线之间，该点的高程可由内插法估读或计算求得。如图 9-4，P 点位于 210m 与 220m 两条等高线之间，其高程大于 210m 小于 220m，过 P 点引任一直线与两条等高线交于 d、e，设待求点 P 和较低等高线的高差为 X（为直观显示，以 h 表示等高距，作直角三角形 def，$ef=h$；过 P 点作 de 的垂线交斜边于 g，即 $Pg=x$），则

$$x = \frac{\mathrm{d}P}{\mathrm{d}e}h$$

以 H_d 和 H_p 分别表示较低等高线和待求点的高程，则

$$H_p = H_d + x = H_d + \frac{\mathrm{d}P}{\mathrm{d}e}h \tag{9-5}$$

式中，等高距 h 是已知的，$\mathrm{d}P$、$\mathrm{d}e$ 分别为较低等高线到待求点，距离和较低等高线到较高等高线距离。本例量得 $\mathrm{d}e=6$mm，$\mathrm{d}P=3.1$mm，P 点的高程为 215.17m。

5. 长度量算

1）直线量算

直线量算首先用分规量取图上长度，其次依比例尺换算成实地长度，或在直线比例尺上直接量取实地长度。也可先量算出端点坐标（x_1，y_1）和（x_2，y_2）按式（9-6）计算。

$$D = \sqrt{(x_1 - x_2)^2 + (y_1 - y_2)^2} \tag{9-6}$$

2）曲线量算

在数字地图中，线状物体可以用矢量数据或栅格数据表达。两点间的距离是由一系列的坐标点或者栅格数记录的，曲线长度实际上是由两点间或两栅格间的表面长度逼近的，其计算公式为

$$f(x) = \sum_{n=1}^{\infty} [(x_{i+1} - x_i)^2 + (y_{i+1} - y_i)^2 + (z_{i+1} - z_i)^2]^{1/2}$$

6. 面积量算

1) 传统面积量算

用毫米为单位的透明方格纸或透明方格片，蒙在所要量测的图形上（图9-5），读出图形内完整的方格数；然后用目估法将不完整的方格凑成完整的方格数；二者相加即为总方格数。最后按式（9-7）计算图形面积。

$$S = a^2 M^2 N \tag{9-7}$$

式中，a 为方格边长；M 为比例尺分母；N 为总方格数。该法的缺点是边缘方格的凑整较麻烦，但其仍是目前量算面积约为 100cm^2 图形的一种较好方法。

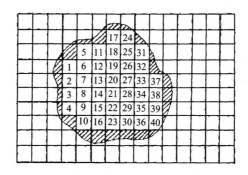

图9-5 方格法量算面积

2) 用计算机量算面积

在计算机面积量算中，首先要对被测图形的封闭曲线进行数字化，得到 n 个点的平面坐标，然后利用这些坐标点，引入面积计算公式，可自动计算被测图形的面积。这里以梯形法（图9-6）计算为例，其公式为

$$S = \sum_{i=1}^{n} [(y_{i+1} - y_i)(x_{i+1} + x_i)] / 2 \tag{9-8}$$

式中，S 为面积；$i=1，2，3，\cdots，n$；x_{i+1}，y_{i+1}，x_i，y_i 分别为相邻两数字化点的坐标值；n 为多边形数字化点数。

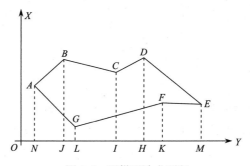

图9-6 用梯形法求面积

计算机实际计算步骤如下。

首先，计算以平行 x 坐标轴的虚线为底的各梯形面积，图中即分别计算 S_{NABJ}、S_{JBCI}、

S_{ICDH}、S_{HDEM} 及 S_{NAGL}、S_{LGFK}、S_{KFEM} 的面积。

然后，计算多边形图形面积，其计算公式为

$$S_{ABCDEFGA} = S_{NABCDEMN} - S_{NAGFEMN} \tag{9-9}$$

7. 坡度量算

在地形图上可以读出任意两点的高差，也可量测任意两点的水平距离。根据高差与水平距离可以求出这两点的坡度为

$$i = \mathrm{tg}\alpha = \frac{h}{D} \tag{9-10}$$

式中，i 为坡度；h 为高差；D 为水平距离；α 为坡度角。

确定地面的起伏变化，一是根据高程的差异程度，二是根据地面的倾斜程度，即坡度。坡度和作物生长、水土流失、道路选线、行军和运输路线的选择都有密切关系。在大比例尺地形图的南图廓下面绘有坡度尺，可用它直接量取坡度。

如图 9-7 所示，在直角三角形 ABC 中，

$$ctg\alpha = \frac{D}{h}，故 D = hctga \tag{9-11}$$

式中，D 为实地长度，要化为图上长度，须乘地图比例尺 $1/M$。

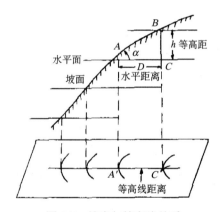

图 9-7　坡度与等高线关系

相邻两条等高线的水平距 D_2 为

$$D_2 = hctg\alpha \frac{1}{M} \tag{9-12}$$

相邻 6 条等高线的水平距 D_6 为

$$D_6 = 5hctg\alpha \frac{1}{M} \tag{9-13}$$

制作坡度尺的步骤如下。

（1）设 $\alpha=1°$，$2°$，$3°$，…，$30°$，计算 D_1，D_2，D_3，…，D_{30}。

（2）绘一条水平直线作为基线。

（3）过各分点绘基线的垂线。

（4）在各垂线上依次截取 D_1，D_2，D_3，…，D_{30}。

（5）将垂线各端点连成平滑曲线，就是坡度尺。

由于坡度越大，水平距离越小，也即坡度曲线越接近基线，因此，当坡度大于5°时，可以在垂线上取5个单位长度（图9-8），用以量取相邻6条等高线的坡度。也可用式（9-19）计算，然后在各垂线上依次截取，并将垂线各端点联成平滑的曲线。图9-8是按基本等高距10m，1∶50000比例尺地形图绘制的坡度尺。

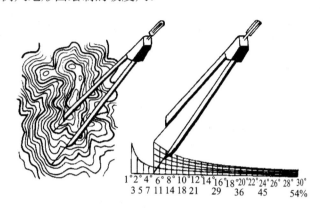

图 9-8　用坡度尺量坡度

利用坡度尺在图上量取坡度的方法是：首先用两脚规在图上沿某坡向量取两条首曲线（或计曲线）间的距离，其次将两脚规移至坡度尺上，顺坡度尺上的曲线找出相应的水平距离，在坡度尺基线上根据注记读出的度数，就是该地段的坡度角。如图9-8所示，坡度角为5°。基线最下边有一排注记是百分数，这是坡度角的正切三角函数值，例如，58%即表示垂直距离是水平距离的58%。在道路、水利等工程用图时，常用这种百分数的坡度表示法。

8. 体积量算

在地形图上，根据其等高线图形，可以量算出山体的体积，量算路基、渠道、堤坝等带状延伸工程施工中的挖填土方量，量算土地平整工程中平整区域的挖、填、运的土方量，量算水库容量及矿产储量等。

1）利用横剖面法量算体积

基本原理是利用梯形体积来计算，其一般式为

$$V = \sum_{i=1}^{n} \frac{d_i}{2}(S_i + S_{i-1}) \tag{9-14}$$

式中，V 为体积量；S_i 为各横剖面面积；d_i 为各横剖面间的距离；n 为横剖面个数；$i=1$，2，…，n。

2）用等高线法量算体积

在较小比例尺地形图上，体积计算的精度要求相对降低，因此可采用等高线法，用等高线法计算体积，其体积计算公式一般为

$$V = \frac{h}{2}(F_1 + 2F_2 + \cdots\cdots + 2F_{n-1} + F_n) + \frac{H - H_n}{3}F_n \tag{9-15}$$

式中，V 为总体积；h 为地形图的等高距；$F_1 \sim F_n$ 为从山脚至山顶各等高线层围成的面积；H 为山顶高程；H_n 为山体最高一条等高线的高程；F_n 为高程为 H_n 的等高线所围成的面积。

三、图解分析法

1. 用剖面图增强地图信息

剖面图能直观地显示研究对象的垂直和水平变化规律。根据地图可绘制各种各样的剖面图。其中，最基本的是地形剖面图，其制图步骤是：①在地形图上选择剖面线；②确定剖面图的垂直比例尺和水平比例尺（水平比例尺通常与地形图比例尺相同，垂直比例尺则比水平比例尺大，常根据的最大高差剖面起伏特点及图解要求确定）；③在图纸上绘出剖面基线，按水平比例尺将剖面线与等高线交点转绘在剖面基线上；④在剖面基线的一端作垂线，并根据垂直比例尺绘制标尺，注明高程（一般以剖面线上最低高程附近的整数值作为剖面基线高程）；⑤过剖面基线上各交点作垂线，根据各点高程和垂直比例尺截取垂线端点；⑥参照等高线图形，用曲线连接各端点，即得剖面图（图9-9）。

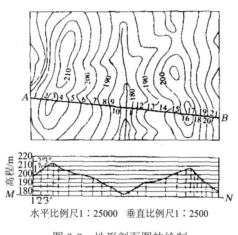

水平比例尺1：25000　垂直比例尺1：2500

图 9-9　地形剖面图的绘制

用地形剖面图，可以更直观地分析在某个方向上的地势起伏特征和坡度变化规律。剖面线可选择经线、纬线或任一方向线。图 9-10 为沿 40°N 纬线的中国地形剖面图，其直观地显示了我国地势由西到东呈阶梯状下降的特点。

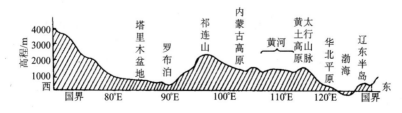

图 9-10　沿北纬 40°的中国地形剖面图

2. 用相对位置图增强地图信息

相对位置图又称为畸变图或拓扑地图。它用规则的几何图形构成相对位置关系图，几何图形的面积表示各区某一数量指标的大小，几何图形中的颜色或晕线结构表示另一数量的级别差异（同分区、分级比值法）。这种图表多用于表示较大制图范围（如各洲、各国、各省份）内不同地区两相关数量的比较分析。相对位置图具有以下特点：①代表各区的图形形状与区域真实形状不相似，它是用规则的几何形状组合而成，整体上接近区域轮廓形状；②图形面积与区域真实面积无关，只与它所代表的数量存在正相关；③区域的空间位置不准确，但相互关系位置正确。图 9-11 是用相对位置图表示的世界人口数及人口的自然增长率，它比一般人口地图更直观地表明各国人口数的大小和自然增长率的高低，从图中可迅速确定人口基数大且人口自然增长率高的国家和地区，其有利于人口、资源与环境的深入研究。

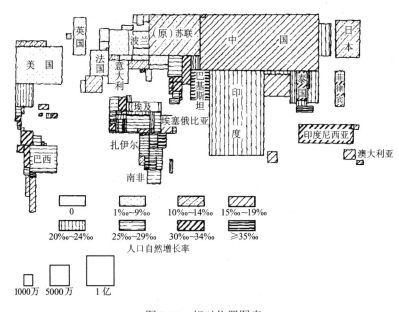

图 9-11　相对位置图表

第三节　数字地图分析方法

数字地图是用存储在地图数据库中的坐标数据和属性数据来描述空间地理事物。利用数字地图不仅可以快速、精确地实现传统地图分析中的距离量算、面积量算和坡度量算等，还可以实现地理要素的空间分布特征、时间变化特征及空间统计分析等时空分析功能。

一、空间统计分析

1. 网络分析

网络分析是对地理网络（如交通网络）、城市基础设施网络（如各种供排水线路）进行地理分析和模型化的过程，通过研究网络的状态及模拟和分析资源在网络上的流动和分配情况，实现对网络结构及其资源等的优化问题，如资源的最佳分配、最短路径的寻找、地址的查询匹配等（图 9-12）。

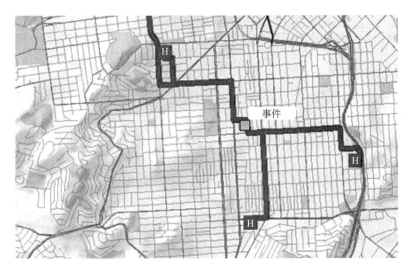

图 9-12　网络分析示意图

2. 缓冲区分析

缓冲区（buffer）是对一组或一类地图要素（点、线或面）按设定的距离条件，围绕这组要素而形成具有一定范围的多边形实体，从而实现数据在二维空间扩展的信息分析方法。常见的点状要素、线状要素和面状要素的缓冲区示意图如图 9-13 所示。

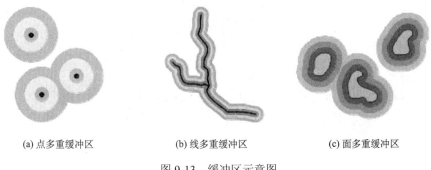

(a) 点多重缓冲区　　　　　　　(b) 线多重缓冲区　　　　　　　(c) 面多重缓冲区

图 9-13　缓冲区示意图

3. 叠加分析

叠加分析是将代表不同主题的各个数据层面进行叠加产生一个新的数据层面，叠加结果综合了原来两个或多个层要素具有的属性。叠加分析是 GIS 中用来提取空间隐含信息的常用方法。例如，将道路图、土地利用图、行政边界图、水文图、高程图及影像底图进行叠加可以综合获取区域地理要素空间关系（图 9-14）。

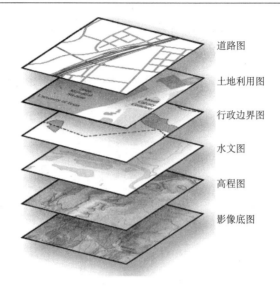

道路图

土地利用图

行政边界图

水文图

高程图

影像底图

图 9-14　叠加分析示意图

4. 三维分析

随着 GIS 技术及计算机软硬件技术的发展，三维空间分析技术逐步走向成熟，成为 GIS 空间分析的重要内容和对传统地图二维分析的有益补充。基于高程信息的三维分析注重对第三维信息的分析，主要包括三维几何参数计算、地形因子提取、地形剖面图绘制及地形三维可视化等（图 9-15）。

图 9-15　地图三维分析示意图

5. 空间自相关分析

空间自相关分析是确定某一变量在空间上的相关程度，常用空间自相关系数来定量地描述事物在空间上的依赖关系。如果某一变量的值随着测定距离的缩小而变得更相似，这一变量呈空间正相关；若所测值随距离的缩小而更为不同，则称为空间负相关；若所测值不表现出任何空间依赖关系，那么这一变量表现出空间不相关性或空间随机性（图 9-16）。

(a) 高空间自相关(聚类) (b) 低空间自相关(棋盘格)

图 9-16 空间自相关分析示意图

二、地理要素时空变化分析

时序变化分析是指同一地理区域同一要素在不同时间的比较分析。通过时序比较分析，可以了解某一地理现象的发生、发展过程，推断相关要素的变化，预测其发展趋势。应用时序变化分析，既可分析缓慢变化的地理现象，如湖岸、海岸的变迁；也可分析快速变化的地理现象，如天气状况的快速变化；还可分析瞬间偶然变化，如洪水、地震、火灾等的成灾面积、灾害程度等。

图 9-17 显示了柏林市 1880～1966 年的变迁，通过地图量算及图形特点的变化分析，将分析结果列入表 9-1。由表 9-2 可知，86 年来柏林市不断扩张，但紧凑度指数却经历了由大到小，再由小到大再到小的变化过程。如果进一步分析柏林的自然条件、地理区位、经济发展状况及人口变化趋势，则有助于探讨城市用地的合理性，发现存在的问题，为城市规划与建设提供依据。

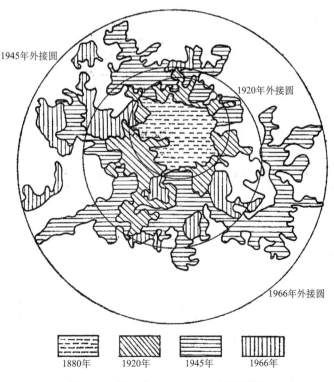

图 9-17 柏林市 1880～1966 年的变迁

表 9-1　柏林市 1880～1966 年的变迁

年份	用地面积/km²	外接圆面积/km²	紧凑度指数
1880	919	1809.6	0.5078
1920	2414.8	5808.8	0.4157
1945	6411.66	18145.8	0.3533
1966	8055.88	18145.8	0.4440

　　影像地图是进行地理要素动态变化分析的最佳图种。遥感技术的发展为获取不同时相、不同波段的影像地图提供了可能。通过不同时序的遥感图像分析，可以获得各种现象的动态信息，从而监测其发生、发展过程，为预测预报、发展经济奠定基础。图 9-18 是遥感图像显示的南极海冰的季节变化。

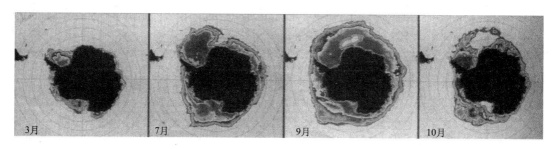

图 9-18　南极海冰的季节变化

三、地理要素的多要素回归分析及预测预报

　　某一地理要素往往受多种因素影响，而且每一个因素的影响程度不同。例如，人口分布与海陆位置、地形、交通、土地垦殖率等众多因素密切相关；流域的年径流量与流域降水、地表形态、岩性、土壤含水量、流域植被状况等因素有关等。各因素的影响程度具有时空分异的特点，同时，对同一地区、时期不同因素的影响程度也有很大的差别。人们试图用逐步回归分析法替换多元回归分析。逐步回归分析法是在所考虑的全部自变量中，按其对因变量作用的显著程度大小，挑选一个最重要的变量，建立只包含这个变量的回归方程，接着对其他变量计算偏回归平方和，再引入一个显著性的变量，建立具有两个变量的回归方程。然后反复进行下述两步：第一，对已在回归方程中的变量作显著性检验，显著的保留，不显著的剔除；第二，对不在回归方程中的变量，挑选最重要的进入回归方程，直至回归方程既不能剔除，也不能引入变量为止。

　　在地图分析中，已知因变量、自变量的数据都是通过地图量算从地图中获取（采样）的，并建立数据表格，必要时还需进行标准化处理，然后可上机运行获得逐步回归方程。根据建立的逐步回归模型，就可结合实际情况进行地理解释和预测预报。以逐步回归分析法揭示影响福建省人口分布的主要因素为例，说明逐步回归分析在地图分析中的应用。

　　1. 利用目视分析法揭示影响福建人口分布的主要因素

　　首先在福建人口密度图上，通过目视观察分析，发现离海岸线近的沿海地带人口密度大，离海岸远的闽西一带人口密度小;其次用不同类型的地图进行目视比较分析:将福建省地形图与人口密度图比较,发现山区人口密度小,平原地区人口密度大;将福建交通图与人口密度图比较,发现交通网稠密地区人口密度大,交通网稀疏地区人口密度小;最后用福建省耕地占土地面积百分比图与福建人口密度图比较,发现耕地比例大、垦殖率高的地方人口密度大,反之人口密度小。通过单幅图观察分析、多幅图比较分析可获得初步结论:福建人口分布与海陆位置、地势起伏、交通网密度及耕地所占比例(垦殖率)等有明显关系。

2. 利用地图量测获得采样点变量数据,建立数据表格

本例共选择了 103 个样点,采用传统方法进行量算,量算结果见表 9-2。

表 9-2　103 个采样点的量算数据

采样点序号	量算数据				
1	0.1	0.1	121	15	296
2	23.5	800	121	15	296
3	72.5	450	117	7.5	137
4	0.1	0.1	126	15	273
5	29	550	126	15	273
6	78	500	117	7.5	137
7	176	300	97	15	108
8	0.1	0.1	98	15	276
9	2	50	98	15	276
10	51	1200	97	7.5	139
⋮	⋮	⋮	⋮	⋮	⋮
98	30	300	102	15	285
99	79	300	90	15	193
100	128	400	107	15	165
101	281	300	92	7.5	110
102	0.1	0.1	180	15	850
103	25	500	108	15	369

3. 建立逐步回归数学模型,检验显著性

将表 9-3 所示数据输入计算机中,应用逐步回归程序计算,其回归方程为

$$y = -334.092778 + 2.3889924x_3 + 26.290581x_4 \qquad (9\text{-}16)$$

相关系数 $R=0.899318422$;显著性检验值 $F=211.470206$;标准差 $S=124.658803$;拟合百分比 $j=57.3\%$。

由逐步回归模型知,福建人口正向交通发达、垦殖率高的东南沿海和河谷盆地聚集区,其人口密度受交通条件、垦殖率影响较大。通过检验,回归效果较好。

4. 预测分析

应用逐步回归数学模型对1～20号点进行预测，其预测值与实际人口密度列入表9-3。

表9-3　逐步回归预测值与实际值比较　　　　　　　　　　（单位：人/km²）

点号	预测值	实际值	点号	预测值	实际值
1	349	296	11	54	94
2	349	296	12	291	108
3	142	137	13	49	65
4	361	273	14	311	203
5	361	273	15	308	234
6	142	137	16	94	98
7	291	108	17	35	103
8	294	276	18	99	88
9	294	276	19	49	65
10	95	139	20	432	424

从表9-4可知，预测值的绝对数量与实际人口密度相差较大，但基本反映了实际各地人口分布的疏密对比，有助于分析人口分布规律及人口迁移趋势。实际预测时，可将预测值作适度调整。

为进一步检验上例中剔除的两要素是否合理，可用多元线性回归检验，经上机运算获得多元线性回归方程为

$$y = 234.096765 - 0.231806223x_1 - 0.042331755x_3 + 23.731987x_4$$

$$R=0.90231303; \quad F_1=107.340081; \quad F_2=0.79410079$$

$$S=124.135309; \quad j=56.3\%$$　　　　　　　　　　　　（9-17）

式中，F_1、F_2分别为x_1、x_2系数的显著性检验值。

利用多元线性回归数学模型对前10个样点进行预测，将其与逐步回归模型预测值和实际值列表比较，从表9-4中可以看出，除第7号点外，逐步回归预测值均接近实际值，说明剔除x_1、x_2是完全正确的。

表9-4　多元回归、逐步回归预测值比较　　　　　　　　（单位：人/km²）

点号	多元回归预测值	逐步回归预测值	实际值	A（多减实）	B（逐减实）
1	388	349	296	92	53
2	349	349	296	53	53
3	165	142	137	28	5
4	398	361	273	125	88
5	368	361	273	95	88
6	161	142	137	24	5
7	281	291	108	173	183
8	337	294	276	61	18
9	335	294	276	59	18
10	94	95	139	-45	44

第四节 地 图 应 用

一、地形图的阅读

地形图是特殊的图形语言——地形图符号系统建立的客观环境的模拟的模型，是制图区域地理环境信息的载体。制图者将经过概括的信息用地形图图形语言——符号系统存储在地图上，用图者则通过对地形图符号的识别，分析各类图形符号的组合关系，获得地形图上七大基本要素的位置、分布、大小、形状、数量与质量特征的空间概念。

从地图上提取信息的丰度和深度取决于用图者的知识水平，取决于用图者所采用的地图分析方法。一般用图者主要应用视觉感受及大脑的思维活动，在识别符号的基础上解决"是什么？在哪里？"的问题，获得图形直接传输的简单信息。而专业性用图者，则可结合专业要求充分利用地图与专业知识，采用各种地图分析法，将从图上获取的各类信息数量化、图形化、规律化，找出各类信息相互依存、相互制约的关系，并推断出在时间及空间上的变化规律及原因。地图阅读是地图分析的基础。

1. 地形图的选择

地形图在实际工作中应用十分广泛，为了选择一张满足工作需要的地形图，必须根据用图者对精度的要求，分析其比例尺、等高距、测图时间、成图方法及地物、地形的精度能否满足需要。

1）比例尺

比例尺大的地形图，每幅地形图包括的实地范围小，内容比较详细，精度比较高；比例尺较小的地形图，每幅地形图所包括在实地范围大，内容概括性强，精度比较低。

2）等高距

基本等高距小，等高线密，地形表示得比较详细；基本等高距大，等高线稀，地形表示得比较概略。

3）测图时间

地形图图边注有测图（编图）时间，地形图测制时间越早，现势性越差，与实地不完全符合的可能性越大。使用时最好选择最新测制的地形图。

4）成图方法

地形图测制方法不同，精度也不同。一般来说，我国大于和等于 1：5 万比例尺地形图是实测的；小于或等于1：10 万比例尺地形图是根据大比例尺地形图编绘的。由于比例尺缩小，地物、地形都有一定程度的综合。

5）地物、地形的精度

精度是指平面位置和高程的最大误差，测量（编图）规范均有规定。现在使用的地形图，地物与附近平面控制点的最大位置误差，在平地和丘陵地区是不超过图上 1mm；在山地、荒漠地和高山地区是不超过图上 1.5mm；等高线与附近高程控制点的误差是不超过等高距的一半。

2. 地形图阅读

阅读和应用地形图，是地学工作者所必须掌握的基本技能。读图前必须熟悉地形图图式符号，只有这样，才能了解图上各种符号的含义，进而分析和研究各种地理要素的分布和相互联系。

阅读地形图，一般按下述步骤进行：

（1）图名、图号、邻图及其位置、图边注记，地形图的比例尺、基本等高距、测图时间、成图方法及地形图所包括的区域。

（2）区域的地理位置（经、纬度）、行政辖区、四邻、图幅总面积等。

（3）地形与水系。先从水系分布、密度、等高线的高程及其图形特征来判断地形的一般类型（平原、丘陵、山地等），进而研究每一种类型的地形分布地区和范围，山脉的走向、形状和大小，地面倾斜变化的情况，各山坡的坡形、坡度，绝对高程和相对高程的变化。在地形起伏变化比较复杂的地区，可以绘剖面图，作为分析地形的资料。要特别重视河流的研究，包括形状特征、水流速度及方向、从属关系及流域范围等。有海洋的地图，要注重海底要素，特别是海岸要素的阅读分析。

（4）土质植被。读出植被的类型、分布、面积大小及植被与其他要素的关系；了解森林的林种、树种、树高、树粗；在中、小比例尺地形图上还要分析植被的垂直变化规律。读出土质的类型、分布、面积及与其他要素的关系。在此基础上，综合分析制图区土地利用类型、土地利用程度、土地利用特点、土地利用结构，找出影响土地利用的因素，指出存在的问题，提出合理利用和保护土地资源的建议。

（5）居民地。读出居民地的类型（城镇或乡村）、行政等级；分析不同区域的密度差异、分布特征；从平面图形特征，研究居民地外部轮廓特征、内部通行状况及其用地分区、主要的交通通信设施及各类公共服务设施，如车站、码头、电信局、邮局、学校、医院、厂矿、旅游景点及娱乐设施等；分析居民地与其他要素的关系。

（6）道路与管线。读出道路的类型、等级、路面质量、路宽等；分析其分布特征及道路与居民点的联系；分析其与水系、地貌的关系；分析道路网对制图区域交通的保障程度。读出各种管线的类型及其对制图区经济发展的影响。

（7）工矿企业。读出工矿企业的类型、分布，分析其在制图区域中的经济地位和作用，提出进一步利用资源兴建工厂矿山的设想。

（8）用文字写出区域地理概况。根据材料和读图目的，对区域地理概况进行综合描述。

二、地形图野外应用

1. 准备工作

确定对某一地区进行野外考察后，首先要根据考察地区的地理位置、范围，针对考察的要求选用适当的地形图，并向保管单位领取或购买地形图，其次是阅读地形图，了解考察区域的地理特点，最后制定野外工作计划，其主要内容有：①考察所需时间、经费、仪器装备及人员组成情况；②野外重点考察的地区和内容，读图中所遇到的疑难问题，以便实地验证解决；③野外工作路线，确定主要观察点和观察内容；④制定野外填图符号系统。

2. 地形图定向

1）根据罗盘仪定向

首先将罗盘刻度盘上的"北"字指向北图廓，并使刻度盘上的南北线与磁子午线重合；其次将地形图和放在图面上的罗盘一起转动，使指北针指向罗盘刻度盘上的"北"（0°），这时地图的方向即与实地一致（图 9-19）。若罗盘仪的南北线与真子午线重合，则指北针应指向度盘上磁偏角的刻度值；若南北线与坐标纵线重合，则指北针应指向度盘上磁坐偏角的刻度值。

2）根据地物定向

首先在地形图上找出能与实地对照的明显地物，如道路、河流、山顶、独立树、道路交叉口、小桥或其他方位物；其次在立足点转动地图，使图上地物符号与实地对应地物方向一致（图 9-20）。

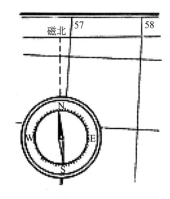

图 9-19　根据罗盘仪定向

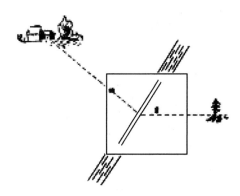

图 9-20　根据地物定向

3）太阳、手表定向

在野外，也可用手表的时针对准太阳来确定真子午线，方法是：用一根细针紧靠在手表的边缘，太阳照射细针时投射到表面上有一条影子，转动手表使细针的影子与时针相重合，取时针与表面上 12 时半径的分角线，即为真子午线的方向（图 9-21），其中，与时针构成的较小角的分角线指南，另一端指北。当实地南北向确定后，即可转动地形图，使其南北向与实地一致。

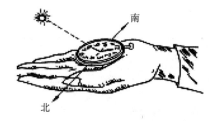

图 9-21　手表、太阳定真南北

3. 在地形图上确定立足点

野外实地使用地形图，要确定立足点在地形图上的位置。由于地形和通视情况不同，确定立足点的方法也不同。

1）根据地形、地物特征点确定立足点

如果立足点附近有明显地形特征点，则在标定地形图方位后，可以根据附近的地形特征点确定立足点。如图 9-22 所示，用图者站在山脊，可根据右侧的冲沟和背后的山顶等相关位置确定立足点 A。如果立足点的形特征点不明显，可在定向后的地图上，从立足点到实地一个明显的地形特征点和图上相应的地形特征点瞄准方向线，然后目测立足点至该明显地形特征点的距离，依比例尺在方向线上确定立足点。

2）后方交会法确定立足点

首先标定地形图方向，其次将直尺靠在图上的一个地形特征点并瞄准实地相应地形特征点，在图上描绘其方向线。再用同样方法描绘另一个地形特征点的方向线。地形图上两条方向线的交点，就是立足点（图 9-23）。如果方向线的交角是相当小的锐角，则可以用三个交点，由三条方向线组成小三角形，则三角形的中心点即为立足点。

图 9-22　根据地形、地物特征点确定立足点

图 9-23　后方交会法确定立足点

3）截线法确定立足点

在线状地形地物（道路、土堤、山脊）上，可采用截线法确定立足点。首先进行地形图定向，然后在线状地形地物一侧找一个图上与实地都有的明显地形特征点，用直尺紧靠图上的点，转动直尺向实地地形特征点瞄准，并绘方向线，方向线与线状地形地物的交点就是立足点（图 9-24）。

图 9-24　截线法确定立足点

4. 实地对照

确定了地形图的方向和立足点位置以后，就可根据图上立足点周围的地形、地物，找出实地对应的地形、地物，或者观察实地地形、地物来识别其在地形图上的位置。进行地形图和实地对照工作，一般采用目估法，由右至左，由近至远，分要素、分区域判别，首先识别主要和明显的地形、地物，其次按相关位置识别其他地形、地物。通过地形图和实地对照，了解和熟识地形、地物的实际分布情况和特征，并比较地形图内容与地形、地物的变化，确定需要删除和补充、修正的内容。

5. 确定特征点的位置和高程

1）选择特征点

当要把新增地物填到图上时，首先要选择其特征点，即点状分布要素的定位点，线状分布要素的起讫点、转折点、交叉点，面状要素轮廓线的转折点。地形要素的地形特征点包括山顶点、凹地底点、鞍部最低点，以及山脊线、山谷线、山麓线、谷缘线的转折点、坡度变换点、交叉点等。

2）确定特征点平面位置的方法

（1）极坐标法。以立足点为中心，测定（照准描绘）立足点至目标点的方位角，描绘方向线，量取立足点至特征点的水平距离，在方向线上依水平距按比例尺缩小截取点位的方法称为极坐标法。这种方法只需站在立足点上，就可测定能通视点的平面位置，但要测角（或描绘方向线），也要测距。

（2）直角坐标法。如站立点已知且在道路上，用直角坐标法测定一房屋角点的平面位置，可首先目测房屋角点至线状地物的垂足；其次量取立足点至垂足的距离，并在图上截取垂足点；量取垂足至目标点的实地距离；在图上由垂足作线状地物的垂线，在垂线上按比例截取补测点即可。

（3）交会法。可分为距离交会法和测角交会法。

距离交会法。如图 9-25 所示，量取目标点到已知点的实地距离 MB、NB；在地形图上以已知点 m、n 为圆心，以 MB、NB 的图上长为半径画弧，两段圆弧的交点就是实测的特征点。

测角交会法。测角交会法不需量距，可依两个以上的已知点到待测点的方向线交会得到。可用前方交会法，即在图上从两个已知的立足点，分别向待测点测定方位角（或描绘方向线），以两条方向线交点来确定待定点位置（图 9-26）；也可用后方交会法，即在图上从未知的站

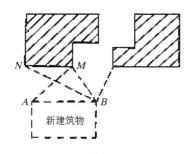

图 9-25　距离交会法定点

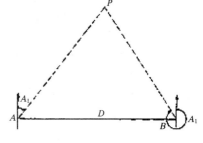

图 9-26　前方交会法定

立点，分别向两个以上的已知地物点测定方位角（或描绘方向线），利用两方向线交点来确定待定的点位，其作业步骤类似于后方交会法。两者的区别是立足点已知和未知的区别。

3）简易测距、测方向的方法

（1）简易测距。简易测距可采用步测法或臂长法。

步测法。当目标点可以到达，且距立足点较近时，可用步测法测定距离。方法如下。

首先，确定步长。在100～200m的直线上，按平常步子多次往返行走，求出每一步的长度。也可按照经验式（9-18）算出平均步长。

$$L = P / 4 + 37 (\text{cm}) \tag{9-18}$$

图9-27　步数计

式中，L为平均步长；P为身高（cm）。

其次，实地步测。在立足点和目标点之间，按正常步子行走，并记录步数。距离较远时可使用步数计。每走一步其指针跳动一格。步度计一般有千步、百步、十步、一步四个刻度，到达终点时，可直接读出步数（图9-27）。

最后，计算距离。在平坦地区，只需将步数乘步长即得距离。若遇上下坡或沙地、草地，一般步长都会缩短，缩短的比例视实际情况不同，可作相应的改正。

臂长法。当目标点高度已知时，可用臂长法确定立足点到目标点的距离。臂长法测距的原理是相似三角形的对应边成比例。

（2）简易测方向。在野外应用地形图时，标定已知点到待测点的方向线，最简单的方法是地形图定向后，用三棱尺（或直尺）切准图上已知立足点，然后转动尺子照准实地目标描绘方向线即可。如果地形起伏较大，可先测定磁方位角，然后依磁方位角描绘方向线。测定磁方位角的简单仪器是罗盘仪。

便携式地质罗盘仪由度盘、磁针、瞄准设备及用于整平的水准气泡构成。度盘上按逆时针方向，每隔1°间隔有一刻划，每隔10°标出角度值。按逆时针方向刻度的称为方位罗盘，按象限角刻度的称为象限罗盘。磁针在罗盘中心，当罗盘放置水平时，磁针在顶针上自由转动，当指向磁南北时静止。照准设备用来瞄准目标，不同形式的罗盘其照准设备的形式也不同。地质罗盘有三套照准设备，分别用于不同情况。

第一，由长照准合页（觇板）和短照准合页（或准星）构成，用这套照准设备来瞄准较为方便，但看不见度盘及度盘上的水准气泡，不便于读数与整平。

第二，由透明孔、标线构成的照准设备，适用于目标点较低的俯角照准。

第三，长照准合页、反光镜及其标线，适用于目标高于视线及视线俯角小于15°的瞄准。

罗盘上的圆水准器用来调整罗盘仪的水平，当圆水准气泡居中时，仪器水平。此外，罗盘仪底盘上附有测斜手水准，用于测量地面点的高差。

测定方位角。首先照准目标，此时应根据视线的仰角、俯角大小选择合适的照准方法；其次通过手的左右前后倾斜度的调整，使圆水准气泡居中，一般气泡向偏高方向移动；最后读数，当圆水准气泡居中，目标同时照准后，即可按下按钮固定磁针读数。其读数方法是：当接物觇板（物镜）对准0°（或N）时，用指北针读数；当接物觇板（物镜）对准180°时，用指南针读数。所读角度即为方位角（或象限角）。

在使用罗盘仪定向或测定方位角时，周围不能有任何铁器或铁矿石。在北半球，为保持罗盘仪上磁针的水平，在指南针上缠有铜丝，没缠铜丝的一端就是指北针。

4）简易测定特征点高程的方法

（1）气压测高计法。目前多采用补偿式气压测高计，它呈圆形，其度盘上有气压和高程的两圈刻划，一般高程刻划圈在外，可自由转动；气压刻划圈在内，不能转动。在平均海水面上大气压力等于 760mmHg，其地面高程为零，地面高程每上升 100m，气温下降 0.6℃，其大气压随之下降。当把气压测高计高程刻划圈的零线对准 760mm 气压读数时，其指针所指高度即为某点地面高程。由于大气压受温度影响很大，一般测量结果都要加温度订正，而补偿式气压测高计能自动进行温度订正，使用很方便。

（2）手水准法。手水准构造如图 9-28 所示。在镜筒上安装有水准管，靠反光镜观察，水准管气泡和照准横丝可同时在镜筒内看到。观测时，以右手持手水准，提到眼高，通过接目孔，使水准气泡为横丝平分，观察横丝切地面点的位置。然后测量者移动到这个位置，依同法测高，一直到达目标点。以测量次数乘眼高，即为两点的高差。

（3）测斜手水准法。在手水准上装垂直度盘（图 9-29），以右手持测斜手水准，提到眼高，通过接目孔，以横丝瞄准目标，左手转动游标旋钮，使水准管气泡被横丝平分，然后读取垂直角。根据垂直角 a 和水平距 L，可用式（9-19）计算两点的高差 h。

$$h = L\,\mathrm{tg}\,a \tag{9-19}$$

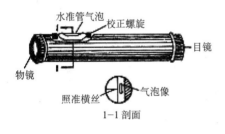

图 9-28　手水准

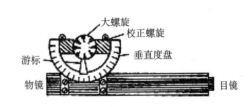

图 9-29　测斜手水准

6. 填图

填图即根据野外需补测地物、地貌的类型，选用设计好的符号，在野外勘测的基础上，按规定在图上绘制出符号，并书写注记。填图时必须保证实测点位的相对准确。点状地物，其定位点要在实测点上，线状地物的定位线要通过实测的特征点，面状地物的轮廓界线要通过实测点。填图可采用上述简易测距、测角、测高程和测定立足点方法进行。确定了特征点的位置，就可按地图符号形式填绘在已有地图上。地形图修测、补测和上述方法相同。

7. 现代便携式测量仪器

1）手持激光测距仪

激光测距是利用激光反射的时间间接推算距离，它可以替代传统的钢（皮）尺量距。手持激光测距仪特别适用于小范围大比例尺的施工测量，尤其适用于房地产测量。下面以 Disto

Classic^{4}型手持激光测距仪为例，介绍其性能及应用。

该仪器由显示屏、底座、微电脑、操作键、电源、聚光镜构成，共有 9 个功能键，其外观和功能键的布局见图 9-30。

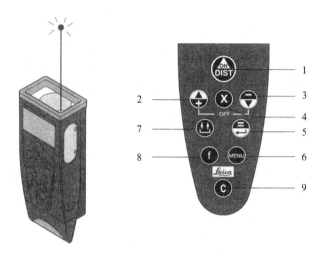

图 9-30　Disto Classic^4 的构造及功能键

1. 开关，按下此键，可启动仪器，启动激光；2. 菜单向前，加法运算符；3. 菜单后退，减法运算符；4. 自动测量，乘法运算符；5. 回车确认，等号；6. 功能选择，可分别选择单位制及具体单位、选择测量基准边、选择调整性、选择蜂鸣声等；7. 存档；8. 功能选择，可供选择的功能有测距、测最短距离、测最长距离、测高；9. 清除

（1）测距。用 Disto Classic^4 测距的操作步骤见表 9-5。

并不是每次测距都要设置测量基准边，选择单位、调整值、蜂鸣声，当仪器这几项都满足要求时，即可一直使用，不必重新调整。若某一项没有满足要求，只需调整该项。若须持续测距，必须按住 1 号键，直到出现 "trc $^*_1$" 为止。

（2）测量矩形面积。在完成单位选择、基准边设置、调整值选择后，按以下步骤操作：

$$\frac{ON}{DIST} \to \frac{ON}{DIST} \to X \to \frac{ON}{DIST} \to \frac{ON}{DIST} \to \longleftarrow$$，显示屏直接显示面积值。

（3）测量体积。在完成单位选择、基准边选择、调整值选择后，按以下步骤操作：$\frac{ON}{DIST}$

$\to \frac{ON}{DIST} \to X \to \frac{ON}{DIST} \to \frac{ON}{DIST} \to X \to \frac{ON}{DIST} \to \frac{ON}{DIST} \to \longleftarrow$。显示屏则可直接显示被测地物的体积。

（4）确定最大测量值。在完成单位、基准边、调整值的选择后，按以下操作步骤进行：$\to f \to \blacktriangle (\blacktriangledown)$（直到出现 $\frac{Fnc2}{|---|}$ $\to \longleftarrow \to$ 用 DISTO 在角落左、右瞄准 $\to \frac{ON}{DIST} \to$ DISTO 向左、右扫过对角线 $\to \frac{ON}{DIST} \to C$ 或 $\longleftarrow$，显示屏即可显示左、右持续测量的最大值。

表 9-5 用 Disto Classic[4] 测距的操作步骤

操作键	显示符	功 能	操作键	显示符	功 能
ON DIST	✳ ◁)) _ _ _ _ m	启动仪器	←	停止跳动	确认选择的单位
ON DIST	0.400m	启动激光	MENU	1 △ ⌐ ⌐ 0.000 m	选择调整
MENU	[⌐]	选择测量基准边	←	同上 △ 闪烁	确认功能选择
←	同上, 左图闪烁	确认选择	+ 或 −	调整值变换 到满意为止	选择具体调整值
+ 或 −	同上, 箭号跳动	调整基准边达到 要求为止	←	出现测量值	确认调整值
←	同上, 箭号停止跳 动, 出现距离值	确认选择的基准边	照准目标		
MENU	[⌐] 0.000 m	选择单位	ON DIST	✳ |_ _ _ _ m	启动激光
←	0.000m闪烁	确认功能选择	ON DIST	1.364 m	测距
+ 或 −	在单位制及具体单 位中跳动	选择单位, 到需 要为止			

（5）确定最小测量值。在完成单位、起始边、调整值选择后，按以下步骤操作，即可测出上、下持续测量的最小值。

$$\to f \to \text{▲} (\text{▼})(直到出现 \, \frac{Fnc3}{|-|}) \to \text{←} \to 用 \, DISTO \, 粗略瞄准目标 \to \frac{ON}{DIST} \to DISTO \, 大范围在目标周围晃动 \to \frac{ON}{DIST} \, 或 \, C \, 或 \, \text{←} 。$$

（6）用两个测量值测高差。如图 9-31 所示，欲测 1、2 两点的高差。其操作步骤是，首先设置好单位、基准边，其次按下列步骤操作。

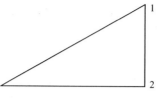

图 9-31　用两个测量值测高差

→f→✦（▼）（直到出现 Fn4∠）→ ⮐ 瞄准 1 点→ $\dfrac{ON}{DIST}$ → ⮐ →瞄准 2 点（DISTO

与 2 基本水平）→ $\dfrac{ON}{DIST}$（长时间按下，进行跟踪测量最小值）→ $\dfrac{ON}{DIST}$ →用 DISTO 大范围

在目标周围晃动→ $\dfrac{ON}{DIST}$ 或 C 或 ⮐ → ⮐ （显示欲测高差）。

（7）用 3 个测量值测高差。如图 9-32 所示，如果要测量 1～3 的高度，前面各操作步骤

与用两个测量值测高一样，但其最后一步的键不要按，接着瞄准第三点→ $\dfrac{ON}{DIST}$ → ⮐ 显示

高度值）。

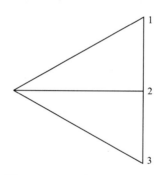

图 9-32　用 3 个测量值测高差

使用手持激光测距仪应注意：不要直接瞄准太阳及强光源，以免烧坏仪器；不能直视激光束，禁用激光束瞄准他人眼睛，更不能通过光学镜片直视激光束；不用望远镜瞄准镜类物体的表面；不用手指触摸镜头，擦拭要用清洁柔软的布；注意防潮；使用前要检测，检测方法是测量 10 个点，与标准值对照，计算误差值。若在限差内可使用，超限则需检修。

2）手持 GPS

GPS 的基本原理是依据接收卫星发射的信号，自动推算点的坐标和高程。手持 GPS 特别适用于地学的野外调查填图。下面以 Etrex Summit GPS（简称 Summit）为例，介绍其性能及其应用。

该仪器是美国 Garmin 公司 2000 年底推出的一款新型手持 GPS，其主要功能包括以下几点。

（1）电子罗盘功能。电子罗盘是 GPS 罗盘与磁力线罗盘结合的产物，它利用磁力线导航原理，使人们在室内室外都能轻松辨别方向。

（2）气压测高结合 GPS 测高。将气压测高和 GPS 测高相结合，经校正后，可使 50km 内

的测高精度稳定在±2.5m 之内，从而使手持 GPS 的测高精度超过了水平精度。

（3）显示高程画面。以往的手持 GPS，只有水平、罗盘及公路三种导航方式，Summit 新增加了高程显示画面，可清楚地显示运动路径的高程变化；还可任意查询单位时间或距离内任一点的高程。

（4）罗盘指示方向，适时偏航显示。电子罗盘不但可灵敏指示方向，还能随时提醒人们偏离航线的距离，使野外考察更为顺利。

（5）确定目标点位置。不必亲自到达目标点，只要使用电子罗盘锁定方位角，再输入距离，Summit 可直接显示目标点的坐标值，也可直接计算多边形面积。

（6）进行坐标系转换。Summit 为用户提供了包括 1954 年北京坐标系、WGS-84 国际通用坐标系在内的 104 种标准坐标系格式，可轻松实现各坐标系统间的相互转换，极大方便了用户的需求。Summit 的功能键布局见图 9-33。

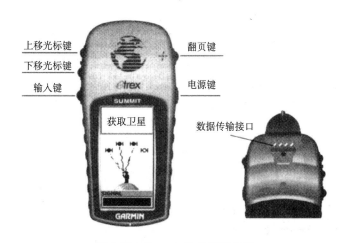

图 9-33　Summit 的功能键布局

上、下移光标键的主要功能是：在各画页或菜单中用于功能选择；在"卫星状态页"调整显示屏对比度；在"航迹画页"和"高程画页"中用于缩放比例尺；在"罗盘导航页"中查看各种数据。

输入键（ENTER）的主要功能是：长时间按住此键，可直接进入存点画页；按此键可在各主画页中调出下一级画面；对所进行的操作予以确认。

翻页键（PAGE）的主要功能是：顺序循环显示各画页；由下级菜单退回上一级菜单。

电源键（PWR）的主要功能是：用于开机、关机和控制屏幕背景光的强度。

Summit 的主画页有以下五类。

卫星画页。该画页有两种卫星显示方式可供选择，一种为一般表示，如图 9-34（a）所示；另一种为详细表示，如图 9-34（b）所示，详细表示时可从画面上获得卫星状况、星号、星空位置、信号强度、估计误差等数据。

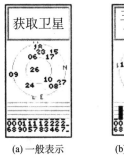
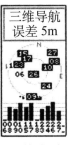

(a) 一般表示　　　　　(b) 详细表示

图 9-34　卫星画页

航迹画页。航迹画页如图 9-35 所示，可查询运动轨迹、行进路线及有关航点、方位角等信息。

图 9-35　航迹画页

罗盘画页。从罗盘画页（图 9-36）可以获得航向、航速、航程、高度、偏航距、均速、目标点固定角等数据，并可实现目测导航等。

图 9-36　罗盘画页

高程画页。从高程画页（图 9-37）可以查看高度的变化曲线、气压变化、单位时间或距离的高度变化、上升下降距离、最大高度、最小高度等。

菜单画页。从菜单画页（图 9-38）可以查询有关航点、航迹、航线的所有储存资料，并可校准罗盘、高度，设置单位、接口、坐标系统、时间及显示屏的明暗度。

图 9-37 高程画页 图 9-38 菜单画页

1）Summit 的功能设置

（1）罗盘校准。罗盘校准的操作步骤是：按翻页键到菜单画页，按上（下）移光标键将光标移到校准处，按输入键进入校准过程画页；在校准过程画页中，按上（下）移光标键到罗盘处，按输入键进入校准过程画页；再按输入键，开始校准，方法是将手持机水平放置，朝同一方向匀速旋转两周。若画页提示"正好"，则校正完毕，按输入键确定，即返回菜单画页。若画页提示"太快"或"太慢"则需重新开始校正。

（2）高程校准。高程校准的操作步骤是：按上（下）移光标键到高度处，按输入键进入高程校准过程画页，按输入键确认，即进入高度校准过程画页；在高程校准过程画页中，按上（下）移光标键旋转是或否，若选择是，则按输入键确认，即进入数字编辑画页；若选择否，手持机会问你是否知道当前的气压，按输入键即可进入气压校准画页；按上（下）移光标键将光标移到需要编辑的位置，按输入键确认，再按上（下）移光标键选择需要的数字，然后按输入键确认。

进行高程校准，必须在一个已知高程或已知大气压的点位上进行。

（3）坐标系转换及参数输入。目前，国际上通用的是 WGS-84 坐标系统，显示的是地理坐标，实际应用时常需获得不同投影的直角坐标，例如，我国先后采用的 1954 年北京坐标系和 1980 年西安坐标系，使用 Summit 可以方便地进行不同坐标系统的转换，其操作方法如下。

按翻页键至菜单画页，按上（下）移光标键将光标移至设置处，按输入键进入设置画页；按上（下）移光标键将光标移至"单位处"；按输入键进入单位画页；按上（下）移光标键将光标移至"位置距离"处；按输入键进入编辑画页；按上（下）移光标键将光标移至"位置格式"；按输入键进入位置格式选择栏；按上（下）移光标键将光标移至"用户自定义"（User Grid）处；按输入键进入 User 用户自定义格式画页（UTM Grid）。在该画页中，用户要输入"LONGITODE ORIGIN"，即当地所在的投影带的中央经线的经度，第一位要用"W"或"E"分别表示西经、东经，要输入比例尺（SCALE），通常输入 1.0000000；要输入"FALSE E（mt）"，通常为 500000.00，FALSE N（mt）通常输入 0.0；数字编辑方式是按上（下）移光标键将光标移到所需编辑（修改）位置，按输入键进入数字选择栏，然后按上（下）移光标键选到所需数字，即按输入键确认；各数字编辑完成后，按上（下）移光标键将光标移至存储处，按输入键完成编辑。

以上各步就完成了位置格式的设置。如要获得 1954 年北京坐标或 1980 年西安坐标，必须在完成位置格式设置的同时，对"地图基准"的五个参数进行校正，其中 DA= −108，

DF=0.0000005，DX、DY、DZ 在不同地区有不同数值，使用者可在当地测绘部门获取标准点的 1954 年北京坐标、1980 年西安坐标及 WGS-84 坐标，代入公式计算后获得直角坐标，然后计算 DX、DY、DZ。

由大地坐标计算直角坐标的公式是

$$\left.\begin{array}{ll} X = (N+H)\cos B \cos L & e^2 = \dfrac{a^2 - b^2}{a^2} \\[3mm] Y = (N+H)\cos B \sin L & N = \dfrac{a^2}{(a^2 \cos^2 \varphi + b^2 \sin^2 \varphi)1/2} \\[3mm] Z = [N(1-e^2)+H]\sin B & \end{array}\right\} \qquad (9\text{-}20)$$

式中，B 为大地纬度；L 为大地经度；H 为大地高程；N 为卯酉圈曲率半径；e 为地球椭球体的第一偏心率；a、b 分别为地球椭球体的长、短半轴。5 个参数获得后即可输入手持 GPS，其操作步骤如下。

按上（下）移光标键将光标移到单位处；按输入键确认进入单位画页；按上（下）移光标键将光标移至位置距离处；按输入键进入单位编辑画页；按上（下）移光标键将光标移至"User"处；按输入键进入"WGS84—LQCAL"画页；按（下）移光标键到 DX 处；按输入键确认进入编辑数字画页；按上（下）移光标键将光标移至所要编辑的位置；按输入键进入数字选择栏；按上下键选择需要的数字；按输入键确认；按以上方法输入 DY、DZ、DA、DF。

（4）单位设置。使用手持 GPS，可以对距离、速度、高程、气压及角度的单位根据需要进行选择。现以距离单位选择为例说明其选择步骤。

按翻页键到菜单画页；按上（下）移光标键将光标移至设置处；按输入键确认进入设置画页；按上（下）移光标键将光标移至单位处；按输入键进入单位画页；按上（下）移光标键移至位置、距离处；按输入键进入单位设置画页；按上（下）移光标键将光标移到距离/速度处；按输入键进入选择栏，通常选择公制；按输入键完成。高程、气压、角度的单位选择方法与距离相同，只需在设置画页时选择你需要的选项即可。

（5）时区设定。我国采用的是北京地方时，即东 8 区，与格林尼治时间相差 8 小时，为了使 GPS 显示出北京时间，必须进行时区设定，操作步骤如下。

按翻页键到菜单画页；按上（下）移光标键将光标移到位置处；按输入键进入设置画页；将光标移至时间处；按输入键进入时间设定画页，在该页可以对时间格式及时差进行设定，其中时间格式可分别选择 12 小时或 24 小时，通常选 24 小时。时偏差处按输入键，在我国应移动光标选择+8：00，然后按输入键确认。

（6）水平显示比例尺设置。水平比例尺的设置即屏幕显示范围的确定，方法是按翻页键到航迹显示画页；按上（下）移光标键调节屏幕显示范围。Summit 的显示范围为 50～1200km。

（7）显示设置。可用以下三种方式对显示屏的明暗度进行调节。

在卫星画页长时间按住上（下）移光标键，按上键变暗，按下键变亮。

在卫星画页按输入键进入选择栏，按上（下）移光标键将光标移至显示设置处；按下键将光标移至明暗条处；按输入键确认；再按上（下）移光标键对明暗度进行调节。

按翻页键到菜单画页，按上（下）移光标键将光标移至设置处；按输入键确认进入设置画页；按上（下）移光标键将光标移至显示处；按输入键进入显示设置画页，以后的操作同方法二。

2）Etrex Summit 的应用

（1）确定地面点的位置、高程。在卫星画页选择详细表示，长时间按住输入键，画面自动转为存点画页，画页即可显示出站立点的坐标、高程，接着按输入键予以确认。该航点坐标、高程即可存入 GPS 机内。

（2）实测点的编辑、修改与删除。要对已测 GPS 点进行编辑、修改或删除，首先要按翻页键进入菜单画页；其次按上（下）移光标键将光标移至航点处；按输入键确认即进入航点画页[图 9-39（a）]；最后按上下键选择航点名首字母所在的航点分类栏；按输入键调出该栏所有航点；按上（下）移光标键选择所要航点；按输入键进入航点查看画页[图 9-39（b）]，在该画页，可以完成查找、编辑、修改、删除功能。

(a) 航点画页   (b) 航点查看画页

图 9-39 航点画页及航点查看画页

（3）修改符号。按上（下）移光标键将光标移至原符号处；按输入键进入图标选择画页；按上（下）移光标键选择所要符号；按输入键予以确认。

（4）修改实测点名或点号。在航点查看画页；按上（下）移光标键将光标移至航点名处；按输入键进入编辑航点（测点）名画页；按上（下）移光标键将光标移至需编辑（修改）处；按输入键进入数字字母选择栏；按上（下）移光标键选定所需的数字或字母；按输入键确定。当一位修改（设置）完后，再编辑其他位数字或字母。测点名编辑完毕后，将光标移至确定处，按输入键确定。

（5）坐标与高程修改。在航点查看画页，按上（下）移光标键将光标移至画页底部需修改坐标或高程处，按输入键进入编辑位置画页；按上（下）移光标键将光标移至所需编辑的数字；按输入键进入数字选择；按上（下）移光标键将光标移到所选数字；按输入键确认。所有数字修改完后，将光标移至确定处，按输入键确定。

（6）删除测点。在航点查看画页，按上（下）移光标键将光标移至删除处；按输入键确认；将光标移至"是"处，按输入键确认。画面即显示下一航点，若需删除，操作步骤同上。

（7）查看实测点。在航点查看画页，按上（下）移光标键将光标移至地图处；按输入键进入地图画页，在该页可查阅所测点周围测点和航迹情况。若继续按上（下）移光标键，可调节显示范围，显示范围可在 50～1200km 选择。

（8）实测区域面积。在测区起点位置开机，按翻页键进入菜单画页；接上（下）移光标键选中航迹；按输入键即出现求面积画页，将光标移至面积处，按输入键；这时会出现面积数据及单位的文本框。上方为"面积"二字；中间是具体数字和单位；下方为"确定"二字。

（9）设定面积单位。按上下键选中"面积单位"（SQ）处，按输入键出现面积单位选择栏，通常选择"SQMT"（m^2）或"SQKM"（km^2）。

（10）实测面积。求面积前，必须删除以前的航迹，使面积数值归零。从起点开始行走，走完一闭合轨迹后，选中"确定"，按输入键即可显示测定的面积。

注意事项：为提高测量精度，要多次测量并取平均值；绕区域轮廓行走时，尽量保持较慢的均匀速度。

采用累加方式测量面积提高精度。具体操作方式是：在行走过程中，每遇到拐弯处，可多停留一段时间，待坐标位置显示末位数停止变动后，设一个点，再继续行走，直到回到出发点。例如，走一个正方形，在沿途的 3 个直角处可设 3 个点，最后回到起点，再按确定，即得结果。

此外，手持 GPS 还可用于方位角测定、目标点坐标测定，具体操作请参看使用手册。

三、数字地图应用

电子地图是和计算机系统融为一体的，因此它可以充分利用计算机的信息处理功能，挖掘地图信息分析的应用潜力，进行空间信息的定量分析；利用计算机的图形处理功能，制作一些新的地图图种，如地图动画、电子沙盘等；电子地图还可以实时修改变化的信息，更新内容，缩短制作地图的周期，为用户分析地图内容和利用地图表达信息提供了方便。电子地图的这些功能和特点，决定了电子地图有非常广泛的应用领域。

1. 在经济社会中的应用

1）在地图量算和分析中的应用

在地图上量算坐标、角度、长度、距离、面积、体积、高度、坡度、密度、梯度、强度等是地图应用中常遇到的作业内容。这些工作在纸质地图上实施时，需要使用一定的工具和手工处理方法，通常操作比较烦琐、复杂、费时，精度也不易保证。但在电子地图上，可通过直接调用相应的算法实施，操作简单方便，精度仅取决于地图比例尺。生产和科研部门经常利用地图进行问题的分析研究，若利用电子地图进行更能显示其优越性。

2）在规划管理中的应用

规划管理需要大量信息和数据支持，地图作为空间信息的载体和最有效的表达方式，在规划管理中是必不可少的。规划管理中使用的地图不仅能覆盖其规划管理的区域，而且应具有与使用目的相适宜的比例尺和地图投影，内容现势性强，并具有多级比例尺的专题地图。电子地图检索调阅方便，可进行定量分析，实时生成、修改或更新信息，能保证规划管理分析所用资料的现势性，利于辅助决策，完全能符合现代化规划管理对地图的要求。此外，电子地图也可作为标绘专题信息的底图，利用统计数据快速生成专题地图。

3）城市公共设施管理中的应用

利用电子地图作为城市公共工程设施数字化信息的载体，可以提高信息的共享程度，加快数据的更新周期，从而提高城市公共工程设施管理的综合能力。例如，通信网络数据由电信部门输入并管理，其他部门在施工的时候通过查询很快能得到电缆的分布情况，当然也能